In zwangloser Folge werden in dieser Form Arbeiten publiziert, die aktuelle Fragen des wissenschaftlich-technischen Fortschritts vornehmlich aus dem komplexen Wissenschaftsgebiet Mikroelektronik im weitesten Sinne behandeln.

Dabei ist schwerpunktmäßig zunächst an folgende Gebiete gedacht:

— Naturwissenschaftlich-technische Grundlagen, Wirkprinzipien, Werkstoffe und Technologie elektronischer Bauelemente und mikroelektronische Schaltkreise einschließlich Optoelektronik, Mikroakustik u. a.

— Entwurf mikroelektronischer Schaltungen,

— Anwendung der Mikroelektronik in produzierenden und nichtproduzierenden Bereichen der gesellschaftlichen Praxis, Mikroprozessortechnik, Hard- und Software von Mikrorechnern und Mikrorechnersystemen, einschließlich ihrer Peripherie sowie unter Beachtung der Sensoren-, Aktoren- und Displayproblematik.

Die einzelnen Bände sind jeweils einem Thema gewidmet.

Herausgeber dieser Bände ist Prof. Dr. rer. nat. habil. Helmut Günther Schneider, Karl-Marx-Stadt.

Der Herausgeber nimmt gern Anregungen für die Weitergestaltung der Bände entgegen. Entsprechende Hinweise werden an den Akademie-Verlag oder direkt an den Herausgeber erbeten.

Mikroelektronik

Stand und Entwicklung

MIKROELEKTRONIK
Stand und Entwicklung

von

Dietrich Eckhardt
Hans-Friedrich Hadamovsky
Bernd Junghans
Helmut Günther Schneider

2., bearbeitete Auflage

Mit 91 Abbildungen und 33 Tabellen

AKADEMIE-VERLAG BERLIN
1984

Verfasser:

Prof. Dr. sc. techn. Dietrich Eckhardt
Zentralinstitut für Kybernetik und Informationsprozesse
der Akademie der Wissenschaften der DDR, IT Dresden

Prof. Dr.-Ing. habil. Hans-Friedrich Hadamovsky
Zentralinstitut für Elektronenphysik
der Akademie der Wissenschaften der DDR

Dr.-Ing. Bernd Junghans (Fdfg.)
Zentrum für Forschung und Technologie Mikroelektronik
Dresden

Prof. Dr. rer. nat. habil. Helmut Günther Schneider (Fdfg.)
Technische Hochschule Karl-Marx-Stadt
Sektion Physik — Elektronische Bauelemente
Weiterbildungszentrum Mikroelektronik

Erschienen im Akademie-Verlag, DDR-1086 Berlin, Leipziger Straße 3—4

Lizenznummer: 202 · 100/434/83
Printed in the German Democratic Republic
Gesamtherstellung: VEB Druckhaus „Maxim Gorki", 7400 Altenburg
Broschurumschlag: Willi Bellert
Bestellnummer: 763 229 1 (6604) · LSV 3535
03200

Vorwort zur 1. Auflage

Mit der vorliegenden Abhandlung über Stand und Entwicklung der Mikroelektronik wird deutlich, von welch komplexem Charakter dieses sich rasch entwikkelnde Gebiet ist. Mikroelektronik ist in ihrer Gesamtheit nur noch von einem interdisziplinär zusammengesetzten Kreis von Wissenschaftlern darstellbar. Das gilt insbesondere dann, wenn die Absicht besteht, einen Überblick über den Stand und die abzusehende Entwicklung der Mikroelektronik zu versuchen, ohne dabei elementare Grundlagen mit darstellen zu müssen.

Bei der Konzipierung des vorliegenden Buches gelangten wir zu der Auffassung, daß der Inhalt eines solchen Unterfangens unbedingt die vier wesentlichsten Teilgebiete der Mikroelektronik erfassen muß: Schaltungstechnik, Werkstoffe, Technologie und Applikation, die sich gegenseitig in vielfältiger Weise bedingen. Dabei liegen momentan die bedeutendsten Innovationsmöglichkeiten bei der physikalischen und technologischen Forschung. Die Schaltungstechnik hat die Aufgabe, auf der Basis der in der Mikroelektronik nutzbaren Wirkprinzipien komplexe Informationsverarbeitungsfunktionen zu realisieren und dabei einerseits von den durch Werkstoff und Technologie bestimmten Gegebenheiten auszugehen. Andererseits geht sie auf applikative Forderungen ein.

Das vorliegende Buch will dazu beitragen, das Verständnis für die Entwicklungsprobleme der Mikroelektronik zu vertiefen. Aus diesem Anliegen heraus will das Buch weder Lehrbuch noch Monographie im herkömmlichen Sinne sein, sondern Orientierungshilfe für Fachleute der Mikroelektronik, die notwendigerweise unterschiedlichen Wissenschaftsdisziplinen entstammen und zur erfolgreichen Fortentwicklung der Mikroelektronik interdisziplinär etwa im dargestellten Sinne zusammenwirken müssen. Die Breite des mittlerweile zu einem selbständigen Wissenschaftsgebiet Mikroelektronik herangewachsenen und hier teilweise erfaßten Gegenstandes dieses Buches zeigt, wie kompliziert und vielfältig dieses Zusammenwirken ist und wie gut es geführt sein muß, um rasch zu weltmarktfähigen Erzeugnissen zu gelangen und dabei immer mit „vorn" zu bleiben.

Dem Verlag, insbesondere seinem Direktor Prof. Dr. L. Berthold und Frau Dipl.-Phys. U. Heilmann, Lektorin dieses Buches, sei an dieser Stelle sehr herzlich für die gute Zusammenarbeit und die rasche Herausgabe dieses Buches sowie seine gute Ausstattung gedankt.

D. Eckhardt H.-F. Hadamovsky B. Junghans H. G. Schneider

Herbst 1980

Vorwort zur 2. Auflage

Wegen des großen Interesses, das diesem Paperbackband in erster Auflage entgegengebracht worden ist, sowie wegen des Umstandes, daß dieser kurz nach Erscheinen vergriffen war, sahen sich Verlag und Autoren vor die Entscheidung gestellt, entweder einen unveränderten Nachdruck oder eine überarbeitete, aktualisierte 2. Auflage herauszubringen. Das der Mikroelektronik eigene hohe Entwicklungstempo verpflichtete uns zur letztgenannten Variante.

Dabei konnten wir dankbar aufgenommene Ratschläge vieler Fachkollegen und neuere Entwicklungen berücksichtigen.

Im übrigen gilt das im Vorwort zur 1. Auflage Gesagte bezüglich des Anliegens in vollem Umfang auch heute!

Die Autoren

Inhaltsverzeichnis

1. Einführung

Mit dem Begriff Mikroelektronik verbinden sich heute viele Aspekte und Erwartungen. Von besonderer und ständig zunehmender Bedeutung ist sie in ihrer Einordnung als Schrittmacher für den wissenschaftlich-technischen Fortschritt in den produzierenden und nichtproduzierenden Bereichen der gesellschaftlichen Praxis im umfassenden Sinn. Dabei ist Mikroelektronik in ihrer weiteren Entwicklung und Anwendung in immer noch zunehmender Breite und Tiefe auf komplexe Forschungsziele orientiert. Ohne Einschränkung kann man sagen, daß die Mikroelektronik zu einem der entscheidendsten Faktoren im Zyklus Wissenschaft—Produktion—Ökonomie geworden ist. Ihre adäquate Beherrschung und Nutzung beweist heute den Entwicklungsstand einer Volkswirtschaft!

Kernstück der Mikroelektronik ist der integrierte Schaltkreis, gefertigt auf der Grundlage vor allem der Halbleitertechnik, gegründet auf der umfassenden Anwendung des Siliziums als Hauptwerkstoff, zunehmend aber auch begleitet von hochentwickelten A_{III}—B_V-Verbindungen für die VHSI-Technik.

Marksteine der Entwicklung der Mikroelektronik und ihrer Basis, der Halbleitertechnik, reichen relativ weit in die Geschichte von Wissenschaft und Technik zurück und widersprechen damit der oft vertretenen These von der gesetzmäßig immer rascheren Umsetzung neuer wissenschaftlicher Erkenntnisse in technische Verfahren oder Erzeugnisse. Dies ist nur bedingt richtig und gilt wohl erst nach Überschreiten einer bestimmten kritischen Schwelle in der Gesamtentwicklung eines Gebietes. Für die Entwicklung der Mikroelektronik war dies ganz offensichtlich die Entdeckung des Transistoreffektes 1947 und die patentrechtliche Dokumentation der technischen Erfindung des Bipolartransistors zum 30. 6. 1948, beides belegt mit den Namen BARDEEN, BRATTAIN und SHOCKLEY. Zuvor sind aber eine Reihe besonders wichtiger, vor allem physikalischer Erkenntnisse zu nennen, die den umfangreichen wissenschaftlichen Vorlauf kennzeichnen, der zunächst überhaupt noch nicht auf das konkrete Ziel Halbleitertechnik oder Mikroelektronik gerichtet war und doch der unumgängliche Fundus für den „Schwell"-Termin 1947/48 ist.

Dazu gehören in chronologischer Reihenfolge etwa (ausgewählte Beispiele):

1822: die Entdeckung des SEEBECK-Effektes an PbS und ZnS (thermoelektrische Halbleiter),

1833: die Entdeckung des negativen Temperaturkoeffizienten des elekrischen Widerstandes des Halbleiters an Ag_2S durch FARADAY,

1874: die Entdeckung des Gleichrichtereffektes (Diode!) an PbS durch BRAUN und

1939/40: die technische Konzipierung des M-S- (SCHOTTKY-) Überganges (SCHOTTKY-Diode!).

Parallel zu diesen Arbeiten an halbleitenden Substanzen und Festkörperlösungen waren aber auch Entwicklungen auf dem Gebiet der Vakuumelektronik (Elektronenröhren) Grundlagen für die heutige Halbleiterelektronik. Dies allerdings in einem anderen, indirekten Sinne, nämlich dem, daß apparative und prinzipielle Entwicklungen vorgezeichnet wurden, die dann in der Halbleitertechnik z. T. vervollkommnet wurden und Ausgangspunkt für die neue Qualität der Festkörperelektronik werden konnten.

Wichtige Jahreszahlen, Namen und Entdeckungen waren hier beispielsweise:

1883: die Entdeckung der Erscheinung eines Stromflusses zwischen einer Katode (glühender Draht) und einer Anode im Vakuum durch EDISON,

1908: die Konzipierung der ersten Elektronenröhre durch LIEBEN,

1923–1929: Herausgabe des ersten Lehrwerkes über Elektronenröhren durch BARKHAUSEN, darin u. a. Formulierung der Röhrenformeln und -parameter,

ca. 1925: Konzipierung der sogenannten Löwe-Opta-3fach-Röhre durch VON ARDENNE,

Darauffolgend setzte eine rasante Entwicklung auf den Gebieten Radio, Television, Meßtechnik, Radar usw. ein, beginnend in den zwanziger/dreißiger Jahren bis hin zum ersten elektronischen Rechner ENIAC, 1946, mit 18000 Röhren, 1500 Relais, 30 t Masse, 175 kW Leistungsaufnahme und 2 Millionen Dollar Herstellungskosten. Heute kann man einen Rechner dieses Leistungsvermögens auf einem Si-Chip von $160 \times 100\,mm^2$ für 500 Dollar unterbringen, verbunden mit allen Vorzügen der Mikroelektronik.

Nach einer raschen Entwicklung der Halbleitertechnik, beginnend 1951 mit Germanium als Hauptwerkstoff, und dem Übergang zu Silizium 1952 (der industrielle Hochreinigungsprozeß mit physikalischen Methoden gelang) erfolgte mit der Entwicklung der Silizium-Planar-Technologie 1959 (thermische Oxidation, Diffusionstechnik) die Erschließung der technologischen Voraussetzungen für die 1960 erstmals vollzogene Erzeugung eines niedrigintegrierten (SSI) Halbleiterschaltkreises und damit die Festlegung des „Geburts“-Jahres der Mikroelektronik. Wir sehen also, daß nach 1948 eine noch rasantere, einzig und allein ökonomisch stimulierte und sich immer noch beschleunigende Entwicklung einsetzte — verbunden mit einer beispiellosen applikativen Ausbreitung — und hier nun tatsächlich immer rascher wissenschaftliche Erkenntnisse in neue Technologien und Erzeugnisse umgesetzt werden. Schaut man aber genauer hin, dann sieht man, daß diese wissenschaftlichen Erkenntnisse auch nicht immer neuesten Datums sind, sondern nur dank neuer technischer Entwicklungen zum Tragen kommen können, z. B. ganz auffällig bei der Strukturierung der Submikrometertechnik und deren weiterer Realisierung zum gesamten Schaltkreis. Das geschieht immer auf der soliden Grundlage von vielen Jahrzehnten angereicherten Wissens, vorrangig in Physik, Chemie, Elektrotechnik, Mathematik.

Die heutige Entwicklung der Mikroelektronik stößt — nicht hinsichtlich ihres weiteren scaling-down, aber hinsichtlich ihrer Realisierbarkeit bezüglich Energie- und Rohstoffbereitstellung — vielleicht nicht unbedingt an absolute Grenzen, aber auf echte ökonomische Probleme: so z. B. bei der weiteren Steigerung der Produktion bezüglich des Aufkommens an Reinigungsmedien, Säuren, Gasen und anderen Medien, die in großen Volumina eingesetzt werden und eine große Umweltbelastung mit sich bringen, bezüglich des Energieverbrauchs für die z. T. bei recht hohen Temperaturen verlaufenden Prozesse, Klimatisierung und Reinigung der Produktionsstätten usw. In diesem Zusammenhang ist auch zu bedenken, daß bei den heutigen Technologien noch nahezu 99% des eingesetzten Siliziums auf dem Weg vom Rohstoff bis zur Kristallscheibe verloren gehen. Für die Erzeugung von 1 kg Si-Scheiben benötigt man etwas mehr als 5000 kW. Mit der Einführung der Verbindungshalbleiter wird diese Situation nicht entspannt. Hier liegen Ansatzpunkte für dringend notwendige Forschungsarbeiten. Die Tendenz „Klein—Kalt—Trocken—Schnell“, verbunden mit hoher Ausbeute und Zuverlässigkeit, steht dafür!

1.1. Problembereiche der Mikroelektronik

Seit den 60er Jahren stand der Begriff Mikroelektronik (ME) für die Problemkreise der Herstellung und des Entwurfs von *Integrierten Schaltungen* (IS). Damit hatten aber nur wenige Bauelementspezialisten direkt zu tun: Physiker, Chemiker, Technologen, Meßtechniker, im begrenzten Umfange Elektroniker, da die Komplexität der IS anfangs recht gering war. Das ist für heutige Verhältnisse gewissermaßen der Begriffsinhalt im *engeren* Sinne.

Aber aus der bestimmenden Rolle, die die moderne Elektronik mit den immer komplexer werdenden IS als Bauelementebasis in allen Bereichen der Technik, Produktion und Konsumtion spielt, erwuchs ein wesentlich *erweiterter* Begriffsinhalt. Zusätzlich zu den Problemkreisen der Herstellung und des Entwurfes im konventionellen Sinne sind die Probleme der Anwendung von IS mit einzuordnen. Das betrifft die Fragen des Systementwurfs von komplexen IS, die Probleme der Systemteilung auf komplexe IS, die optimale Konzipierung von sog. Anwendersystemen der ME und vieles andere mehr. Die veränderte Kooperation Bauelementehersteller, Gerätehersteller und Geräte- bzw. Baugruppenanwender (nichtelektronische Industrie) drückt sich darin aus.

Abgrenzungen sind schwierig, doch man kann ME im weiteren Sinne etwa im Überdeckungsbereich von

— integrierten Schaltungen
— Informationstechnik
— Kleinleistungstechnik

angesiedelt sehen.

Dabei sind Aspekte und *Teilbereiche* einteilbar:

IS-Herstellung: Werkstoffe, Medien,
technologische Verfahren und Ausrüstungen,
Standardtechnologien,
Funktions- und Qualitätsprüfung.

IS-Entwurf: Bauelementeprinzipien,
Schaltungstechniken,
Entwurfsmethoden und -mittel,
Standardschaltkreisfamilien und Kundenentwurfsschaltkreise.

IS-Anwendung: Anwendungsfälle, Linien, Gebiete,
Entwurf von ME-Anwendersystemen,
Entwurfs- und Anwendungskooperation,
Betrieb, Bedienung, Service, Wartung.

Hier hinein ordnen sich auch *Fragen der weiteren Entwicklung:*

Herstellung: verbesserte und neue Werkstoffe, Medien, Technologien und Ausrüstungen,
verbesserte Prozeßkontrolle und IS-Prüfung.

Entwurf: verbesserte und neue Bauelementewirkprinzipien und Schaltungstechniken,
verbesserte bzw. neue Entwurfsstrategien, Methoden und Mittel,
verbesserte IS-Konzepte, Testung, Applikation.

Anwendung: Erschließung neuer und Effektivierung bestehender Anwendungsfälle, -linien, -gebiete,
Effektivierung des Entwurfes von ME-Anwendersystemen,
Zusammenführung von System- und IS-Entwurf.

Abb. 1.1 ordnet die Mikroelektronik im engeren Sinne in die Bemühungen um die Miniaturisierung in der Elektronik ein. Das ist aber nicht ihr eigentlicher *Haupteffekt.* Vielmehr läßt sich folgende Rangfolge festlegen:

— Komplexitätszuwachs für elektronisch realisierte (informationsverarbeitende) Systeme um Größenordnungen,
— Kostensenkung um Größenordnungen für elektronisch realisierte Funktionen,
— Zuverlässigkeitssteigerung um Größenordnungen und damit Steigerung der maximalen Komplexität elektronischer Systeme (Anlagen, Geräte),

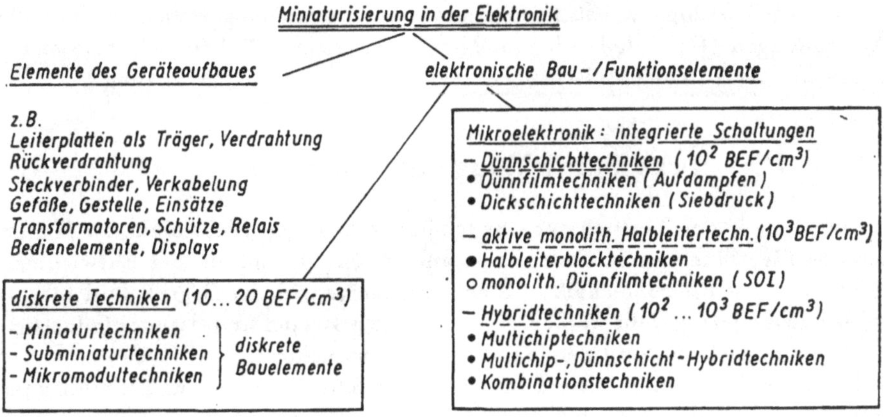

Abb. 1.1.

— Miniaturisierung,
— Steigerung der Anwendungsbreite.

Aus dieser Rangfolge wird auch verständlich, daß einerseits diskrete Techniken keine durchgreifenden Verbesserungen bringen konnten (Preise steigen, Zuverlässigkeit bleibt etwa konstant), andererseits aber auch passive Integrationstechniken nicht. Darüber hinaus weist das Bild darauf hin, daß außer den elektronischen Bauelementen für eine moderne Elektronik *weitere Elemente des Gerätebaues* erforderlich sind. Hier sind insbesondere Leiterplatten hervorzuheben, da sie in bezug auf Großserienproduktion Komplexität, Zuverlässigkeit und Stabilität im Verein mit IS bewirkten. Zur Zeit beginnt ihre Ablösung durch komplexe (hybride, keramische Mehrschicht-) Träger- und Verbindungssysteme, beginnend bei UHF-Nachrichtengeräten und Hochleistungsrechnern.

Die entscheidenden *Realisierungstechniken* für IS sind Halbleiterblocktechniken, die von monolithischen Halbleiterscheiben ausgehen und aktive Elemente, Bipolar- bzw. Unipolartransistoren, sowie weitere Bauelementefunktionen für Schaltungen bereitstellen. Unipolarschaltungen lassen sich auch in dünnen monolithischen Siliziumschichten auf Saphir- bzw. Spinelleinkristallen realisieren. Dünnfilm- und Dickschichttechniken verwenden polykristalline Substrate und Schichten. Leitbahnen, Widerstände und Kapazitäten lassen sich integriert realisieren. Aktive Elemente müssen zusätzlich eingesetzt werden (sog. Hybridschaltkreise). Unter Umständen ist es sinnvoll, mehrere monolithische IS-Chips in einem Gehäuse direkt oder über Dünnschichtschaltungen zu einem Bauelement (IS) oder Modul zu verbinden. Ebenso kann es zweckmäßig sein, hochgenaue und hochohmige Widerstände, evtl. Kapazitäten, direkt auf der Deckschicht der monolithischen Chips zu realisieren. Diese Hybridtechniken gewinnen für spezielle Anwendungen (UHF, hohe Spannungen, hohe genaue *R*- bzw. *RC*-Netzwerke) neben den reinen monolithischen Techniken zunehmend an Bedeutung.

1.2. Historische Entwicklung und Tendenzen

Abb. 1.2 stellt den Versuch dar, zur modernen heutigen Elektronik, der ME im umfassenden Sinne, einen *Stammbaum* anzugeben. So sind aus der Entwicklung der Elektrik — Elektrotechnik — Elektronik einige wichtige Begriffe und Jahreszahlen zusammengestellt worden, die jeweils den Beginn umfassender industrieller Nutzung elektrischer Energie und Effekte bezeichnen.

Etwa vor 100 Jahren begann die durchgreifende Nutzung der *Elektroenergie*, vor allem als *Hilfsenergie* für Antriebe, da sie günstig erzeug-, übertrag-, und anwendbar wurde. Damit wuchs aus der *Elektrik*, einem Teilgebiet der Physik, die *Elektrotechnik* als eine eigenständige Technik heraus, verbunden mit seiner entsprechenden Technikwissenschaft. Die Anwendung der Elektroenergie als Hilfsenergie im breitesten Umfang verlangt die Beherrschung hoher Leistungen, Ströme und Spannungen und bedeutet *leistungsbetonte* großvolumige Technik. Sie ist eine entscheidende Säule der modernen Technik überhaupt. Eine zweite Säule stellt die Anwendung der Elektroenergie in *Informationsprozessen* dar. Das sind im weitesten Sinne Prozesse der Erfassung, Erzeugung, Übertragung, Verarbeitung, Speicherung, Aufbereitung, Darstellung, Aufschaltung usf. von Information. In dieser Säule ergaben sich mehr oder minder komplexe Aufgaben als *direkte* Informationsprozesse (z. B. Nachrichtenübertragung) und *indirekt*

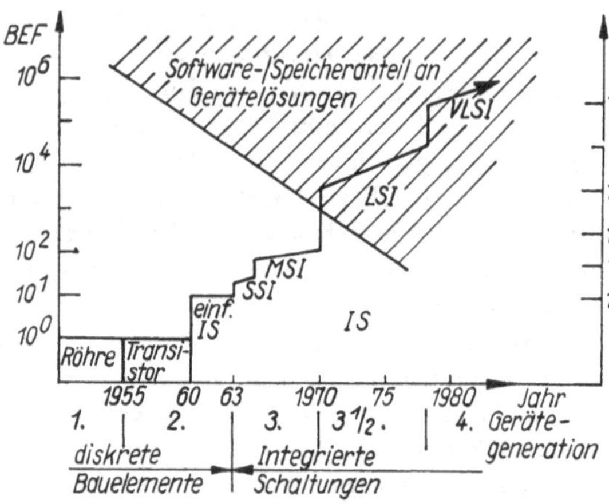

Abb. 1.2. Komplexitätsentwicklung von Halbleiterbauelementen (s. auch Tab. 2.1)
BEF — Bauelementefunktion (z. B. Transistoren)
GE — Grundelemente/Gatter

in anderen technischen Prozessen (z. B. Steuerungsprobleme in automatisierten Maschinen). In beiden Aufgabentypen ist als Ziel für die Elektronik gestellt:

- angepaßte funktionelle Komplexität,
- hohe Sicherheit und Zuverlässigkeit,
- geringer Preis, Aufwand, geringe Größe, Masse,
- geringer Energiebedarf.

Die ersten Anwendungen bei Informationsprozessen lagen auch schon vor etwa 100 Jahren mit der Telegraphentechnik vor. Entscheidende Fortschritte ermöglichten die *Hochvakuumelektronenröhren.* Sie prägten als bestimmende Bauelemente 50 Jahre der Technik. Doch ihre geringe Zuverlässigkeit (Lebensdauer), ihr hoher Preis, die Baugröße und der hohe Energiebedarf erwiesen sich als Schranke für die weitere Entwicklung. Damit war die mit Röhren erzielbare Systemgröße der Elektronik, ihre funktionelle Komplexität, auf für heutige Begriffe sehr geringe Dimensionen beschränkt. Viele Anwendungsbereiche mit komplexeren Informationsprozessen waren noch nicht erreichbar. Erste industrielle Anwendungen (indirekte Aufgaben: MSR-Technik) führten zum Begriff *Elektronik.* Mit der Herausbildung der Rechen-, Regel- und Steuerungstechnik begann man, auch in der *Durchdringung von Informationsprozessen* (indirekte Aufgaben), der Erarbeitung ihrer grundsätzlichen Algorithmen und in der Erfassung ihrer funktionellen Komplexität entscheidende Grundlagen für die weitere Entwicklung zu schaffen. Die Ablösung der Röhren als bestimmende Bauelemente durch *Transistoren* brachte schnell erhebliche Verbesserungen. Sie lagen vor allem in einer entscheidenden Senkung des Energiebedarfes und der damit verbundenen Senkung von Größe und Gewicht sowie in einer wesentlichen Erhöhung der Lebensdauer. Letztere entsprang der Einbettung des bestimmenden Bauelementeeffektes (Transistor) in *monolithische Halbleiterkristalle.* In Zuverlässigkeitsbetrachtungen ergibt sich, daß die Lebensdauer der bestimmenden aktiven Bauelemente auf die Wertbereiche der anderen Komponenten der Schaltungen angestiegen war. Verbesserungen in der erreichbaren Systemgröße bzw. funktionellen Komplexität verlangten

- die Erhöhung der Lebensdauer aller Komponenten einschließlich der elektrischen Verbindungen, Kontakte (Lötstellen, Streckverbinder ...) usw.,
- die konsequente Anwendung digitaler Signale.

Es erfolgte die Ablösung der diskreten Bauelemente, die aus verschiedenen spezialisierten Herstellungslinien kommen und dann zur Schaltung zu montieren und kontaktieren sind, durch *integrierte Schaltungen.* Gleichzeitig wurden in komplexeren Systemen konsequent digitale Signale und neue Geräteaufbautechniken (Leiterplatten) durchgesetzt. Auf den Gebieten der IS-Herstellung, des Entwurfes und der Anwendung vollzog sich seitdem ein revolutionärer Prozeß, der noch Jahre anhalten wird und der unter dem Schlagwort *Mikroelektronik* die Elektronik zu einem entscheidenden Faktor im Ablauf der *wissenschaftlich-technischen Revolution* gemacht hat.

Bei integrierten Schaltungen wird zusätzlich zu den Transistoren das gesamte Kollektiv der Elemente einer Schaltung im Rahmen eines einheitlichen integrierten Herstellungsprozesses realisiert. Es handelt sich dabei um Technologien, die auf die bestimmenden Schaltelemente — die Transistoren — besonders angepaßt sind: diese sind Weiterentwicklungen der diskreten Transistoren und basieren alle auf monokristallinen Halbleitern (Silizium). Die in eine IS integrierbare funktionelle Komplexität (ausgedrückt mit der Anzahl der Bauelementefunktionen BEF bzw. mit der Anzahl der Grundschaltungen GE) wird ständig weiter erhöht. Gleichzeitig bleiben aber in etwa für diese IS der Preis, die Größe, der Energiebedarf und die Lebensdauer konstant. Somit kann mit der steigenden Integration der Bauelemente (IS) in Elektronikanwendungen bisheriger Art Preis, Größe, Energiebedarf sinken. Darüber hinaus können weitere Funktionen zusätzlich mit „eingebaut“ werden, so z. B. Funktionen zur Bedienerunterstützung und zur Sicherung gegen Fehler (Bediener-Führung, Kontrolle, Meßwertvorbereitung, Kalibrierung ...). Hauptziel der Elektronikanwendungen auf der Basis komplexer werdender Bauelemente ist aber die *Bewältigung komplexerer Informationsprozesse unter komplizierteren Einsatzbedingungen.* Das bedeutet die Ausdehnung auf neue Einsatzgebiete, die Erhöhung der Einsatzstückzahlen für Elektronik und somit insgesamt die Ausdehnung der Rolle und des Effektes der Elektronik.

Abb. 1.2 gibt einen Überblik am Beispiel der Rechentechnik zur Auswirkung der Bauelementeentwicklung. Rechnersysteme werden immer leistungsfähiger, funktionell komplexer, effektiver anwendbar und universeller. Jede neue Bauelementegeneration führt zu einer neuen Gerätegeneration, die üblicherweise die Vorteile der alten übernimmt und neue Möglichkeiten eröffnet. Zunehmend werden spezielle Funktionen nicht fest eingebaut, man sagt fest verdrahtet, sondern flexibel angelegt. Bei Rechnern wird das spezielle Anwendungsproblem als Programm formuliert und in eine Universalrechnerstruktur zur Ausführung, man sagt Abarbeitung, eingegeben. Das Programm (*Software*) bestimmt die Arbeitsfolge der elektronischen Schaltungen (*Hardware*). Da letztendlich jeder Informationsprozeß als Programm formuliert werden kann, lassen sich Universalrechnerstrukturen prinzipiell überall einsetzen, nicht nur für Rechen-, sondern auch für beliebige Steuerungsprobleme. Mit LSI-IS ist es möglich, in einem oder in wenigen IS solch einen *Mikrorechner* zu realisieren. Das Steuerungs- bzw. Verarbeitungsprogramm wird im Arbeitsspeicher untergebracht, die Abarbeitung erfolgt im *Mikroprozessor.* Diese LSI-*Mikroprozessortechnik* erweist sich als die universelle Standardlösung der LSI-Technik, das heißt der modernen Mikroelektronik. Heutige Einchip-Mikrorechner enthalten ein komplettes Rechnersystem.

In Abb. 1.3 wird ein VLSI-Chip in nEDMOS-Technik vorgestellt. Es handelt sich dabei um einen kaskadierbaren MP-IS der Typenbezeichnung U 830 mit

Abb. 1.3. nEDMOS VLSI U 830

8 bit Datenbreite, entwickelt gemeinsam durch die Kombinate Robotron und Mikroelektronik für das Mikro-/Kleinrechnersystem K 1600.

Im folgenden sollen, abgeleitet aus den technischen Entwicklungserfahrungen einer etwa 20jährigen Silizium-Mikroelektronikforschung und -anwendung, einige generelle Zusammenhänge und Trends mit Diagrammen verdeutlicht werden.

In Abb. 1.4 wird die Kapazitätsentwicklung für unter technisch vernünftigen Ausbeutebedingungen maximale IS dargestellt und in die Zukunft verlängert. Dabei ist eine ganz entscheidende Einflußgröße die technologisch erreichbare repräsentative minimale Strukturgröße L_M. Hier hat es in den letzten 20 Jahren eine (im gegebenen Maßstab) lineare Weiterentwicklung zu immer kleineren Strukturen gegeben. Man darf annehmen, daß diese Entwicklung anhalten wird, im schlechtesten Falle nach 2000 einem Grenzwert bei 0,1 μm zustrebt (großtechnisch nutzbar, für Forschungszwecke werden solche Strukturen bereits jetzt bearbeitet). Eine zweite entscheidende Einflußgröße ist die maximale Chipgröße L_C. Sie bestimmt sich maßgeblich aus der Kristall- und Bearbeitungsfehlerzahl (Punktfehler) je Flächeneinheit und daher aus der Chipausbeute. Auch hier sind lineare Verbesserungen erreicht worden. Geht man davon aus, daß diese Verzehnfachung in zwei Dekaden anhält, ergibt sich die gerade Ver-

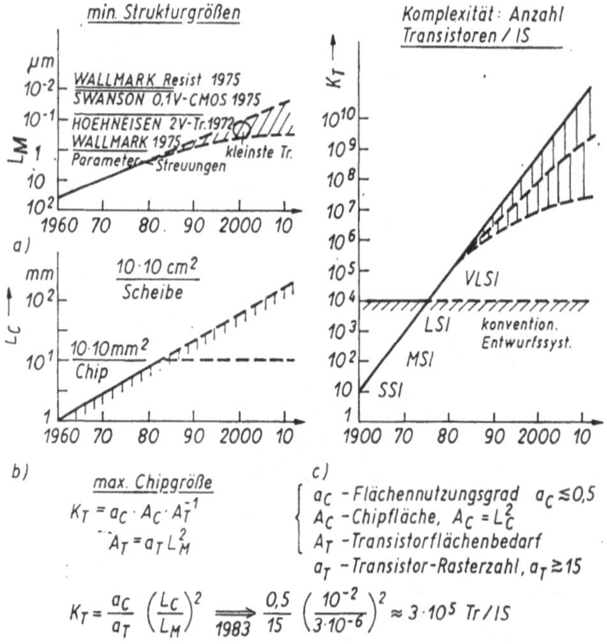

Abb. 1.4. Technologiebedingte Komplexitätsentwicklung

längerung. Im schlechtesten Falle kommt man nicht über Chips mit 10 mm Kantenlänge hinaus, wie sie z. Z. bereits im Grenzfall eingesetzt werden.

Teilbild c gibt die daraus zu erwartenden Entwicklungstrends für die technologisch mögliche IS-Komplexität an. Es zeigt auch, daß moderne übliche LSI-fähige Schaltkreisentwurfssysteme (CAD, computer-aided design; Entwurf/Konstruktion mittels Rechnerunterstützung) der modernen Technologieentwicklung nicht mehr entsprechen. Hier sind prinzipiell weitergeführte VLSI-CAD-Systeme erforderlich.

Ein dritter entscheidender Einflußfaktor ist die Schaffung immer besserer Schaltungen für IS. Abb. 1.5a gibt den Entwicklungsverlauf und -trend für den Gütewert E_G (eines typischen Gatters/Grundelementes) an. Diese Entwicklung hängt damit zusammen, daß eine IS nur etwa 1 W, unabhängig von ihrem funktionellen Inhalt und ihrer Komplexität, umsetzen und abführen kann. Diese Energieaufnahme/Verlustleistung teilt sich auf alle IS-internen Schaltungen auf. Wird eine hohe Arbeitsgeschwindigkeit, ausgewiesen durch eine niedrige Gatterverzögerungszeit t_{VG}, gefordert, so bedeutet das, ein Gatter muß bei minimaler Verlustleistung $P_{VG} \approx 1\,\text{W} \cdot K_{GE}^{-1}$ (K_{GE} — Anzahl der Gatter je IS) arbeiten. Das ergibt die Gütewerte $E_G = P_{VG} \cdot t_{VG}$. Teilbild b zeigt dementsprechend den Verlauf der Gatterverzögerungszeiten für IS mit maximalem Integrationsgrad und IS für maximale Arbeitsgeschwindigkeit bei geringerer Integration. Auch hier sind ständige Weiterentwicklungen zu erwarten. Die Beherrschung von monolithischen Mikrowellen-IS (MMIS) und Subnanosekunden-IS in den 90er Jahren ist abzulesen (auch ohne GaAs). Teilbild c bringt Kostentrendaussagen, d ordnet die Gütewertentwicklung in den Rahmen der gesamten Elektronik ein.

Abb. 1.6 weist auf einige Entwurfsprobleme für VLSI hin. Teilbild a gibt an, daß für High-Performance-Entwürfe von IS (maximal manuell optimiert) unzulässige Entwurfsaufwände (Entwerfer, Rechner, Zeit) entstehen. b gibt aber einen Hinweis, daß z. B. bei den angegebenen Mikroprozessen in zunehmendem Umfang mit Entwurfsreduktion aus Wiederholstrukturen gearbeitet wird (neues VLSI-CAD-System). c zeigt, daß der Systementwurf zu einem entscheidenden Element wird und entsprechende Rechnerunterstützung erforderlich ist. d gibt an, daß alle Programmsysteme eines CAD-Systemes für den Schaltkreisentwurf vernünftige Komplexitätsschranken besitzen. Daher kommt es darauf an, die weitere Komplexitätsentwicklung mit Modularisierung und Hierarchie zu bewältigen.

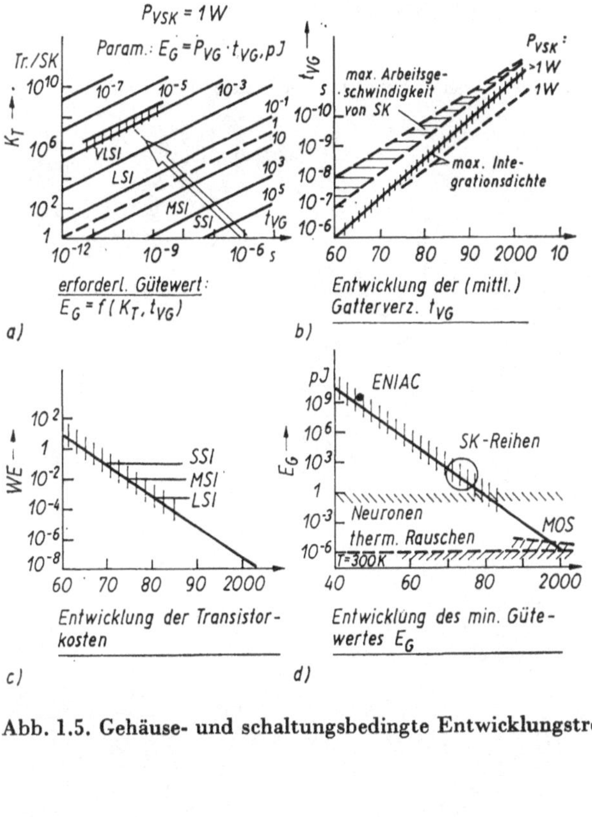

Abb. 1.5. Gehäuse- und schaltungsbedingte Entwicklungstrends

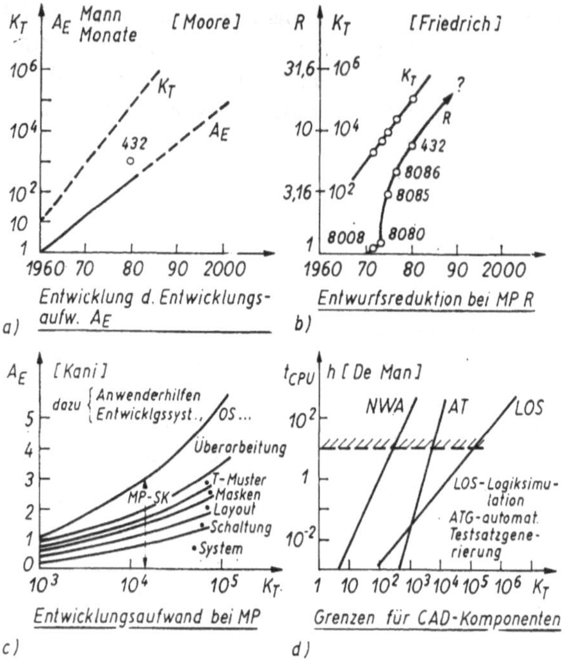

Abb. 1.6. Entwicklungsaufwand konventioneller Schaltkreisentwürfe

2. Schaltungstechnische Aspekte

Im Rahmen dieses Abschnitts sollen die Aufbau- und Funktionsprinzipien der IS zusammengestellt werden sowie die ihnen zugrunde liegenden Bauelementeeffekte (Wirkprinzipien) und Grundschaltungen (Grundelemente). Gehen wir vom einführend dargelegten Gedanken aus, daß die Mikroelektronik durchgreifende elektronische Bewältigung von Informationsprozessen bewirkt, so liegen auch die folgenden Überlegungen nahe. Die Elektronik hat in einem bestimmten Anwendungsfall eine exakt zu definierende Aufgabe (Systemfunktion genannt) zu erfüllen, z. B. die Funktionen einer Uhr, eines Weckers, eines Taschenrechners, eines Reglers, eines Bildschirmgerätes, eines Fernsehspieles. Dabei ergeben sich Systemfunktionen mit analogen und mit digitalen Signalen an den Schnittstellen zur Elektronik. Intern löst man in der ME alle komplexeren Funktionen digital. Digitale Systemfunktionen lassen sich

1. für Universalrechnerstrukturen (z. B. Mikrorechner MR) als Programm formulieren (Softwarelösung),
2. mit den Mitteln der Schaltalgebra und der Automatentheorie als Logikstruktur (Hardwarelösung) umsetzen.

Im Gesichtswinkel der ME sind beides Hardwareforderungen; Speicher als Programmspeicher eines MR und Logik — beides fordert Chipfläche.

Die Hardwarefunktionen können im Rahmen der *Schaltungselektronik* und evtl. für spez. Funktionen im Rahmen einer *Funktionalelektronik* erfüllt werden.

Diese Zusammenhänge wurden in Abb. 2.1 dargestellt. Derzeit steht nur die Realisierung mit Schaltungen zur Verfügung. Diese Schaltungen lassen den Aufbau aus Grundschaltungen erkennen, die elementare Operationen der Informationsprozesse ausführen. Sie bestehen aus einem Kollektiv von Schaltelementen, in dem die aktiven, die Verstärkungselemente, die bestimmende Rolle spielen. Mit diesen bestimmenden Bauelementeeffekten sollen sich die übernächsten Seiten befassen.

Möglichkeiten zu einer Einteilung für elektronische Schaltungen zeigt Abb. 2.2. Bei der Behandlung der bestimmenden Bauelementeeffekte muß ihre Anwendung in Schaltungen aufbereitet werden, mit der Schaltungsrealisierung in IS im Vordergrund. Dazu kommen die unterschiedlichen Schaltungsarten gemäß den Signalarten: analog oder digital [2.1, 2.4, 2.5].

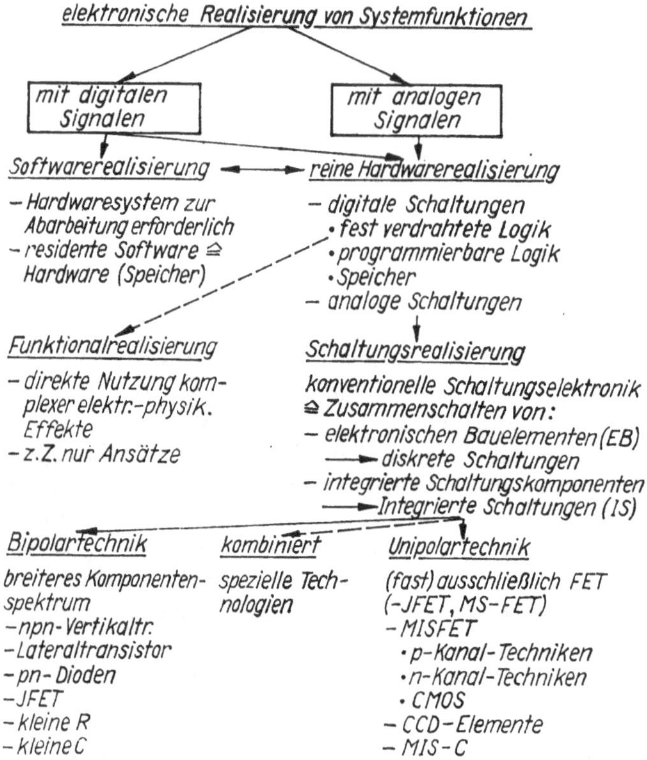

Abb. 2.1. Einordnung der Schaltungsrealisierung

2.1. Allgemeine Prinzipien für integrierte Schaltungen

Bei der integrierten Schaltungsrealisierung entsteht das Kollektiv aller Schaltelemente der IS gleichzeitig und üblicherweise endgültig. Aktive, d. h. vollständige Techniken — das sind die monolithischen Halbleitertechniken — realisieren komplette aktive Schaltungen. Hybride Techniken — das sind die Dünnschichttechniken — realisieren nur passive Schaltungen (*RC*-Netzwerke, Verbindungsschemata) komplett. Sie benötigen die Komplettierung mit speziellen aktiven Elementen (Transistoren) oder mit (gehäuselosen) IS. IS-Realisierungen der Halbleiterblocktechniken kommt dabei die größte Bedeutung zu; sie stehen daher im folgenden im Mittelpunkt. Wie noch detailliert erläutert wird (4. Kap.), werden auf einer einige Zentimeter großen Halbleiterscheibe (Slice) in einem Mosaikraster sehr viele IS-Schaltungsstrukturen nebeneinander realisiert. Diese werden dann vereinzelt und als IS-Scheibchen (Chips) im IS-Gehäuse montiert und kontaktiert, wenn sie funktionsfähig sind (Ausbeute 3—80%).

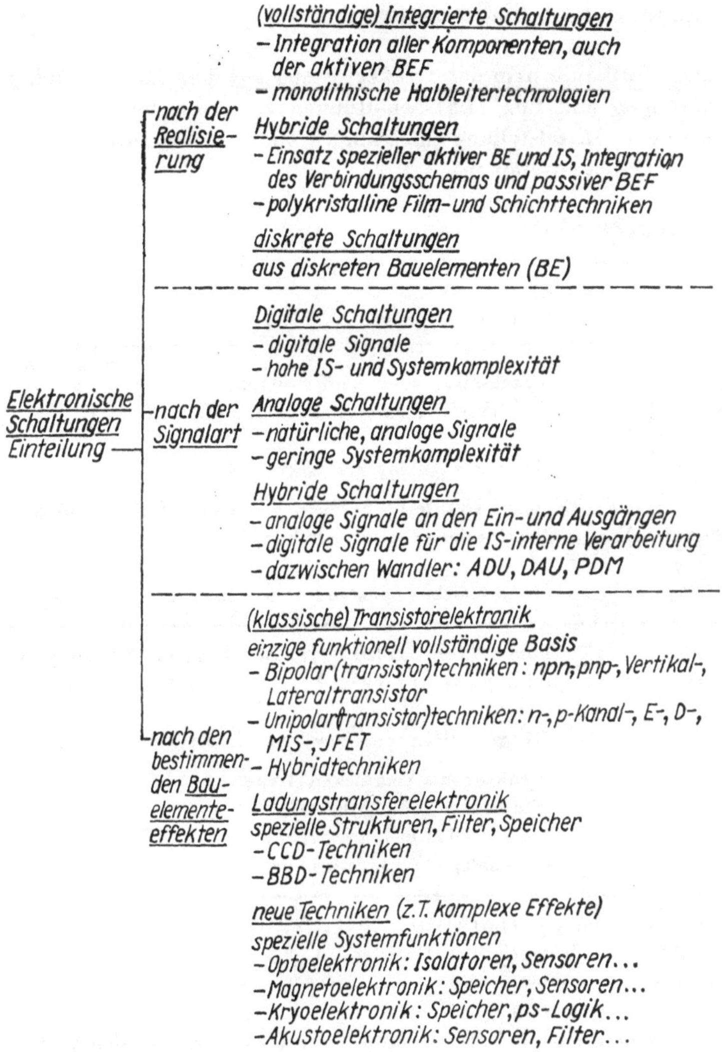

Abb. 2.2. Einteilungsmöglichkeiten für elektronische Schaltungen und Systeme

Der gesamte Realisierungsprozeß hat 3 Zyklen.

Zyklus —1: IS-Entwurf,

Zyklus 1: Herstellungsprozeß im Scheibenverband (Scheiben-/Sliceprozeß),

Zyklus 2: abschließender IS-Herstellungsprozeß (Montage, Kontaktierung, Verkappung im Gehäuse).

Die folgenden Betrachtungen haben Grundvorstellungen zum IS-Entwurf zum Inhalt.

2.1.1. Aufbauprinzip von IS-Strukturen

Vom grundsätzlichen Aufbauprinzip der Strukturierung auf dem Halbleiterchip her sind SSI-Schaltungen und LSI/VLSI-Schaltungen zu unterscheiden. MSI-Schaltungen nehmen eine Mittelstellung ein. Tab. 2.1 stellt zu den Integrationsgraden einige weitere Daten zusammen.

Tabelle 2.1. Integrationsgrade von IS

Integrationsgrad Komplexität	Charakteristika typische Lösungen
SSI (Small Scale Integration) $1 \div 10$ GE $10 \div 50$ BEF	*n*-fach-kGE, voneinander unabhängig; Schaltkreisreihen digitaler IS: TTL, ECL, LSL; einfachste Analogverstärker
MSI (Medium Scale Integration) $6 \div 100$ GE $30 \div 300$ BEF	einige IS-interne Signale, *n*-bit-KDS-Teilschaltungen; Ausbau der Schaltkreisreihen; umfangreiches Spektrum von Analog-IS
LSI (Large Scale Integration) $100 \div 3000$ GE $300 \div 10^4$ BEF	hoher Anteil IE (SLI-typ. Schaltungen), Nutzung der min. Strukturgrößen, hoher Arrayanteil, digitale IS; RE gem. Standards von Schaltkreisreihen üblich;
VLSI (Very LSI) $> 10^3$ GE $> 3 \cdot 10^3$ BEF	Struktur aus komplexen Arrays intern durchgängig digital; Analogzellen in RE möglich: AMUX, ADU, DAU (→ analoge Signalverarbeitung)

kGE — kombinatorisches Grundelement (NOR, NAND ...)
KDS — komplexe digitale Schaltung (Zähler, Register ...)

Abb. 2.3 macht deutlich, daß bei SSI-Schaltkreisen (IS) mehrere gleichartige Schaltungen auf einem Halbleiterchip realisiert sind, die miteinander nur die Versorgungsspannung U_{CC}, den Massenanschluß $\perp$ und die Realisierung auf der gleichen Kristalloberfläche gemeinsam haben. Sonst sind sie funktionell entkoppelt. Das bedeutet aber, daß jede einzelne Schaltung sowohl mit ihren Ausgängen als auch mit ihren Eingängen an die Betriebsbedingungen auf der Leiterplatte bzw. darüber hinaus angepaßt sein muß:

— Störsicherheit der Signale,
— Belastung der Ausgänge (insbesondere kapazitiv, einige 10^2 pF),
— flexible Bedingungen des Einsatzes.

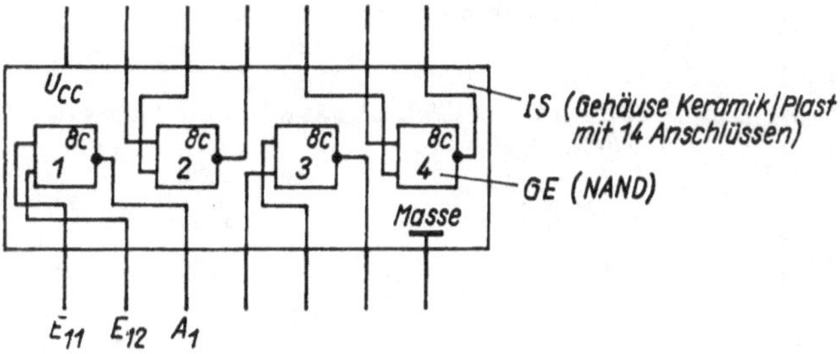

Abb. 2.3. SSI-Schaltkreis (D 100, 4fach-NAND)

Zum letztaufgeführten Punkt gehört, daß bei der IS-Herstellung berücksichtigt werden muß, wie flexibel diese Schaltung in Geräten eingesetzt werden kann. Die Erfüllung dieser Bedingungen erfordert einen hohen Schaltungsaufwand, der wiederum in allen Teilschaltungen eines SSI-Schaltkreises zu erbringen ist. Das betrifft

— den Eingangsteil der Schaltungen, der die Eingangssignale unter Bewältigung der Störsicherheits- und Flexibilitätsforderungen verknüpfen muß,
— den Ausgangsteil, der die Ausgangssignale mit der notwendigen Leistungsfähigkeit (Treibleistung) und Störsicherheit unter den Flexibilitätsforderungen bereitstellen muß.

Im Abschnitt 2.3. folgen dazu detailliertere Ausführungen. Doch es ist wohl sofort verständlich, daß obige Forderungen zu Schaltungen mit

— hoher Anzahl von Schaltelementen,
— relativ hohen Betriebsspannungen,
— vergleichsweise großen Strömen (und damit großem Energiebedarf)

führen. Damit verbunden ist ein recht hoher Flächenbedarf für die Schaltungen auf dem Halbleiterchip.

Derartige SSI-Schaltkreise sind am Anfang der Realisierung von IS sinnvoll gewesen, da sie die technologischen Grenzen und die sinnvolle Anzahl von Anschlüssen am IS-Gehäuse optimal auslasteten. Es wurden durchweg digitale Signale angewendet. Die SSI-Schaltungen waren einfache Grundelemente, die elementare (binäre) kombinatorische Operationen realisieren: NOR, NAND, ... Die Chipgrößen liegen bei 1 bis 2 mm Kantenlänge, die minimalen Strukturgrößen bei einigen 10 μm, womit Transistoren für Ströme von einigen 10 mA gut realisierbar sind. Heute stellen sie immer noch für viele Anwendungen das Grundgerüst der Bauelemente der Elektronik dar, da sie infolge ihrer geringen Komplexität, d. h. geringere Spezialisierung, für bestimmte Aufgaben universal anwendbar sind.

Abb. 2.4 gibt eine schematische Darstellung für LSI/VLSI-Strukturierung. Man erkennt leicht bei IS-Chips die *Bondinsel*, an denen die IS-Anschlüsse zwi-

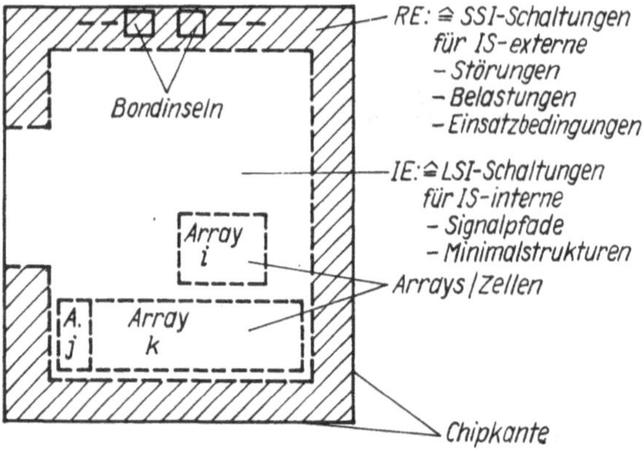

Abb. 2.4. LSI/VLSI-Chipstrukturierung

schen Chip und Gehäuse hergestellt sind. Sie sind aus Entwurfs- und aus Zuverlässigkeitsgründen meist am Rand der Chips realisiert. Zwischen ihnen bzw. in einem das ganze Chip umgebenden Randbereich befinden sich die zugehörigen *Eingangs- und Ausgangsschaltungen.* Für diese Schaltung (sog. *Randelektronik RE*) gelten in etwa die flexiblen Einsatzbedingungen wie für SSI-Schaltungen, d. h., sie sind aufwendig, stromintensiv und großflächig. In ihnen wird ein großer Anteil der IS-Verlustleistung umgesetzt. Innerhalb dieses Ringes der Randelektronik ordnet man die Schaltungen an, die keine direkten Anschlüsse von oder nach außen haben. Für sie gelten gänzlich andere Einsatzbedingungen als für SSI- bzw. RE-Schaltungen:

— ihre Zusammenschaltung an den Ein- und Ausgängen ist nicht mehr innerhalb gewisser Grenzen offen, sondern auf dem Chip festgelegt,
— alle Schaltungen arbeiten mit derselben Versorgungsspannung und Betriebstemperatur,
— die Belastungen der Schaltungsausgänge und die Störeffekte sind auf dem Chip wesentlich geringer als auf Leiterplatten, sie sind darüber hinaus genau festgelegt und berechenbar.

Damit können diese inneren Schaltungen (*innere Elektronik IE*) wesentlich minimaler ausgelegt werden: Anzahl der Schaltelemente, Spannungs- und Strombedarf, Energiebedarf, und Flächenbedarf auf dem Chip. Diese IE-Schaltungen sind das eigentliche Feld für die Integrationsgrade LSI/VLSI. Bei ihnen können die technologisch erreichbaren minimalen Strukturgrößen von wenigen µm für Schaltelementeabmessungen sinnvoll Anwendung finden. Es wird klar, daß der Entwicklungsprozeß bei IS, von der Senkung der minimalen Strukturgrößen ausgehend, zu einer ständigen Verkleinerung der Schaltelemente- und Schaltungsabmessungen führt (Skalierung), aber auf die IE-Schaltungen beschränkt bleiben muß. Die Kluft zwischen RE- und IE-Schaltungen wächst.

Bei genauerer Betrachtung erkennt man auch, daß die IE-Schaltungen nicht durchweg regellos aufgebaut erscheinen (*Random*), sondern zu einem großen Anteil aus regelmäßigen Feldern (*Arrays*) bestehen. Das hat seine Ursache darin, daß in solchen Arrays größere Schaltungskomplexe mit hohem Wiederholanteil sehr flächenoptimal realisiert werden können (z. B. Speicherkomplexe). Zum anderen ist der Entwurfsaufwand geringer. Daher werden Elektroniklösungen mit Systemstrukturen gewählt, die vorrangig von solchen Arrays Gebrauch machen, z. B. Speicher- und Mikrorechnerlösungen. Wir wollen eine obere Abschätzung zur erreichbaren IS-Komplexität vornehmen. Es seien

K — die Komplexität BEF/IS,
A_c — die Chipfläche (mit der Kantenlänge $L_c = \sqrt{A_c}$),
A_k — die minimale BEF-Fläche (mit der Kantenlänge $L_k = \sqrt{A_k}$).

$$K = A_c \cdot A_k^{-1} \cdot F. \tag{2.1}$$

F ist ein Faktor für die Flächennutzung durch Schaltungskomponenten (bei oder unter 0,5).

$$K = (L_c \cdot L_k^{-1})^2 \, F. \tag{2.2}$$

Mit $L_c \approx 5$ mm und $L_k \approx 5$ µm wird $K \lesssim 5 \cdot 10^5$. Real ist für solche Abschätzungen, wie in Abschnitt 4. dargelegt, F wesentlich kleiner zu wählen. Weiter kann man mit einem Faktor $F_{\mathrm{GE}} \approx 3$ die Komplexität auf Grundelemente umrechnen.

$$K_{\mathrm{GE}} = K \cdot F_{\mathrm{GE}}^{-1}. \tag{2.3}$$

Die Komplexitätsabschätzung liefert Werte, die bislang für komplexe elektronische Einrichtungen charakteristisch waren (mittlere EDVA der 2. Generation), die aber in kurzer Zeit als IS zur Verfügung stehen werden.

2.1.2. Restriktionen und Gütewerte

Für die Realisierung von IS bestehen eine Reihe von Restriktionen.

1. *Absatz:* Die Produktionsstückzahl des ersten Produktionsjahres sollte auf jeden Fall $> 10^4$ betragen, damit der sehr hohe Entwicklungsaufwand (einige 10^4 bis 10^6 Mark) schnell amortisiert wird.

2. *Gehäuseanschlußzahl:* Sie soll niedrig sein, da die RE viel Fläche (Chipkosten) und Energie (Verlustleistung) benötigt, große Gehäuse teuer sind, Leiterplattenfläche binden und schwierig zu montieren sind (Anschlußraster $\gtrsim 1{,}25$ mm). Spezialgehäuse mit mehr als etwa 50 Anschlüssen sind schwierig handhabbar, es werden aber auch Gehäuse mit über 100 Anschlüssen eingesetzt.

3. *Gehäuseverlustleistung:* Die IS-Gesamtverlustleistung soll Werte von 1 W nicht übersteigen, da sonst teure und große Gehäuse und in den Geräten spezielle Kühlaufwendungen (z. B. Ölkühlung) erforderlich werden.

4. *Chipkomplexität:* Die von der Technologie bereitgestellte Komplexität sollte angewendet werden. Überschreitungen sind aber sehr unwirtschaftlich, da hierdurch die Ausbeute, die Verlustleistung, die Arbeitsgeschwindigkeit und der Freiraum beim Entwurf ungünstig beeinflußt werden.

Die erreichte Güte einer IS-Realisierung kann nicht so einfach vollständig beurteilt werden. Dazu gehören je nach Anwendungsproblem etwa folgende Punkte:

- Realisierungskosten (Fertigung, Entwicklungsumlage),
- Zuverlässigkeit, Gehäuseart,
- zulässige Umgebungsbedingungen für Betrieb und Lagerung,
- Flexibilität in der Anwendung,
- Energiebedarf, max. Verlustleistung P_V,
- Arbeitsgeschwindigkeit (max. Arbeitsfrequenz, Verzögerungs- und Flankenzeiten),
- Signalpegel, Störsicherheiten.

Für den Fertigungsaufwand ist es üblich, den Flächenbedarf (Chipfläche) und die Maskenanzahl bzw. die Zahl der Hochtemperaturschritte anzugeben.

Die Effektivität einer Schaltungsstruktur wird oft mit sog. *Gütewerten* beurteilt. Für analoge Schaltungen wird üblicherweise das Produkt aus Verstärkung und Bandbreite $G = V \cdot B$ angewendet. In der ME sind aber die Bauelemente und Schaltungen nach *ME-relevanten Parametern* zu beurteilen wie Verlustleistung, Flächenbedarf, technologische Kompliziertheit. So sind für Grundschaltungen von Analog-IS Gütewerte $G_A = P_V \cdot (V \cdot B)^{-1}$ und bei Digital-IS $G_D = P_V \cdot t_V$, das *Verzögerungszeit-Verlustleistungsprodukt,* sinnvoll. Damit kann man aus der maximalen Verlustleistung eines IS-Gehäuses z. B. die maximale Komplexität in Grundelementen bei gegebenem Gütewert G_D und geforderter Verzögerungszeit t_V ermitteln.

2.2. Bauelementeeffekte

IS-interne Strukturen sind in die konventionelle Schaltungselektronik einzuordnen. Die Schaltelemente entspringen einem integrierten Herstellungsprozeß. Dabei ist wiederum die Anlage und Auslegung des Herstellungsprozesses auf die bestimmenden Schaltelemente orientiert. Diese bestimmenden Schaltelemente sind aktive, also Verstärkungselemente, die bei Analog-IS vor allem eine lineare Verstärkung und bei Digital-IS Schalterverhalten realisieren.

Zum Gesamtaufbau gehört darüber hinaus aber in IS-internen Schaltungen in ähnlichem Maße wie bisher in diskreten Schaltungen eine Anzahl weiterer Schaltelemente. Die wichtigsten dieser Schaltelemente sollen kurz erläutert werden.

2.2.1. Grundlegende Wirkprinzipien der Mikroelektronik

Die *Schaltelemente* einer mikroelektronisch vollständig realisierten Schaltung sind *Flächenelemente* auf dem IS-Chip. Der Begriff Schaltelement gilt exakt eigentlich nur für die Ersatzschaltung der ME-Struktur. Denn genau wie Transistoren, Dioden, Widerstände und Kapazitäten sind auch die elektrischen Verbindungen einer Schaltung in ME-Strukturen gleichberechtigte Typen von Flächenelementen. Die Funktion dieser Flächenelemente ist nur eine grundsätzlich einfachere. Daher ist es sinnvoll, von diesen Funktionen auszugehen. Die verschiedenen Flächenelementetypen entsprechen (in der Ersatzschaltung) verschiedenartigen Schaltelementen und realisieren unterschiedliche *Bauelementefunktionen.* Die tiefere methodische Grundlage ihres Aufbaus und ihrer Funktionsprinzipien wollen wir *Bauelementeeffekte* oder *Wirkprinzipien* nennen [2.1, 2.2, 2.3, 2.14].

Die bestimmenden Bauelementeeffekte der Mikroelektronik sind auch für die Namensgebung der daraus hergeleiteten Schaltungstechniken bestimmend:

— Bipolartransistor:	Bipolartechnik
— Unipolartransistor:	Unipolartechnik (dabei insbesondere MIS-Feldeffekttransistor: MIS-Technik).

2.2.1.1. Bipolartransistoren

Aufbau und Funktionsprinzip

Die Kenntnis der grundsätzlichen Aufbau- und Funktionsprinzipien des Bipolartransistors wird vorausgesetzt. In Hybrid-IS können (gehäuselose) *diskrete*, in aktiven Bipolar-IS *integrierte* Transistoren Anwendung finden. Erstere sind in einer n-leitenden Schicht auf dem n^+-Transistorchip realisiert, mit der Wärmeableitung und dem Kollektoranschluß darunter. Für die Basis wird eine p-Dotierungsgrube, für den Emitter darin wiederum eine n^+-Dotierungsgrube angelegt. Der *aktive Transistorbereich* befindet sich unmittelbar unter dem Emitter und wird senkrecht von Strom durchflossen. Abb. 2.5 stellt aber auch dar, daß neben dieser *npn*-Vertikaltransistorstruktur *parasitäre Bereiche* unvermeidlich sind:

- Kontakt- (Al-Si-) und Bahnwiderstände,
- Vertikaldioden BC,
- Lateraldioden EB, BC,
- Kapazitäten über allen Widerständen und Dioden (Sperrschicht- und Diffusionskapazitäten).

Letztere verstehen sich von selbst und wurden daher in den Ersatzschaltungen nicht explizit angegeben. Von den Widerständen ist insbesondere der Basisbahnwiderstand (in der sehr dünnen Basisschicht) zu beachten. Außerdem ist es nicht ganz exakt, wenn man die Verhältnisse an flächig angelegten realen Transistoren in eine Ersatzschaltung mit konzentrierten Schaltelementen als Modell überführt. Doch sog. verteilte Ersatzschaltungen sind nicht leicht handhabbar. Es haben sich Lösungen mit konzentrierten Ersatzschaltungen für bestimmte Layoutbereiche (Flächen) des Transistors eingeführt (Abb. 2.5a und c). Für den aktiven Bereich wird dann die bekannte Transistorersatzschaltung anstelle des Schaltsymbols Transistor eingeführt (s. auch Abb. 2.5e).

Etwas komplizierter wird eine solche Darstellung für den *integrierten Transistor*, denn er ist wie die weiteren Schaltelemente nur ein Element unter vielen auf dem Halbleiterchip. Mit den anderen Elementen hat er elektrische und thermische Kopplungen. Der in Abb. 2.5b dargestellte integrierte *npn*-Standardtransistor der Bipolartechnik ist eine komplizierte Struktur. Er wird in einer *n*-Epitaxieschicht etwa wie in der linken Darstellung für den diskreten Transistor realisiert: *p*-Basisdotierung, n^+-Emitterdotierung. Im Unterschied zu diesem muß aber der

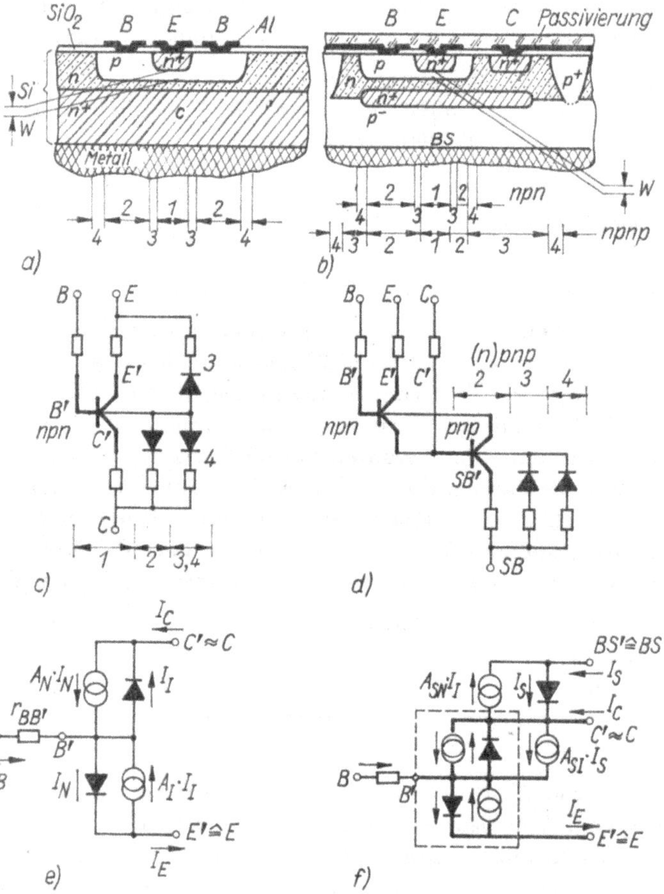

Abb. 2.5.

→

Transistor von seiner Umgebung auf dem Chip isoliert werden, und der Kollektoranschluß muß zur Al-Leitbahnkontaktierung an die Oberfläche herausgeführt werden. Die Isolierung wird hier dadurch erreicht, daß das Chipvolumen (Bulk-Substrat) p^--leitend und um den Transistor eine p^+-Zaundotierung angelegt wird, er also vollständig von einem *p*-Gebiet eingegrenzt wird. Die *pn*-Grenzschicht zwischen Kollektorbereich und Substrat wird mit Sperrspannungen (Kollektor positiv gegen Substrat $U_{CBS} > 0$) betrieben: *Sperrschichtisolation* (in einem sog. isolierten Kollektorgebiet). Andere Arten der Isolation bieten sich an und werden auch genutzt. Da der Kollektor hier nicht unter Emitter und Basis kontaktiert werden kann, muß ein niederohmiger Strompfad zur Oberfläche des Kristalls angelegt werden. Dazu dient die sog. vergrabene (burried) n^+-Schicht zwischen Epitaxie und Substrat und eine n^+-Kollektoranschlußdotierung (gemeinsam mit Emitter). Somit verläuft der Strompfad vom Emitter durch die Basis in den Kollektorepitaxiebereich und dann zur vergrabenen Schicht. Dieser Teilpfad ist vertikal. Dann verläuft er in der Schicht lateral und wiederum vertikal zum C-Anschluß. Die Verhältnisse am *npn*-Transistor haben sich scheinbar nicht geändert. Aber man erkennt sofort, zu dem *npn*-Vertikaltransistor (entsprechend dem diskreten Transistor) kommt hinzu

— ein *pnp*-Transistor zum Substrat (ebenfalls vertikal) und
— ein *npn*-Lateraltransistor parallel zum vertikalen.

Letzterer hat kaum Bedeutung (da er parallel liegt und in seinen Parametern wesentlich schlechter ist).

Abb. 2.5. Bipolartransistoren

a) Aufbau bei diskreter Realisierung (Si-Planartechnik)

B — Basis	C — Kollektor
E — Emitter	W — Basisweite
1 — aktiver Bereich *npn*	3 — EB-Lateraldiode
2 — BC-Vertikaldiode	4 — BC-Lateraldiode

b) Aufbau bei Standard-Epitaxieplanartechnik (Halbleiterblocktechnik)

npn-Transistor: Bezeichnungen wie bei a)

npnp-Struktur:	BS — Bulk/Substrat
1 — aktiver Bereich *npn*	3 — Vertikaldiode CBS
2 — aktiver Bereich *pnp*	4 — Lateraldiode CBS

c) konzentrierte Ersatzschaltung für a)
d) konzentrierte Ersatzschaltung für b), wobei für den *npn*-Transistor Vereinfachungen vorgenommen wurden
e) Ersatzschaltung für den *npn*-Transistor (vereinfacht)
f) Ersatzschaltung für die *npnp*-Struktur des integrierten Transistors (vereinfacht)

Korrektur: Teilbild e, seitlicher Strich an I_N muß sein ein nach unten gerichteter Pfeil.

Der mit der Sperrschichtisolation verbundene *Substrattransistor* kann weitgehend unberücksichtigt bleiben, wenn er gesperrt betrieben wird ($U_{CBS} > 0$). Arbeitet aber der *npn*-Transistor mit leitender BC-Diode, d. h. im Invers- oder im Übersteuerungszustand, so werden diese Inversströme I_I auch im gesperrten Substrattransistor wirksam mit $A_{SN} \cdot I_I$. Bei Digital-IS wird der Übersteuerungs- und Inverszustand angewendet. Dafür muß der Stromübersetzungsfaktor A_{SN} (Stromverstärkung im *pnp*-Transistor bei Normalbetrieb in Basisschaltung) so gering als möglich gemacht werden: Golddotierung zur Verringerung der Lebensdauer/Weglängen der Minoritätsladungsträger, konstruktive Maßnahmen.

Kennliniengleichungen [2.1, 2.2, 2.14, 2.19, 2.29, 2.31]

Die Bauelementefunktion wird am besten in Form von Funktionsmodellen beschrieben. Das sind

- Kennliniengleichungen als analytische Beschreibungen,
- Kennlinienfelder als graphisch-anschauliche Darstellungen,
- Ersatzschaltungen als komplex-verständliches Beschreibungsmittel für den Ingenieur.

Diese Beschreibungsformen (Modelltypen) sind so anzulegen, daß sie das für den jeweiligen Anwendungszweck wesentlich überschaubar und detailliert genug ordnen. Aus diesem Grunde gibt es natürlich unterschiedliche Modelle für

- Klein- und Großsignalverhalten,
- Gleichstrom-Niederfrequenz und -Hochfrequenzverhalten,
- Analog- und Digitalanwendungen,
- Schaltzustände und Umschaltvorgang,
- Hand- und Rechnerentwurf,
- Lehre, Entwicklung und Forschung,
- Schaltungs- und Technologieentwicklung.

Im folgenden können zweckentsprechend nur einfachste Modelle herangezogen werden. Wir gehen aus von der Ersatzschaltung Abb. 2.5c und d. Dort sind (implizierte) Modelle angegeben worden, die mit Symbolen für Schaltelemente arbeiten, wobei für die Berechenbarkeit mit Strom-Spannungs-Relationen die Auflösung von Drei- und Mehrpolsymbolen in Zweipolarersatzschaltungen sinnvoll ist. Das wurde in Abb. 2.5 e und f für den internen *npn*-Transistor und die Vertikalstruktur *npnp* des integrierten Transistors vorgenommen. Hier wurde das Ebers-Moll-Modell, ein nicht alle wesentliche Effekte erfassendes, aber gut verständliches *Großsignalmodell*, angewendet. Darin bedeuten alle *Dioden* unabhängige Zweipole mit der statischen Kennlinie

$$I_D = I_0 \left(\exp\left(U_D/\Phi_T - 1\right)\right), \tag{2.4}$$

I_D — Diodenstrom, U_D — Diodenspannung,
I_0 — Sperrsättigungsstrom, Φ_T — Temperaturspannung.

Die in den stromgesteuerten Stromquellen auftretenden Übersetzungsfaktoren A sind gleich den Stromverstärkungsfaktoren in Basisschaltung und definiert meßbar bei der Spannung $U_D = 0$ über der parallelgeschalteten Diode.

Man erkennt in Abb. 2.5e entsprechend den beiden *pn*-Grenzen des Transistors zwei Dioden. Da aus beiden bei Durchlaß Minoritätsladungsträger in die andere durch die dünne Basiszone eingeschwemmt werden können und diese dann durch die gesperrten *pn*-Übergänge „durchgesaugt" werden, sind zwei fast unabhängige Strompfade darzustellen. Der Stromfluß durch eine gesperrte der beiden antiparallelen Dioden wird mit A angezeigt, wobei $A \lessapprox 1$ gilt.

Tab. 2.2 stellt die *Arbeitszustände* und *Kennliniengleichungen* gemäß Abb. 2.5 zusammen. Die Kennzeichnung der Arbeitszustände erfolgt nach denen ihrer *pn*-Grenzschichten ($S \triangleq$ gesperrt, $L \triangleq$ leitend). Dabei wurde nur der gesperrt betriebene Substrat-Kollektorgebiet-Übergang berücksichtigt ($NZ \triangleq SZ_S$, $IZ \triangleq NZ_S$). Der Inverszustand IZ_S bzw. der Übersteuerungszustand $ÜZ_S$ des Substrattransistors wurde nicht einbezogen.

Dieses einfache Modell ist für Handrechnungen schon zu genau und wird innerhalb der Arbeitszustände auf wesentlich einfachere Formen geführt (stückweise gültige, evtl. lineare Modelle). Für dynamische Betrachtungen sind Ladungsspeichereffekte mit einzubeziehen: *pn*-Sperrschicht- und Diffusionskapazitäten, „konstruktive" Kapazitäten.

Sperrschichtkapazitäten von Dioden (*pn*-Übergängen):

$$C_{DS} = C_{0S}\,(1 + U_D/U_{\mathrm{Dif}})^{1/3 \div 1/2}. \tag{2.5}$$

U_D — Sperrspannung über *pn*-Übergang (negativ),
U_{Dif} — Diffusionsspannung ($\approx 0{,}7 \div 0{,}8$ V),
C_{0S} — Kennwert (gem. Fläche, Dotierungen).

Diffusionskapazitäten:

$$C_{DD} = C_{0D} \exp\,(U_D/\Phi_T). \tag{2.6}$$

U_D — Durchlaßspannung (positiv),
Φ_T — Temperaturspannung,
C_{0D} — Kennwert ($C_{0D} = \tau_I/\Phi_T$),
τ — Ladungsspeicherzeitkonstante,
I — Diffusionsstrom.

Für Kleinsignalberechnungen kann man sich auf das differentielle Verhalten beschränken (Ableitungen, Linearisierung). Auch dabei sind innerhalb der Arbeitszustände wesentliche Vereinfachungen üblich.

Für IS-Entwürfe benötigt man aber genauere Modelle, die die Basisbreitenmodulation ($f(U_{CB})$, Early-Effekt), die Basisleitfähigkeitsmodulation $\big(f(T_C)\big)$ und die Rekombination in Oberflächen- und Sperrschichtbereichen genügend

Tabelle 2.2. Bipolartransistor

Transistor-Arbeitszustände	Dioden			Ströme	
	BE	*BC*	*BSC*	$I_C \approx$	$I_{BS} \approx$
Sperrzustand *SZ*	*S*	*S*	*S*	I_{CB0}	I_{BSC0}
Normalzustand *NZ*	*L*	*S*	*S*	$I_B A_N (1-A_N)^{-1}$	I_{BSC0}
Inverszustand *IZ*	*S*	*L*	*S*	$I_B A_I (1-A_I)^{-1}$	$I_C A_{SN} (1-A_{SN})^{-1}$
Übersteuerungs-zustand *ÜZ*	*L*	*L*	*S*	I_{CX}	$< I_{CX} A_{SN} (1-A_{SN})^{-1}$

I_{CB0} — Kollektorreststrom $\left(I_{CB0} \approx I_{C0}(1-A_I A_N)(1-A_N)^{-1}\right)$

I_{BSC0} — Substratreststrom $\left(I_{BSC0} \approx I_{BS0}(1-A_{SI} A_{SN})(1-A_{SN})^{-1}\right)$

$$\begin{pmatrix} I_E \\ -I_C - I_{BS} \\ I_{BS} \end{pmatrix} = \begin{pmatrix} 1 & -A_I & 0 \\ A_N & 1 & -A_{AI} \\ 0 & -A_{SN} & 1 \end{pmatrix} \begin{pmatrix} I_N \\ I_I \\ I_S \end{pmatrix} \tag{2.7}$$

$$I_B = I_E - I_C \tag{2.8}$$

$$I_N = I_{E0} (\exp (U_{B'E} U_T^{-1} - 1) \tag{2.9}$$

$$I_I = I_{C0} (\exp (U_{B'C} U_T^{-1} - 1) \tag{2.10}$$

$$I_S = I_{BS0} (\exp (U_{SBC} U_T^{-1} - 1) \tag{2.11}$$

$$A_N = 1 - I_B I_E^{-1}, \quad U_{B'C} = 0, \quad U_{BSC} = 0 \tag{2.12}$$

$$A_I = (1 - I_B I_E^{-1})^{-1}, \quad U_{B'E} = 0, \quad U_{BSC} = 0 \tag{2.13}$$

$$A_{SN} = (1 - I_C I_{BS}^{-1})^{-1}, \quad U_{B'E} = 0, \quad U_{BSC} = 0 \tag{2.14}$$

$$A_{SI} = 1 - I_C I_{BS}^{-1}, \quad U_{B'E} = 0, \quad U_{B'C} = 0 \tag{2.15}$$

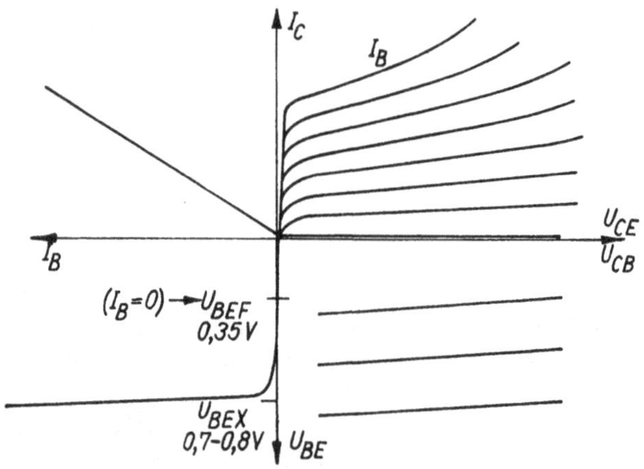

Abb. 2.6. Kennlinienfeld des Bipolartransistors

genau beschreiben und die IS-Geometrie (Layout, Topologie) sowie die Prozeßparameter verarbeiten. Solche Modelle stehen in CAD-Entwurfssystemen zur Verfügung. Abb. 2.6 stellt das Kennlinienfeld des Bipolartransistors dar.

Komponentenspektrum der Bipolartechnik [2.2, 2.3, 2.14—2.16, 2.19—2.23]

In Abb. 2.7 wurden einige wichtige Komponenten der Bipolartechnik von ihrem Aufbau mit den Prozeßschritten des Standardtransistors her zusammengestellt. In der Digitaltechnik werden davon neben dem Standardtransistor nur der Multiemittertransistor und Widerstände sowie die in Tab. 2.3 zusammengestellten Dioden im Standardtransistor genutzt. Bei Übersteuerungslogikschaltungen wird Golddiffusion eingesetzt ($A_{SN} \rightarrow 0$). Besonders günstig ist der mit einer SCHOTTKY-Diode über dem Basis-Kollektor-Übergang überbrückte Transistor, da dadurch die Basisübersteuerung mit Minoritätsladungsträgern und die damit verbundenen Ausschaltverzögerungen minimiert werden können. Er erfordert u. U. zusätzliche Prozeßschritte.

In der Analogtechnik werden alle erreichbaren Schaltelemente eingesetzt: *npn*- und *pnp*-Bipolartransistoren, *n*- und *p*-Sperrschichtfeldeffekttransistoren, Widerstände und Kapazitäten. Die Parameter sind oft nicht so, daß diese Elemente universell einsetzbar sind. Außerdem muß man die genaue Kopplung mit der Gesamtschaltung beachten. Das wurde mit einer einfachen Ersatzschaltung für zwei in einem gemeinsamen isolierten Gebiet realisierte Widerstände angedeutet. Andererseits muß man sich entscheiden, welchen Effekt man wirklich nutzen möchte, z. B. ist vom Aufbau her kein Unterschied zwischen Substrattransistor (*pnp*-VSBT) und Kapazität im Basisgebiet (CB).

Eine weitere Erläuterung zu den Parasitärproblemen der Bipolartechnik erlaubt ein kleines Schaltungsbeispiel für eine *C*-gekoppelte Verstärkerstufe in Emitterschaltung (Abb. 2.8).

Bei den hier erläuterten Komponenten der Standardtechnologien sind Variationen üblich. Zum Beispiel benötigt man im Schaltungsentwurf Transistorauslegungen mit unterschiedlichen Strombelastungen und dynamischen Eigen-

Tabelle 2.3. Dioden der Bipolartechnik (im Standardtransistor)

verwendete Anschlüsse	parasitäre *pnp*-Strukt.	Durchbruch-spannung	Serien-R	Speicherzeit-konstante
B — —E, C offen	—	5—9 V	mittel	mittel
B — —C, E offen	ja	40—100 V	hoch	groß
B + C—E	—	5—9 V	klein	sehr klein
B + E—C	ja	30—50 V	hoch	mittel
B— E+C	ja	5—9 V	hoch	sehr groß
BS— C++		40—100 V	wird immer gesperrt betrieben	

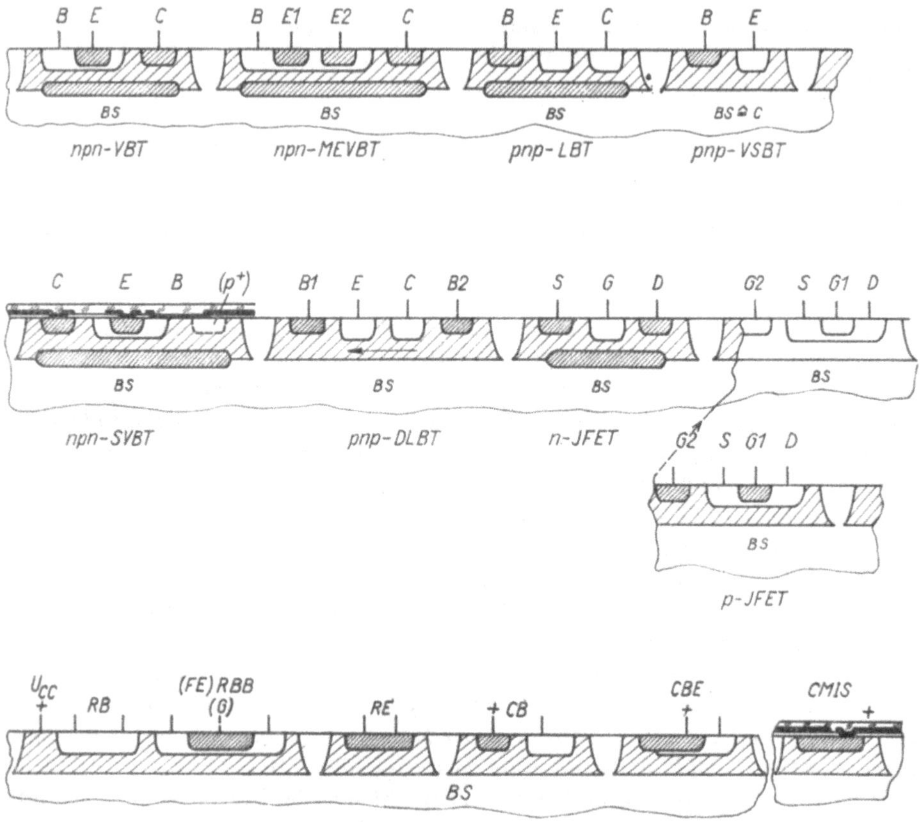

Abb. 2.7. Schaltelemente der Bipolartechnik

npn-VBT	Standardtransistor (Vertikalbipolartransistor)
npn-MEVBT	Multiemitter-VBT
pnp-LBT	Lateralbipolartransistor
pnp-VSBT	Vertikalsubstratbipolartransistor
npn-SVBT	VBT mit SCHOTTKY-Diode (SD_{BC})
pnp-DLBT	Drift-LBT (Driftfeld zwischen B 2 u. B 1)
n-JFET	Sperrschichtfeldeffekttransistor
p-JFET	Sperrschicht-FET mit Gates G 1 u. G 2
RB	Widerstand im Basisgebiet
RBB	Widerstand im Basisgebiet, abgedeckt von einem Emittergebiet (mit G als Steuerelektrode steuerbar — Sperrschichteinschnürung)
(FE) RBB	Feldeffekt-gesteuerter RBB
RE	Leitbelag im Emittergebiet (Unterkreuzung)
CB	Kapazität eines Basisgebietes (geg. Kollektorgebiet)
CBC	Kapazität eines Basisgebietes gegen ein Emitter-/Kollektorgebiet
CMIS	MIS-Kapazität (Metall-Isolator-Halbleiter)

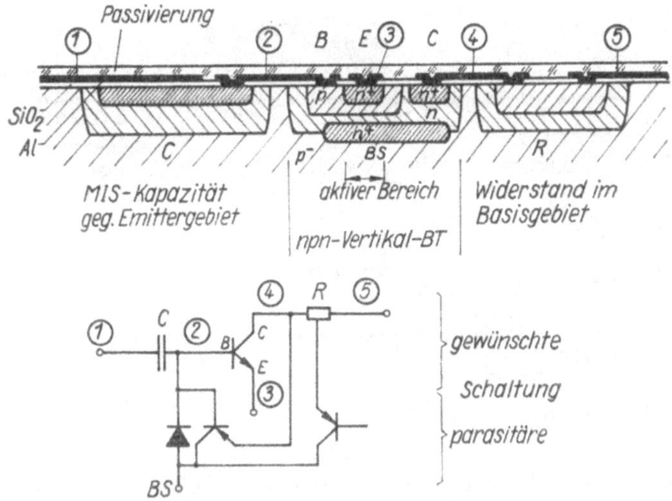

Abb. 2.8. Beispiel einer Bipolarschaltung

schaften, so daß Layouts mit unterschiedlicher Gestaltung der Emitterdotierungen sowie der Emitter-, Basis- und Kollektoranschlüsse (Mehrstreifen-, Fingerstrukturen) angewendet werden. Daneben wird das Dotierungsprofil (Konzentrationen und Vertikalabmessungen) dem Anwendungszweck angepaßt. Darüber hinaus lassen sich unterschiedliche Dotierungs- und Strukturierungsmöglichkeiten nutzen (Diffusion, Implantation, Epitaxie, Ätzen, Oxydation) sowie grundsätzlich andere Aufbauschemata einsetzen (verbunden mit anderen Isolationstechniken).

In Abb. 2.9 sind einige Beispiele für technische Abwandlungen im Transistoraufbau zusammengestellt worden. Sie haben folgende Ziele:

- Minimierung der Parasitäreffekte,
- Steigerung der Integrationsdichte,
- Verringerung der Abstände und des Flächenbedarfes,
- Verbesserung der Parameter,
- Erhöhung der Gütekennwerte,
- Steigerung der Ausbeute,
- Senkung der Gesamtkosten.

Grenzwerte [2.6—2.13]

Die Grenzwerte von Bipolartransistoren werden derzeit von Faktoren wie Versorgungs- und Signalpegel nach Zusammenschaltungsnormen (Schaltkreisreihen) bestimmt, d. h. von äußeren Einsatzbedingungen, und von der Beherrschung der

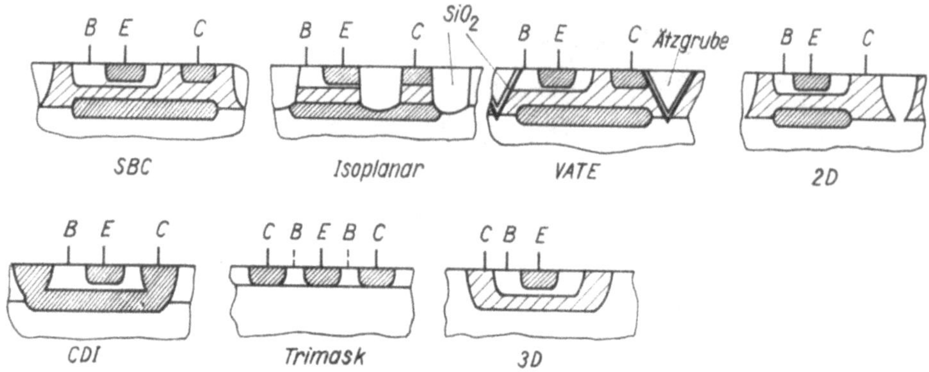

Abb. 2.9. Bipolar-Standardtransistoren

SBC — Standardtechnik mit vergrabenem Kollektor
Isoplanar — abgeleitete Technik mit vertikalen Ätzgruben, die durch Oxid angefüllt werden (LOCOS, OXIM ...)
VATE — abgeleitete Technik mit sog. V-Ätzgruben
2D — Doppeldiffusion von Basis und Emitter
CDI — Kollektordiffusionsisolation (p-Epitaxie/Basis)
Trimask — Lateraltechnik in p-Epitaxie auf extrem hochohmigem Substrat
3D — Dreifachdiffusionstechnik

SBC, Isoplanar, VATE, 2D verwenden n-Epitaxie (Kollektorgebiet) und n^+-Subkollektoren (vergrabene Schicht).

CDI, Trimask verwenden p-Epitaxie (Basisgebiet), CDI n^+-Subkollektoren.

SBC, 2D, 3D, CDI verwenden Sperrschichtisolation; SBC und 2D mit p^+-Zaunisolation, CDI mit (tiefer) n^+-Kollektoranschlußdotierung/Zaunisolation an den Seiten.

Isoplanar verwendet an den Seiten Oxidisolation ($\varepsilon_r = 4$).
VATE verwendet an den Seiten Luftisolation ($\varepsilon_r = 1$).
Trimask verwendet ohmsche Isolation (dünne p-Epitaxie, extrem hochohmiges Substrat)

technologischen Möglichkeiten, nicht aber von physikalischen Grenzen. So sind in SBC-Techniken mit derzeit üblichen minimalen Strukturen bei 5 μm und Epitaxieschichten bei 8 μm sowie Basisweiten bei 0,3 μm die minimalen Standardtransistoren etwa mit einem Flächenbedarf von 100×60 μm² verbunden. Damit können etwa bis 100 Komponenten pro mm² integriert werden. Andere Technologien erlauben eine Steigerung der Komplexität um den Faktor 2 (s. Abb. 2.9). Eine prinzipielle Komplexitätssteigerung verlangt die ähnliche Verkleinerung aller Abmessungen (Skalierung). Bei IE-Schaltungen (LSI-Schaltungen) werden derzeit Erhöhungen um den Faktor von $10 \div 100$ erreicht.

2.2.1.2. Unipolartransistoren

Aufbau- und Funktionsprinzip [2.1—2.3, 2.14—2.26]

Bipolartransistoren sind Strukturen, die längs des Strompfades n- und p-Bereiche aufweisen. Im Basisgebiet sind die bestimmenden Ladungsträger Minoritätsladungsträger. Das ist mit Speichereffekten insbesondere im Übersteuerungszustand verbunden. Die wesentlichen Steuereffekte sind Stromsteuereffekte (siehe Ersatzschaltung: stromgesteuerte Stromquellen).

Unipolar- oder Feldeffekttransistoren (FET) arbeiten mit Spannungssteuereffekten (Feldeffekte) und unipolaren Strompfaden, d. h. Majoritätsträgern. Vergleichbare Speichereffekte treten daher nicht auf.

Die *Steuereffekte* sind beim IG-FET die (kapazitive) Influenzierung/Steuerung eines Kanals zwischen Source (Quelle) und Drain (Senke) von der isolierten Steuerelektrode Gate (Tor) aus, beim anderen Grundtyp die Einschnürung eines Kanales durch die Ausdehnung von Raumladungszonen. Das sind Raumladungszonen gesperrt betriebener pn-Übergänge (Sperrschicht-FET; JFET) bzw. Metall-Halbleiter-Übergänge (SCHOTTKY-MS-Aufbau; MS-FET, oft auch mit MES-FET bezeichnet). JFET und evtl. MS-FET sind in Bipolartechniken prinzipiell realisierbar und bei Analog-IS sinnvoll anwendbar. MS-FET werden für GaAs-IS (VHSIC) wichtig.

IG-FET besitzen ein gegen den Kanal mit einem Isolator isoliertes Gate. Dünnschichtrealisierungen haben sich als nicht stabil genug erwiesen: TFT mit CdS, CdSe u. a.

Die maßgebende Bedeutung haben *MIS-FET* mit Metallgate-Isolator-Halbleiter-Kanal-Aufbau erlangt: Halbleiterblocktechnik und SOS-Technik (Abb. 2.10). Der MIS-FET (auch MOS-FET, da I oft SiO_2) ist heute meist ein n-Kanaltyp, daher beziehen sich alle Erläuterungen auf diesen. Er wird in einem p^--Substrat selbstisolierend mit zwei n^+-Dotierungsgruben für Soure und Drain angelegt (Sperrschichtisolation) (Abb. 2.11). Das Gate bedeckt den gesamten Kanalbereich zwischen S und D. Zur sicheren Überdeckung wird das Gate auch etwas über die Dotierungsgruben gezogen (Sicherung gegen Toleranzen). Mit der Gatespannung wird das Oberflächenpotential des Kanalbereiches gesteuert. Damit wird im

Abb. 2.10. Realisierungsarten von Unipolartransistoren

IG-FET	—	FET mit isoliertem Gate
MIS/MOS	—	Metall-Isolator-Halbleiter/M-Oxid-S-Struktur
MS	—	Metall-Halbleiter-Struktur

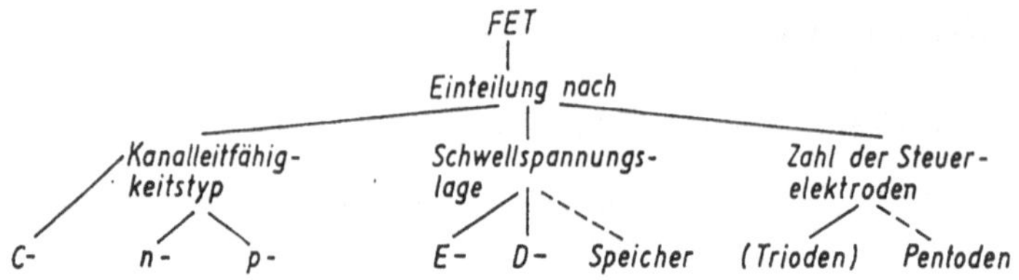

Abb. 2.11. Typeneinteilung bei FET

E — Enhancement (Anreicherungs-) Typ
D — Depletion (Verarmungs-) Typ
Speicher-FET: umschaltbar auf D- bzw. E-Typ

p-Substrat unter dem Gateisolator der Kanal gesteuert und influenziert. Der Kanal ist wie die Dotierungsgruben gegenüber dem Substrat auf Sperrpotential, also von einer Sperrschichtraumladungszone eingegrenzt. Mit der Substratvorspannung kann diese Raumladungszone wie beim JFET gesteuert werden. Diese Steuerwirkung kann im Modell mit in die *Schwellspannung* U_T, bei der der Kanal entsteht/verschwindet, hineinformuliert werden. Man erkennt sofort eine ganze Anzahl potentieller *Parasitäreffekte* (Abb. 2.12). Das sind die Kontakt- und

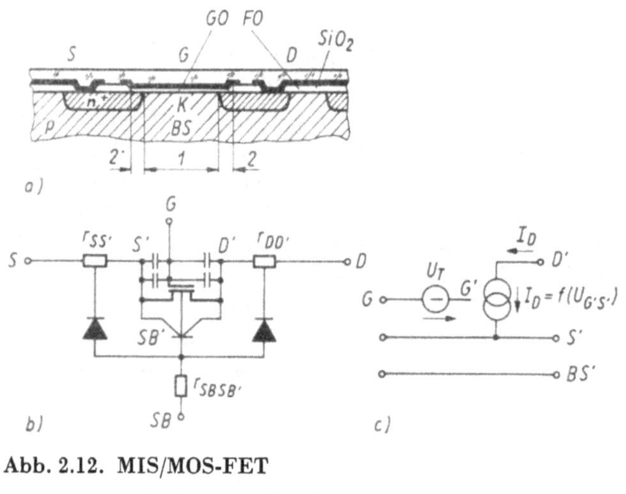

Abb. 2.12. MIS/MOS-FET

a) Aufbau bei Metallgate-Technik
GO-Gateoxid (Dünnoxid)
FO-Feldoxid (Dickoxid)
1 — Kanalbereich (aktiver Bereich)
2 — Gate-Source- und Gate-Drain-Überdeckung (GO)

b) konzentrierte Ersatzschaltung

c) Ersatzschaltung des aktiven Bereiches

Bahnwiderstände, die Dotierungsgruben-Substrat-Dioden, unter dem MIS-FET ein *npn*-LBT mit Basis auf Substratpotential und die Gatekapazitäten. Die Parasitärkapazitäten der *Bipolarelemente* verstehen sich von selbst. Außerdem ist in Abb. 2.12 rechts am Rand angedeutet worden, daß jede Überkreuzung einer Metall-Leitbahn über zwei benachbarte Dotierungsgruben einen *parasitären MIS-FET* ergeben (*S*-, *D*- oder Unterkreuzungsgebiete). In der angedeuteten Realisierung wird dem damit begegnet, daß bei gewollten aktiven MIS-FET ein dünnes Gateoxid mit niedriger Schwellspannung Anwendung findet, außerhalb ein dickes Feldoxid mit hoher Schwellspannung $U_{TF} > U_{DD}$, größer als die Betriebsspannung. Bei diesen Überlegungen wird auch deutlich, daß bei IS vorrangig *Anreicherungstypen* Einsatz finden. Damit sind die Probleme der Selbstisolation und der parasitären MIS-FET gut zu beherrschen. Werden dennoch Verarmungstypen benötigt, müssen diese z. B. durch eine Ionenimplantation selektiv (Maske) angelegt werden.

Die *Gatekapazitäten* ergeben sich als „konstruktive" Überdeckungskapazitäten zu den Dotierungsgruben und als arbeitszustandsabhängige Überdeckungskapazitäten zum Kanal (mit Wichtung der örtlichen Potentialdifferenz). Im Sperrzustand hat das Gate auch eine Kapazität gegen das Substrat. Alle Kapazitäten des MIS-FET sind für das dynamische Verhalten von Nachteil. Sie stellen zusammen mit den Leitbahnkapazitäten die maßgeblichen Elemente für die maximale Arbeitsfrequenz, da der innere MIS-FET-Effekt fast verzögerungsfrei wirkt ($\lesssim 10^{-10}$ s).

Die angedeuteten Bipolareffekte können außer den Restströmen und den Sperrschichtkapazitäten vernachlässigt werden. Bei allen praktischen Schaltungen werden die Bipolarelemente gesperrt betrieben. MIS-FET nutzen den Oberflächenbereich der Halbleiterschicht. Hier gibt es eine Reihe komplizierter Effekte, deren technologisch stabile Beherrschung die Anwendung von MIS-Schaltungen gegenüber der Bipolartechnik um ein Dezennium verzögert hat. Inzwischen ist aber für LSI/VLSI-Schaltungen die MIS-Technik von ausschlaggebender Bedeutung geworden.

Kennliniengleichungen [2.1, 2.2, 2.19—2.22, 2.29, 2.31]

Etwa wie beim Bipolartransistor lassen sich Arbeitszustände angeben. Für überschlägige Betrachtungen ist es sinnvoll, für diese jeweils getrennt gültige Kennliniengleichungen anzugeben. Die Gleichungen gelten mit Abb. 2.12 und wurden in Tab. 2.4 zusammengestellt. Im *Sperrzustand* ist kein leitfähiger Kanal vorhanden (JFET: totale Abschnürung tritt nicht auf, ebenso D-Typ beim MIS-FET; beim E-Typ-MIS-FET ist das der Transistorruhezustand, es tritt ein geringer „Schwanzstrom" auf). Im *Triodenzustand* ist ein durchgehender Kanal zwischen Source und Drain wirksam. Im *Pentodenzustand* (Abschnür-, Pinchoff-, Sättigungszustand) ist der Kanal nur bis zum Punkt mit dem örtlichen Potential

Tabelle 2.4. FET, einfaches Kennlinienmodell

Transistor-Arbeitszustände		Arbeitsbedingung	Kennliniengleichung	
Sperrz.	*SZ*	$U_{G'S'} \leqq 0$	$I_D \cong 0$ (Schwanzstrom)	(2.16)
Pentodenz.	*PZ*	$0 \leqq U_{G'S'} \leqq U_{D'S'}$	$I_D \cong K_1 K_2 U^2_{G'S'}$	(2.17)
Triodenz.	*TZ*	$0 \leqq U_{G'S'} \leqq U_{D'S'}$	$I_D \cong K_1(2U_{G'S'}U_{DS} - U^2_{D'S'})$	(2.18)

$K_1 = K_0 \mu_K W/L$	Kennlinienkonstante
$K_0 = \varepsilon_I/d_I$	Gate-Kanal-Flächenkapazität (MIS)
W/L	Kanal-Breite-Längen-Verhältnis
μ_K	Ladungsträgerbeweglichkeit im Kanal
$K_2 = L(L - \Delta L)^{-2}$	Kanallängenmodulation
$U_{G'} = U_G - U_T$	wirksame Gatespannung
$U_T = U_{T0} + \Delta U_T$	Schwellspannung m. festem u. variabl. Anteil
$\Delta U_T = f(U_{S'BS'})$	

$U_K = U_{G'}$ vorhanden (Kanallängenverkürzung). Bis zum Drain müssen die Ladungsträger durch die Verarmungsraumladungszone driften.

Im Vergleich mit dem Bipolartransistor ergibt sich, der Sperrzustand kann in gleicher Weise genutzt werden, der Triodenzustand entspricht etwa dem Übersteuerungszustand und der Pentodenzustand dem aktiven Normalzustand des Bipolartransistors. Aus dieser Sicht besteht der Hauptunterschied im Steuereffekt (hier Spannungssteuerung), in der bidirektionalen Wirkungsweise von FET (Source und Drain können vertauscht werden, daher kein Inverszustand mit anderen Parametern) und in der Hochohmigkeit aller MIS-FET-Strukturen.

Die angegebenen Kennliniengleichungen gelten nur in erster Näherung, es müssen die angedeuteten Effekte des Schwanzstromes, der Ladungsträgerbeweglichkeitsabhängigkeiten, der Substratsteuerung und der Kanallängenmodulation berücksichtigt werden. Darüber hinaus treten im Oberflächenbereich komplizierte Probleme im Kanal, in der Grenzschicht und im Isolator auf. Außerdem wird mit der weiteren Verkleinerung (Skalierung) und bei SOS-Strukturen die Kanalgeometrie verändert, es müssen mehrdimensionale Modellierungen vorgenommen werden. Die grundsätzlichen Kennlinienverläufe zeigt Abb. 2.13. Dabei wurde auf $U_{G'} = U_G - U_T$ normiert. Das Ausgangskennlinienfeld legt Vergleichbarkeiten zum Bipolartransistor nahe. Die Steuerkennlinien wurden für den *n*- und den *p*-Typ angegeben. Es wurde angedeutet, wie der Übergang vom Pentodenzustand in den Triodenzustand erfolgt.

Komponentenspektrum und Varianten [2.14—2.16, 2.19—2.27]

Das Komponentenspektrum der MIS-Technik ist denkbar gering. Außer den (sehr hochohmigen) MIS-FET, die als Verstärkungs-, Schalt- und Arbeitswider-

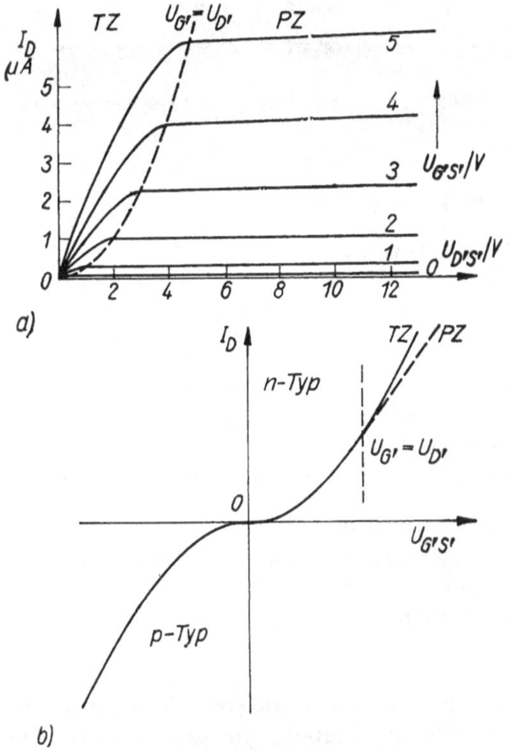

Abb. 2.13. Kennlinienfelder des MIS-FET
a) Ausgangskennlinienfeld $I_D = f(U_{D'S'})_{|U_{G'S'}}$
b) Steuerkennlinien $I_D = f(U_{G'S'})_{|U_{D'S'}}$

stand-/Last-Transistoren genutzt werden können, ist es noch möglich, mit hohem Flächenaufwand Leistungstransistoren herzustellen (Interdigital/Mäanderstrukturen für die Randelektronik von IS). Darüber hinaus gibt es natürlich MIS-Kondensatoren zum Substrat, zu Dotierungsgruben und zu Inversionsgebieten. Letztere haben die Eigenschaft, über einen größeren Ladungsbereich den Pegel (etwa am Schwellwert) konstant zu halten. Die Kapazitäten sind die maßgebenden Parasitärelemente der MIS-Technik. Bipolarelemente sind prinzipiell verfügbar, aber in praktischen Schaltungen kaum nutzbar (Parasitäreffektauswirkungen, Ströme zu gering). Das Komponentenspektrum wurde in Abb. 2.14 angedeutet. Teilbild e zeigt an, daß in sog. Feldplatten an der Grenze eines *pn*-Überganges mit der Kristalloberfläche infolge der Feldlinienkonzentration Durchbruchspannungen bei 50 V auftreten, die zum Eingangsschutz von MIS-Strukturen genutzt werden können (Eingangsschaltungen von RE). Teilbild f gibt an, wie mit einem zusätzlichen Prozeßschritt ein als Ausgangstreiber (ebenfalls RE) geeigneter

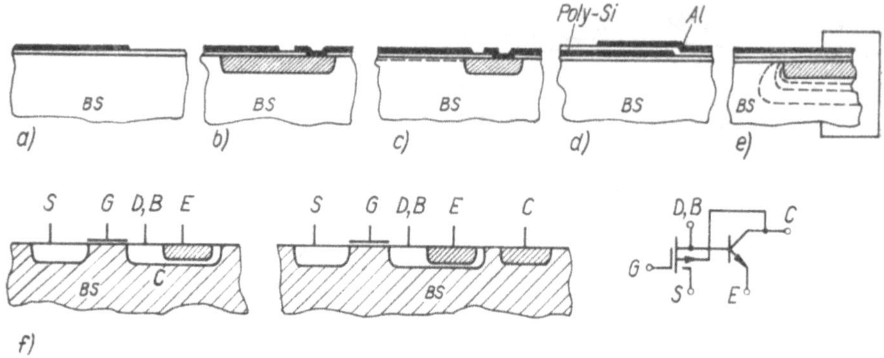

Abb. 2.14. MIS-Komponentenspektrum

a) MIS-Kapazität zum Substrat (bei GO mit Inversionsschicht)
b) MIS-Kapazität zu n^+-Dotierungsgebiet
c) MIS-Kapazität mit Inversionsschicht (Substratkapazität für $U_C < U_T$, für $U_C > U_T$ wie bei b)
d) Dünnfilmkapazität bei Mehrebenenleitbahnen
e) Feldplatte mit geringerer Durchbruchspannung als *pn*-Übergang ohne Feldwirkung (40 ÷ 60 V statt 60 ÷ 80 V)
f) Bipolartransistor mit einem zusätzlichen Prozeßschritt

Bipolartransistor (Emitterfolger) realisiert werden kann (Beispiel in *p*-Kanaltechnik). Wie einige Bildbeispiele (Abb. 2.15) erläutern, gibt es sehr viele mehr oder minder verschiedene MIS-Standardtechniken, ausgewiesen durch Varianten des MIS-FET-Aufbauprinzips. Dabei kommt es darauf an, ein Optimum an Leistungsfähigkeit, Kosteneffektivität, Integrationsgrad, Ausbeute, Flexibilität und Kompatibilität mit anderen Techniken (TTL-Technik) zu erzielen.

Die Ladungsträgerbeweglichkeit in K_1 ist in (111)-Ausgangsmaterialien und in der *n*-Kanaltechnik maximal. Dagegen ist die Schwellspannung ohne zusätzliche Maßnahme in *p*-Kanaltechnik für E-Typen geeignet. Sie liegt in einem günstigen niedrigen Bereich (TTL-„Kompatibilität": −1 ÷ 2 V) bei Metallgatetechnik und (100)-Substratmaterial bzw. (111)-Material und MNOS-Technik (Teilbild d) oder Siliziumgatetechnik (SGT, Teilbild g). Darüber hinaus kann natürlich U_T auf verschiedene Weise mit Oberflächendotierungen und mit der Substratsteuerung (Substratvorspannung) eingestellt werden. K_1 wird wie von μ_K auch von ε_I und d_I bestimmt. ε_I kann mit einer Isolatordeckschicht auf der für stabile MIS-FET (wegen Grenzschichtproblemen) notwendigen SiO_2-Unterschicht erhöht werden: MNOS-Technik (Teilbild d). Der MIS-FET-Parameter W/L ist der Dimensionierungs-, d. h. Entwurfsparameter; er sollte etwa bei 1 liegen, um minimale MIS-FET zu ermöglichen (siehe D- und VMIS). Die Gateüberlappung wird mit Gateselbstjustage (SAG) minimal — damit auch die Gegenkopplung/MILLER-Kapazität sowie überhaupt die parasitäre Belastungskapa-

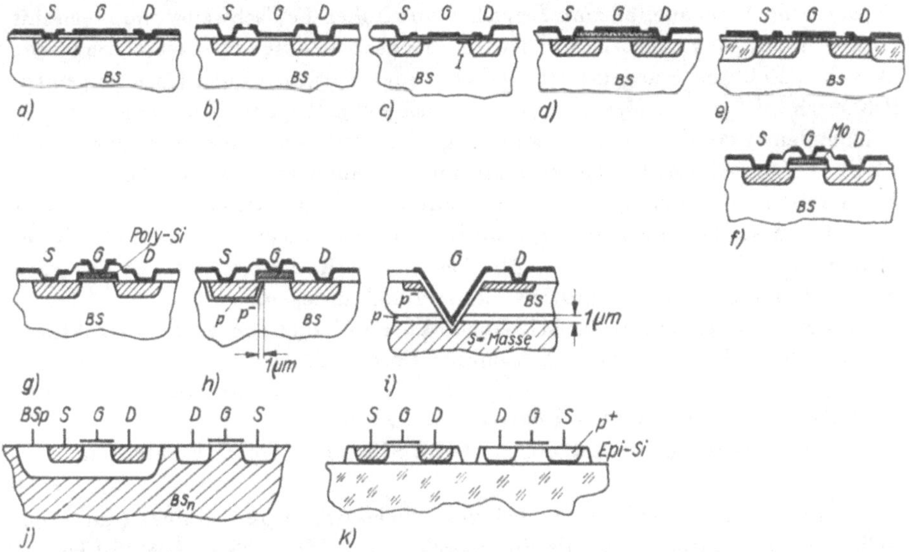

Abb. 2.15. MIS-FET

a) MIS-FET, nur mit dünnem Gateoxid GO (parasitäre El.)
b) dickes Feldoxid FO läßt parasitäre MIS-FET vermeiden
c) SAG mit Al-Gate bei Ionenimplantation (I-MIS)
d) MNOS-Technik
e) versenkte FO-Schichten (Planox, Locos, Isoplanar)
f) Molybdän-Gate-SAG (R-MIS)
g) Poly-Si-Gate-SAG (SGT)
h) DMIS, Kanal in p-Diffusionsgebiet, im p^--Gebiet Drift
i) VMIS, mit (schräg) vertikalem Kanal um die Ätzgrubenpyramide (p-Kanal, p^--Driftbereich)
j) Komplementärstruktur der Halbleiterblocktechnik
k) Realisierung in monolith. Si-Filmen (SOS, ESFI, SOI)

zität. In Metallgatetechnik ist ein Al-Gate als Implantationsmaske für die Gateanschlußimplantation einsetzbar. Schwerschmelzbare Metalle (Mo) können als Diffusionsmaske Anwendung finden. Siliziumschichten eignen sich ebenfalls und erlauben das Erreichen niedriger Schwellspannungen (SGT, Teilbild g). Eine Senkung der Kanallänge W (z. B. auf etwa 1 µm bei minimalen technologischen lateralen Strukturgrößen von etwa 5 µm) ist möglich, indem der Kanalbereich in einer p-Doppeldiffusionsschicht um die Source-n^+-Diffusionsgrube bzw. in einer p-Epitaxieschicht bei vertikalen MIS-FET-Strukturen angelegt wird. Diese Aufbauschemata der DMIS- bzw. VMIS-Technik realisieren hohe K_1 und erlauben hohe Gütewerte und Integrationsgrade. Es entstehen aber unsymmetrische MIS-FET, in VMIS sind nur mit Source an Substrat liegende Transistoren realisierbar. Die Möglichkeiten zum Erreichen von hohen Feldschwellspannungen mit Dickoxid und zur Planarisierung der Oberfläche versenkten Oxidschichten wurde in Abb. 2.15 b und e angedeutet. Dabei werden natürlich noch Dotierungsmöglichkeiten mit genutzt (Kanalstop), wie auch zur D-Typenrealisierung.

Komplementärstrukturen verwenden gleichzeitig *n*- und *p*-Kanaltransistoren. Das ist in der Halbleiterblocktechnik mit Technologien möglich, die etwa den Bipolartechnologien entsprechen. In Si-Filmen, die epitaktisch auf Saphir- oder Spinelleinkristalloberflächen abgeschieden wurden, lassen sich ebenfalls Komplementärstrukturen realisieren. Hierbei läßt sich die gegenseitige Isolation maximal und damit die Verlustleistung minimal auslegen.

Darüber hinaus sind in der MIS-Technik eine Anzahl von Speicherstrukturen bekannt geworden, die sich z. T. technisch einsetzen lassen:

— MIOS-Strukturen: MAOS-Elektrode, MNOS-Elektrode,
— $\binom{M}{S}$OSOS-Strukturn: FAMOS-, SAMOS-, SIMOS-, ATMOS-Elektroden.

Die erste Art benutzt ein Doppelschichtdielektrikum mit dünner (durchtunnelbarer) SiO_2-Unterschicht als Speicherelement (DDC). Beim MAOS-Element werden die Volumenzustände der Al_2O_3-Schicht genutzt, die mit Elektroden geladen werden können ($U_{GS} > 30$ V) oder entladen. Im MNOS-Element können die Zwischenschichtzustände zwischen Si_3N_4 und SiO_2 genutzt werden, die gefüllt neutral wirken und mit $U_{GS} < -30$ V entladen werden können. In beiden Fällen wird mit einer hohen Steuerspannung U_{GS} der Ladungszustand des Isolators geändert, wodurch die Schwellspannung umgeschaltet wird.

Die zweite Art verwendet eine nicht angeschlossene (sog. schwimmende, floating) Zwischenelektrode aus Poly-Si im Isolator, deren Ladungszustand aus dem Kanal durch Felder im Kanalbereich bzw. mit Unterstützung eines zweiten Steuergates geändert wird. Dieser Aufbau ist insbesondere mit Standard-SGT-Technologien verträglich. FAMOS-Gates über *p*-Kanälen werden mit aus einem D-BS-Lawinendurchbruch (floating gate avalanche injection) stammenden heißen Elektronen negativ geladen: D-Typ. Sie werden mit energiereicher Strahlung (UV) wieder entladen: E-Typ. Die SAMOS-Struktur verwendet ein Steuergate, um den Aufladungsvorgang zu beschleunigen (Programmierzeit und Spannung zu senken). Der Löschvorgang kann mit Feldemission zum Steuergate arbeiten (selektives oder globales Löschen). SIMOS-Elemente arbeiten ebenfalls mit Steuergate. Sie werden in *n*-MIS-FET angewendet und zur Programmierung mit Drain und Steuergate an eine hohe positive Spannung gelegt (stacked gate injection): Elektroneninjektion aus dem Kanalbereich. Löschen ist wieder mit UV-Strahlung möglich: D-Typ-Schwellwertumschaltung. ATMOS-Elemente werden in *n*-MIS-FET auf einer n^+-Substratschicht im p^--Epitaxiebereich angewendet. Programmierung (Elektronenaufladung) erfolgt mit hoher positiver Spannung an BS_n, D, S und SG. Dabei werden aus dem p^-n^+-Epi/Substratübergang kommende Elektronen zur Kristalloberfläche hin beschleunigt und z. T. bis zum

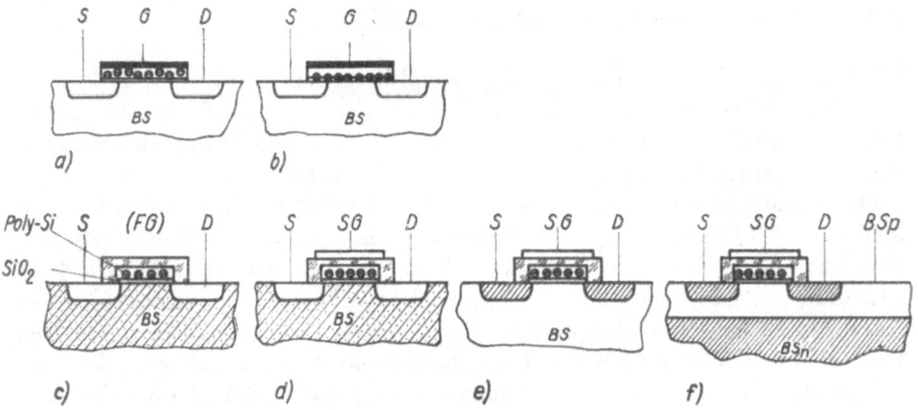

Abb. 2.16. Speicher-MIS-FET
a) MAOS-FET (minus-Volumenzustände) } DDC
b) MNOS-FET (plus-Grenzschichtzustände) }
c) FAMOS-FET (*p*-Typ, OSOS)
d) SAMOS-FET (*p*-Typ, M/SOSOS)
e) SIMOS-FET (*n*-Typ, M/SOSOS)
f) ATMOS-FET (*n*-Typ, M/SOSOS)
SiO_2-Unterschicht $d_0 \lessapprox 5\ \mu m$

schwimmenden Gate FG geführt. Das Löschen geschieht z. B. durch Löschinjektionen aus Lawinendurchbrüchen zwischen Dotierungsgruben und BS_p (Abb. 2.16).

Die angegebenen Strukturen erlauben prinzipiell eine stabile Langzeitspeicherung des eingestellten Schaltzustandes mit den Binärwerten 0 bzw. 1. Analogspeicherung ist unmöglich.

Grenzwerte

Auch bei MIS-FET werden momentan die Grenzwerte noch durch die Versorgungs- und Signalpegel- und Zusammenschaltungsnormen (Schaltkreisreihen) sowie die technologischen Grenzwerte bestimmt (minimale Strukturgrößen). Anwendungen, die solche Normen nicht berücksichtigen müssen (Integration von unabhängigen Komplettsystemen), kommen den physikalischen Grenzwerten näher [2.6—2.13].

2.2.2. Weitere wichtige Wirkprinzipien

Für die Realisierung spezieller Funktionen werden eine Anzahl von Bauelementeeffekten eingesetzt oder entwickelt, die Vorteile gegenüber einer Realisierung in Transistorelektronik beinhalten [3.2, 2.26]. Darüber hinaus gewinnen mit der weiteren Senkung der minimalen Strukturgrößen neue BEF an Bedeutung.

2.2.2.1. Ladungstransfertechniken (CCD)

Die Ladungstransfertechniken (charge coupled devices) sind in ihren Prozeßschritten mit denen der MIS-Standardtechnologien weitgehend verträglich. Sie haben für serielle und parallele Speicher, für spez. Filter und für optoelektronische Sensoren (Zeilen, Felder) schon seit einiger Zeit praktische Bedeutung erlangt.

Den grundsätzlichen Aufbau stellt Abb. 2.17 dar. Die Teilbilder a und b zeigen Zeilen von MIS-Substratkapazitäten, die über ein Drei- bzw. Zweiphasensystem gesteuert werden. Die dünn angedeutete Linie gibt den Zustand des Oberflächenpotentials an und zeigt, daß durchgehend eine Verarmungsraumladungszone besteht mit Potentialmulden, in denen sich temporär Elektronenpakete aufhalten können. Die Speicherzeit ist auf ms beschränkt (Generationsrate). Ist eine Potentialmulde gefüllt (aus einem Source-Gebiet), so entspricht das dem Signal 1, ist sie leer, bedeutet das 0. Ein Taktzeitelement später wird die Phasensteuerung

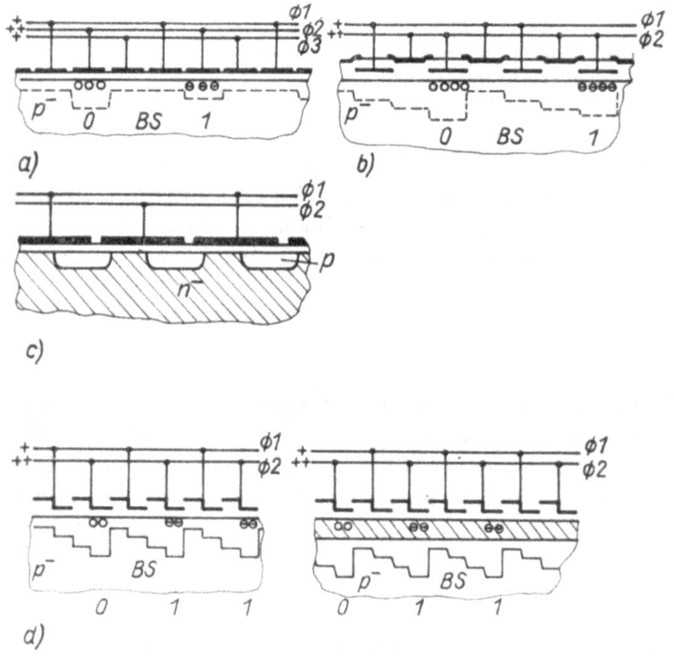

Abb. 2.17. CCD-Technik

a) Metallgate-Dreiphasentechnik } SCCD
b) Metallgate-Zweiphasentechnik } SCCD
c) MIS-FET-BBD
d) Vergleich SCCD und PCCD/BCCD

so geschaltet, daß die Potentialmulde um einen Platz nach rechts rückt. Die Ladungspakete führen diesen Transfer ebenfalls aus. Damit erhält man einen getakteten gerichteten Signaltransfer durch die CCD-Zeile. Die Transferraten liegen zwischen einigen kHz und einigen 10 MHz. Die untere Grenzfrequenz kann mit der Eimerkettentechnik (BBD, Teilbild c) gesenkt werden. Diese Struktur läßt sich auch bipolar realisieren. Sie benötigt aber mehr Chipfläche.

Da der direkte Oberflächenbereich sehr viele Störungen (Haftstellen) mit sich bringt, ist die Oberflächen-CCD (SCCD) in Konkurrenz mit einer Volumen-CCD (BCCD) oder peristaltischen CCD (PCCD) (Teilbild d). Bei der letzteren wird eine n-Schicht über einem p^--Substrat als Transferkanal benutzt. Sie wird in einem Initiierungsvorgang von Ladungsträgern frei gemacht, und dann werden Elektronenpakete (Majoritätsladungsträger) transferiert. Die Probleme der CCD-Technik sind die Oberflächenstörungen (Haftstellen), die Übertragungsverluste durch Generatoren, Diffusion und Haftstellen und die optimale Gestaltung des Aufbaus sowie des Arbeitsregimes. Üblich sind Zweiphasensysteme mit gestuftem Gate (Poly-Si). Es wird ein Grundladungsbetrieb angewendet, der die Haftstellen auch bei Signal 0 gefüllt hält. Trotzdem müssen die Signale aller 10^2 bis 10^3 Elektrodentripel oder -paare mit MIS-FET-Regeneratoren (Logik) wieder auf Norm gebracht werden.

2.2.2.2. Weitere wichtige Wirkprinzipien und Möglichkeiten

Wie das Beispiel der CCD-Techniken zeigt, setzen sich solche Wirkprinzipien eventuell technisch durch, die nicht nur optimalere Realisierungen spezieller Funktionen erlauben als die Transistorelektronik-Techniken, sondern die am erarbeiteten technologischen Know-how partizipieren. Das sind insbes. Techniken, die kompatibel oder zumindest verträglich mit Prozeßschritten, Materialien und Medien der Halbleiter-Transistorelektronik sind. Dazu zählen insbesondere einige Techniken der Optoelektronik, die mit Fotodioden und -transistoren oder auch CCD arbeiten (Sensoren). Fotostrahler sind aber nicht materialkompatibel. Das gilt auch für die weiteren eingangs benannten Techniken.

Einige dieser Lösungsmöglichkeiten sind konkurrenzlos. Zum Beispiel die optoelektronischen Strahler (LED und Laser), passive Display-Elemente (Flüssigkeitskristallelemente, LCD) und sogar Katodenstrahlröhren werden unbedingt gebraucht, daher also realisiert. Nicht so unbedingt notwendig ist aber die Realisierung von Logik, Speichern und Filtern mit neuen Techniken: Kryoelektronik, Magnetikaelektronik, Akustoelektronik. Daraus wird verständlich, daß Realisierungen in diesen oder vergleichbaren Techniken gewissermaßen technisch unsicher sind. Das gilt auch z. B. für Magnetblasenspeicher, auch wenn sie bereits auf dem Markt sind.

Anders sieht es noch bei Sensoren und Aktoren für den Problemkreis Kopplung der Elektronik/Mikroelektronik mit nichtelektrischen und elektrotechnischen Prozessen aus. Hier bestehen noch die vielfältigsten prinzipiellen Entwicklungsprobleme.

Weitere Bemerkungen sind zum Abschluß dieses Abschnitts zusammengefaßt.

2.3. Schaltungsprinzipien

Praktisch alle verfügbaren Techniken der Elektronik sind in die konventionelle Schaltungselektronik einzuordnen (vgl. Abb. 2.1). Dabei wurden selbst elementare Operationen der Informationsverarbeitung in Schaltungen, die aus einem Kollektiv von Schaltelementen (SE) bestehen, realisiert. Solche elementaren Schaltungen werden Grundschaltungen oder Grundelemente genannt (GE). Es gibt daher analoge und digitale GE, und diese müssen eine vollständige bzw. überbestimmte Basis von Elementen zur Realisierung komplexer Funktionen der Informationsverarbeitung, zum Aufbau beliebiger elektronischer Schaltungen, Baugruppen und Geräte sein. Bei Schaltungen liegt die Überschneidung in der Betrachtung von den rein elektrischen Zuständen und Abläufen der „mikroskopischen" Wirkungsweise der Elektronik und den abstrakten IV-Operationen und -Funktionen. Tab. 2.5 gibt dazu eine Übersicht. Es sind die beiden Hauptaspekte

— Struktur für Aufbau, Konstruktion, Herstellung und
— Funktion für Nutzung, Verhalten

der Elektronik gegenübergestellt worden. Die Schaltelemente sind bei diskreter Schaltungsrealisierung konventionelle elektronische Bauelemente (BE) und bei

Tabelle 2.5. Zusammenhang zwischen Struktur und Funktion (vgl. Abb. 1.3)

Struktur	**Funktion**	**Bemerkung**
System	Systemfunktion	opt. Strukturierung
Gerät, Subsyst. Baugruppe komplex. Schaltg.	IV- bzw. Signal- Funktion	abstrakte techn. Funktionen und zugehörige Parameter
Grundelement	element. Operation	vollst. Basis
Schaltelement	Bauelementefunktion	rein elektrisch

integrierter Realisierung integrierte Schaltungskomponenten (kurz Komponenten IK). Ihr Verhalten wird mit dem Begriff Bauelementefunktion BEF belegt.

Das Verhalten in bezug auf die Signalpfade wird in GE vom gesamten Kollektiv der SE erbracht. Es wird als elektrischer Zustand bzw. Vorgang im Detail berechenbar. Davon ist aber in erster Linie nur die Realisierung der elementaren IV-Operation von Bedeutung. Doch darauf wird noch einmal bei Entwurfsfragen (Abschnitt 2.4.3.) eingegangen.

Die GE-Strukturen bei IS sind natürlich den diskret realisierten meist ähnlich, weisen aber oft offensichtlich anderes Herangehen aus. Das ist vielfach allein schon dadurch bedingt, daß sich die Kostenanteile der Komponenten bei integrierter Realisierung ganz anders ergeben: Transistoren und Dioden sind die billigsten, hochohmige Widerstände die teuersten Elemente und Kondensatoren sowie Induktivitäten praktisch unmöglich — infolge des Flächenbedarfes auf dem Chip. Ähnlich steht es mit den Toleranzen (dazu auch genauer in Kap. 4). Für die Schaltungsstrukturen folgt daraus:

- durchgreifende Nutzung von Transistoren (und Dioden),
- Vermeidung von Kondensatoren und Induktivitäten,
- Vorsicht bei Widerständen,
- Berücksichtigung der Toleranz- und Korrelationsprobleme (infolge integrierter Realisierung).

2.3.1. Analoge Schaltungen

Die Analogtechnik arbeitet mit analogen Signalen und benötigt lineare und multiplikative Effekte, dabei insbesondere Verstärkung, Frequenzselektion und Umsetzung. Es ergeben sich Grundfunktionen gemäß Tab. 2.6. Diese Grundfunktionen sind nicht generell von Grundschaltungen ausführbar. Daher ist es für die integrierte Analogtechnik sinnvoller, die elementarsten Schaltungsstrukturen (*Substrukturen*) zu behandeln [2.14—2.17, 2.27].

2.3.1.1. Substrukturen der Analogtechnik

Abb. 2.18 gibt einen einführenden Überblick zu den Substrukturen der Analog-IS. Es wurden nur Lösungen in Bipolartechnik angegeben, da diese in der Analogtechnik z. Z. noch bestimmend sind. Die angegebenen Schaltungsprinzipien findet man im Rahmen der Ähnlichkeitsbeziehungen zwischen Bipolar- und MIS-Transistoren zunehmend auch in MIS-Lösungen.

Tabelle 2.6. Grundfunktionen der Analogtechnik

Funktion	**Schaltungen**
Signalerzeugung	Generatoren
Sin-Ströme/Spannungen	Sin-Generatoren
Impuls-Ströme/Spannungen	Impuls-Generatoren
Signalaufnahme/Wandlung	Sensoren
Frequenzselektion	Selektionsmittel, Filter
Pegelselektion	Komparatoren
Verstärkung	Verstärker
Kleinsignal-	Eingangs-
Großsignal-/Leistungs-	Ausgangs-/Leistungs-
Breitband-	Breitband-
regel-/einstellbare	Regel-
Differenz-	Differenz-
Funktionserzeugung	Funktionsgeneratoren
Modulation	Modulatoren
Demodulation	Demodulatoren
Spannungs-/Stromquellen	Spannungs-/Stromquellen
Referenzspannungen	Referenzelemente
Versorgungsspannungen	Stabilisatoren
Konstantströme	Stromquellen/senken
Pegelwandlung	Pegelverschiebeelemente
Signaltypwandler	Wandlerelemente
Analog-Digital-	AD-Converter (ADC)
Digital-Analog-	DAC
Spannungs-Frequenz-	VFC/VCO
usw.	usw.

Für die angeführten Beispiele von Substrukturen sind üblich: maximale Nutzung von Transistoren und Dioden (verschiedene Typen stehen zur Verfügung), direkte Kopplung (Gleichstromkopplung), Anwendung von Komponentenpaaren (gleiche Auslegung) und Differenzstruktur zur Lösung der Toleranzprobleme.

Teilbild a zeigt eine konventionelle Linearverstärkerschaltung mit einer Emitterstufe im Eingang (geeigneter Eingangswiderstand, hohe Verstärkung V_U), einer Kollektorstufe im Ausgang (niedriger Ausgangswiderstand, $V_U \lessapprox 1$) und Parallelgegenkopplung. Hauptprobleme derartiger konventioneller Schaltungen sind die Arbeitspunkt- sowie Verstärkungseinstellung (und Stabilität), die relativ aufwendigen Widerstände und die Toleranzen der Komponenten.

Differenzverstärkerstufen (Teilbild b) benötigen in der Ersatzschaltung scheinbar einen größeren Aufwand, in der Chipfläche sind sie aber sehr optimal. Die Toleranzen wirken sich kaum aus, da sie beide Seiten gleichermaßen und gleichsinnig betreffen. Die Differenztoleranzen sind sehr gering. Differenzstufen sind daher grundsätzlich günstig.

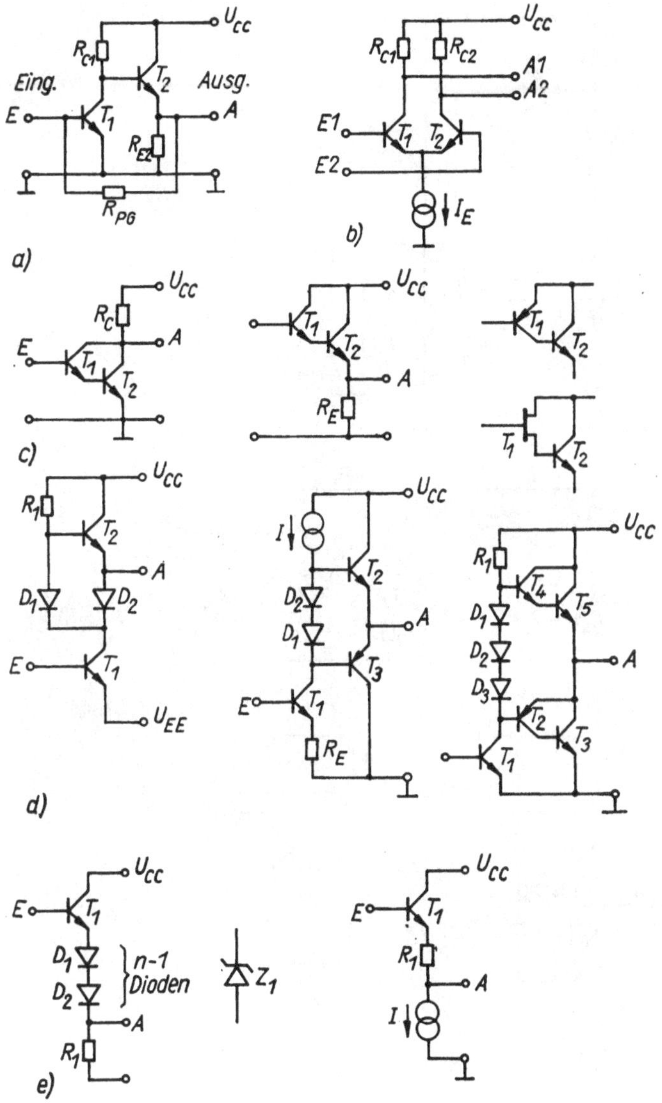

Abb. 2.18. Substrukturen von Analog-IS

a) Beispiel eines zweistufigen Linearverstärkers (Parallelgegenkopplung)
b) Differenzverstärker
c) Eingangsstufen: DARLINGTON-Kollektorverstärker, -Emitterfolger; Komplementär-DARLINGTON-, JFET-DARLINGTON-Paar
d) Ausgangsstufen: B-Verstärker mit/ohne Komplementärpaaren
e) Pegelverschiebestufen (Pegelabsenkung, offset)

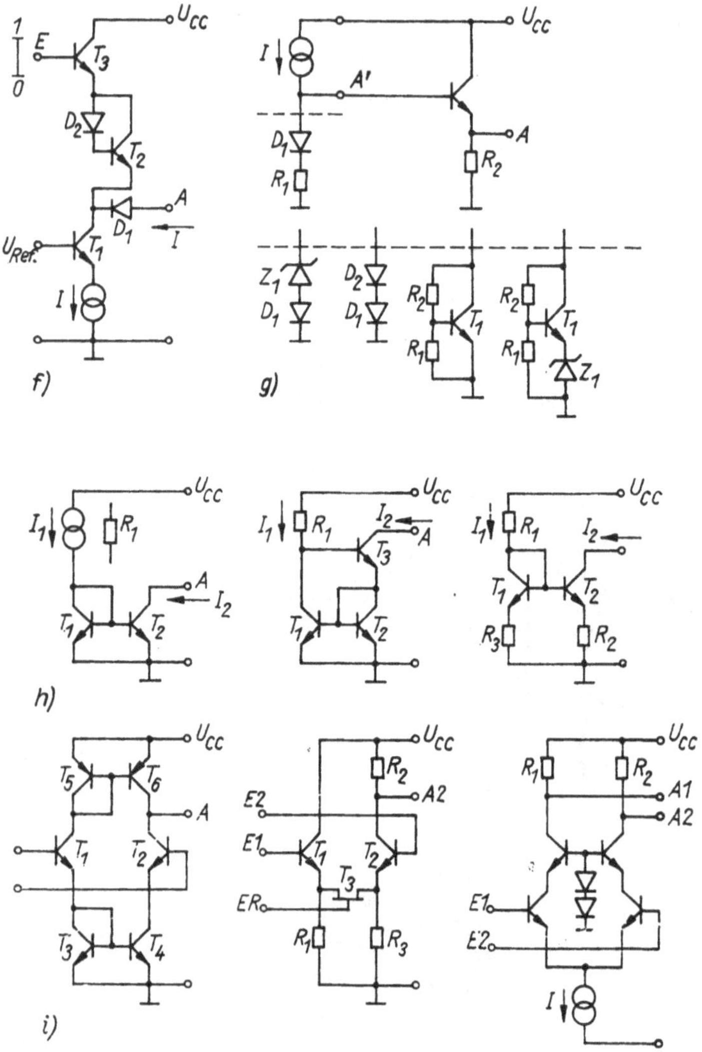

Abb. 2.18. (Fortsetzung)

f) Stromschalter

g) Referenzspannungselemente, Konstantspannungselemente

h) (steuerbare) Stromsenken und Quellen

i) Differenzstufen mit Stromquellen und Stromspiegel, Verstärkungsregelung (JFET-Kopplung), Kaskaden

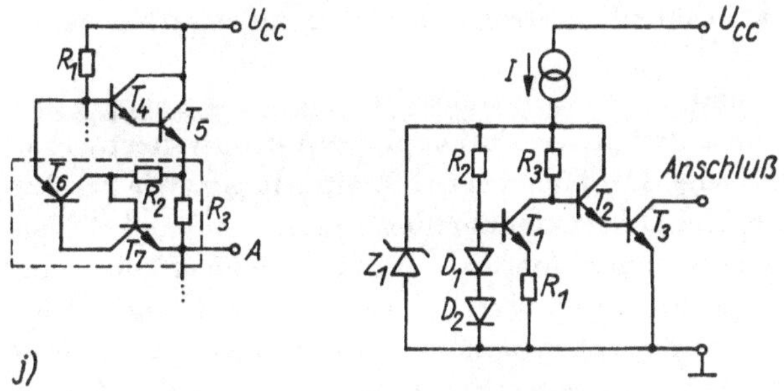

j)

Abb. 2.18. (Fortsetzung)
j) Kurzschluß-Strombegrenzungsschaltung und Thermoschutzschaltung

Hohe Eingangswiderstände und Verstärkungswerte werden mit als DARLINGTON-Schaltung angeordneten Transistorkombinationen erreicht (Teilbild c). Dazu wurde eine Emitter- und eine Kollektorstufe angegeben. Letztere läßt sich besonders günstig als hochohmige Eingangsstufe mit niederohmigem Ausgang einsetzen. Sie hat einen Pegelversatz (Absenkung) von zwei Basis-Emitter-Flußspannungen. Mit einem Komplementär-DARLINGTON-Paar wird er aber fast Null. Wendet man FET (JFET) im Eingang an, wird der Eingangswiderstand besonders hoch. Mit Punchthrough-Eingangstransistoren in solchen DARLINGTON-Kombinationen lassen sich extreme Eingangswiderstände ebenfalls erreichen.

Leistungsstufen (B-Stufen, Teilbild d) sind für NF- und HF-Ausgangsstufen erforderlich und benötigen großflächige, niederohmige Transistorpfade zur Betriebsspannung U_{CC} und zur Masse. Sie stellen immer Kombinationen von Emitter- und Kollektorstufen dar, die verzerrungsarm gesteuert werden müssen.

Teilbild e zeigt Pegelverschiebestufen. Kollektorstufen (sog. Emitterfolger) bewirken eine Pegelabsenkung um U_{BEX}. Mit weiteren $(n-1)$ Dioden kann ein Versatz um $n\ U_{BEX}$ bewirkt werden. Z-Dioden weisen üblicherweise eine Avalanche-Durchbruchspannung bei 7 V auf. Sie können für größere Pegelversätze Anwendung finden. Reihenschaltungen aus Z- und normalen Dioden können zur Temperaturkompensation angewendet werden. Mit Konstantstromquellen sind auch Widerstände zur definierten Pegelabsenkung geeignet.

Einen Stromschalter zeigt Teilbild f. Mit 1-Pegel an E ist T_3, D_2, T_2 leitend und D_1 gesperrt. Über den aus einer konstanten Referenz angesteuerten T_1 wird der Quellenstrom I aus dem oben genannten Pfad eingespeist. Wird E mit einem 0-Pegel angesteuert, so bleibt der Pfad T_3, D_2, T_2 gesperrt. Das Kollektorpotential von T_1 sinkt so weit ab, daß D_1 leitend wird und den Strompfad für I nach A schaltet:

$$E = 1\text{-Pegel} \quad \text{bedeutet} \quad I_A = 0,$$
$$E = 0\text{-Pegel} \quad \text{bedeutet} \quad I_A = I.$$

Die Schaltung führt intern kontinuierlich Strom, hat daher ein etwa konstantes thermisches Potential.

Im Teilbild g sind links und unten Konstantspannungsquellen angegeben worden. Wenn man sie mit einer geeigneten Entkopplungsstufe erweitert, erhält man eine Referenzspannungsquelle. Dafür eignen sich Emitterfolger. Wie bei Teilbild e erläutert, sind Dioden und Diodenkombinationen, insbesondere bei Konstantstrombelastung, geeignete Spannungsnormale. Mit zwei Widerständen und einem Transistor läßt sich auch ein Zwischenwert U_{BEX} $(R_2/R_1 + 1)$ einstellen.

Im Teilbild h wurden sog. Stromsenken zusammengestellt. Am Ausgang A wird ein der Einspeisung I_1 entsprechender Strom I_2 aufgenommen: $I_2 = I_1 - 2I_B$. Die Schaltung nimmt in T_1 und T_2 den gleichen Basisstrom I_B auf. I_B wird so groß, daß $I_1 - 2I_B = I_C$ den Kollektorstrom von T_1 ergibt: $I_C = I_B \cdot B_N$. Sind, wie stillschweigend unterstellt, T_1 und T_2 gleich, so gilt $I_2 = I_C = I_1 - 2I_B$. Eine weitere Schaltung gibt die Möglichkeit an, den Fehler infolge I_R zu kompensieren. In der dritten Schaltung wird mit Widerständen R_2 und R_3 die Schaltung unsymmetrisch gemacht: $I_1/I_2 \approx R_2/R_3$. Solche Stufen sind für die Steuerung von (konstanten) Strömen über Wertebereiche von mehreren Dekaden geeignet. Primäre Konstantströme werden am einfachsten mit Konstantspannungen und Widerständen (R_1) erzeugt.

Im ersten Teilbild i wird im Prinzip gezeigt, daß die gleiche Substruktur vom Teilbild h als Stromquelle mit *pnp*-Transistoren T_5, T_6 und Stromsenke mit *npn*-Transistoren T_3, T_4 eingesetzt werden kann. Letztere dienen als Emittereinspeisung/Stromquelle für die Differenzverstärkerstufe T_1T_2. T_5, T_6 ersetzen die Arbeitswiderstände der Differenzverstärkerstufe. Das bringt besondere Vorteile. Stromquellen/Senken haben eine sehr hohe Impedanz und lassen sich daher günstig als hochohmige Widerstände einsetzen. Zum anderen ist die Substruktur T_5, T_6 symmetrisch, in T_6 soll der gleiche Strom wie in T_5 fließen (sog. Stromspiegel). Damit erfolgt eine Unsymmetrierung des Ausganges A. Weiter wird gezeigt, wie eine Differenzverstärkerstufe aufgetrennt und über ein steuerbares Element wieder gekoppelt werden kann (JFET, Diodenpaar). Damit kann über den Eingang *ER* die Impedanz des Koppelelementes und somit die Verstärkung über Dekaden geregelt werden (AGC — automatic grain control). Daneben ist die Anwendung von Kaskadenstufen (Emitterstufe, Basisstufe) auf beiden Seiten des Differenzverstärkers dargestellt. Damit lassen sich günstig hohe Stufenverstärkungsgrade von 60 db erreichen, wie sie für Breitbandverstärkeranwendungen (Video-IS) erforderlich sind.

In Teilbild j wurde eine Überstromschutzschaltung für Stabilisatoren und Leistungsstufen angegeben, die eine Strombegrenzung bewirkt (Meßwiderstand R_3). Daneben ist eine Schaltung für den thermischen Überlastungsschutz angegeben worden, die die LS, in der sie eingebaut ist, bei Übertemperaturen ($> 170°$) in einen Ruhezustand führt, um Zerstörung zu verhindern.

Alle diese Substrukturen stellen elementarste Analogbaublöcke dar.

2.3.1.2. Komplexe Analogstrukturen

Tabelle 2.7 gibt einen Überblick zu Analogschaltkreisen.

Tabelle 2.7. Arten von Analog-IS, Substrukturen

Arten von Analog-IS

1. Linearverstärker (LV): mehrstufige Transistorverstärker
2. Operationsverstärker (OV): mehrstuf. Differentialverstärker

— Universal-OV	— OV mit geringer Drift
— Breitband-OV	— Niedrigleistungs-OV

3. Instrumentierungsverstärker (IV): mit Beschaltung

— Komparatoren	— Multiplizierer
— Addierer, Substrahierer	— Log-/Antilogverstärker
— Abtast-/Haltekreise	— Analogmultiplexer
— DAC, ADC	— PLL
usw.	

4. Leistungsschaltkreise (LS): für hohe Ströme/Spannungen

— NF-Leistungsverstärker	— HF-Leistungsverstärker
— Leistungsstabilisatoren	

5. HF- und UHF-Schaltkreise (HF): HF-Anwendungen

— mit HF-Spezialgehäuse	— gehäuselose IS

6. IS für die Radio-/TV-/Phono-Elektronik

— NF-Verstärker	— ZF-Verstärker, AM, FM
— Videoverstärker	— HF-Verstärker

Häufig eingesetzte Substrukturen

— mehrstufige Linearverstärker	
— Differenzverstärker (ohne/mit Stromspiegel)	
— Eingangsstufen	— Ausgangsstufen
— Pegelverschiebestufen	— Stromschalter
— Referenzspannungsquellen	
— Stromsenken	— Stromquellen

Für universelle Anwendungen haben sich Operationsverstärker eingeführt. Sie entsprechen dem technologischen Niveau der MSI und sind infolge ihrer Parameter

— Verstärkung	$V_U \to \infty$	Differenzeingang,
— Eingangswiderstand	$R_E \to \infty$	Gegentaktmode
— Gleichtaktverstärkung	$V_G \to 0$	
— Ausgangswiderstand	$R_A \to 0$	

nach der Methodik der Analogrechentechnik für die vielfältigsten Aufgaben mittels äußerer Beschaltung anpaßbar: Spannungsverstärker, Spannungsfolger, Stromverstärker, Addierer, Subtrahierer, Integrierer, Differenzierer, Phasendreher, logarithmischer Verstärker, antilogarithmischer Verstärker, Meßgleichrichter, Spannungsquelle, Stromquelle, Stromfolger, Gyrator, aktiver Filter, Komparator, Multivibrator, Univibrator, Sägezahngenerator u. ä. m. Dazu gibt es eine ausführliche Literatur. Die Schaltung einer der ersten und erfolgreichsten Typen wurde in Abb. 2.19 angegeben.

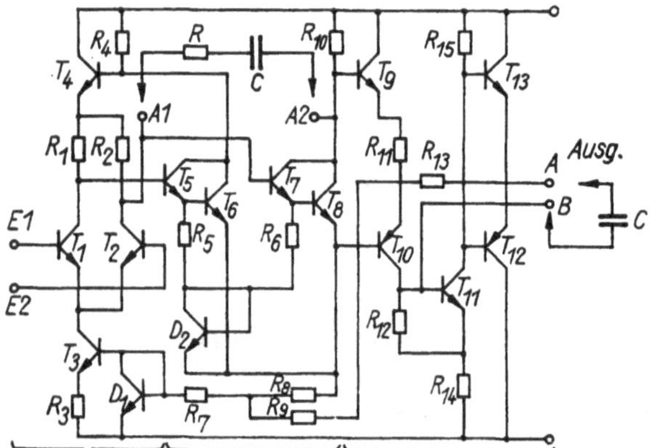

Abb. 2.19. Klassischer Operationsverstärker (A 109, μA 709)

Mit der Weiterentwicklung der Technologie wurde es möglich, für eine große Anzahl von Anwendungsaufgaben spezielle IS zu entwickeln und zu produzieren. Dabei werden recht komplexe Analogsysteme mit angepaßten Mitteln (s. o.) strukturiert und die aufgabengemäße Beschaltung IS-intern realisiert. Solche IS-Lösungen sind im kommerziellen Elektronikeinsatz Instrumentierungsverstärker im weitesten Sinne und im Konsumelektronikbereich spezialisierte IS (hohe Einsatzstückzahlen).

Zudem haben sich Kombinationen mit Digitalschaltungen eingeführt. Das sind LSI/VLSI-Systeme:

- lineare SC-Systeme (switched capacity) für Filter, DAU, ADU, Codec, Slic, ...
- analoge Signalprozessoren als spezielle (automatisierungstechnische) Einchip-MR (Filter, Regler).

2.3.2. Digitale Schaltungen

2.3.2.1. Grundprinzipien

Bis auf geringe Ausnahmen sind digitale auch *binäre* Schaltungen, also Schaltungen für binäre Signale mit den *Signalwerten* 0 *oder* 1. Diese Signalwerte sind durch entsprechende Schaltungszustände zu realisieren. Dafür werden sog. *Schalterelemente* mit zwei inneren *Arbeitszuständen* eingesetzt, die sich als Bipolar- oder MOS-Transistor mikroelektronisch realisieren lassen. Sogenannte regenerative Strukturen sind auf Schalterelemente mit Leistungsverstärkung (aktive Schalter) angewiesen. In sog. topologischen Strukturen ist das nicht unbedingt erforderlich. Regenerative Elemente sind in allen größeren technischen Schaltungen unabdingbar, um eindringende Störungen aus den Signalpfaden zu eliminieren. Damit bietet die Digitaltechnik die prinzipielle Möglichkeit, beliebig große Systeme zu realisieren [2.18, 2.19].

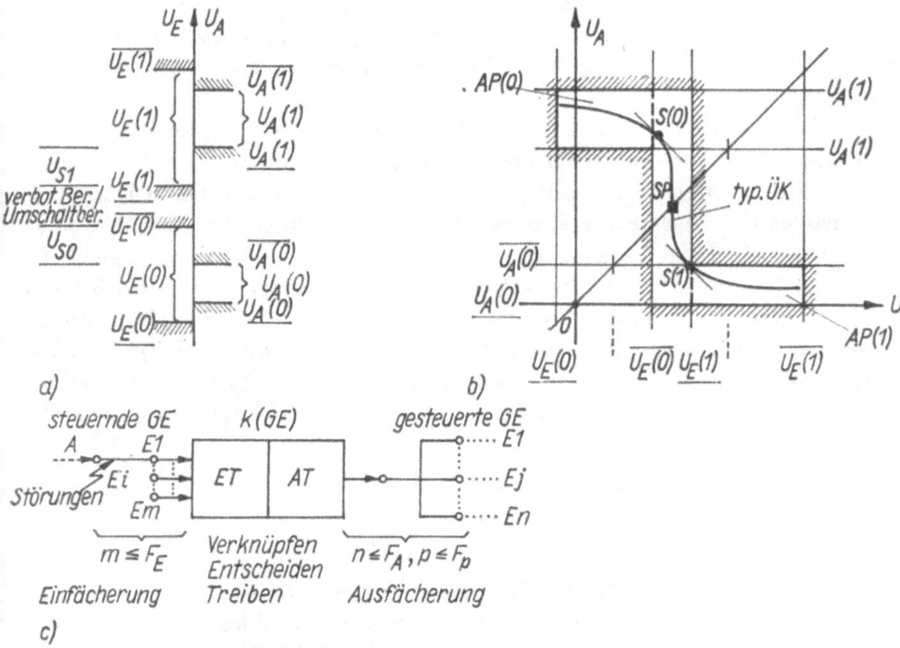

Abb. 2.20. Digitale/binäre Grundelemente

a) Pegelnormen für Ein- und Ausgänge
b) Toleranzbereiche und Beispiel einer Übertragungskennlinie
c) Erfassung der Zusammenschaltung

Regenerative Grundelemente

Abb. 2.20 soll das Prinzip von regenerativen binären Schaltungen erläutern. Dazu wird der übliche Fall angesetzt, daß die Signalwerte 0 bzw. 1 mit Spannungspegeln dargestellt werden.

Wie in Teilbild a dargestellt, sind für diese Pegel *Toleranzbereiche* vorzusehen, die die Herstellungs-, Einsatz- und Betriebstoleranzen aufnehmen. Dabei muß für die Eingangsspannungen ein um die mindest zu realisierenden *Störsicherheiten* größerer Toleranzbereich realisiert sein: Worstcase-Störsicherheiten für den 1- und den 0-Pegel U_{S1} und U_{S0}. Die Zwischenbereiche zwischen den Signalpegel-Toleranzbereichen dürfen nur im Umschaltfall auftreten, repräsentieren also die Schaltschwelle.

In Teilbild b wurde eine typische *Übertragungskennlinie*, die das angegebene Toleranzfeld berücksichtigt, angegeben. Es ist eine Übertragungskennlinie (ÜK) eines invertierenden Grundelementes. Man erkennt die Toleranzbereiche für die Arbeitspunkte der GE-Schaltung $AP(1)$, $AP(0)$, den Toleranzbereich für das Umschalten und, an der typischen ÜK angetragen, die Kennlinienpunkte $S(1)$ und $S(0)$ (Schwellwerte), bei denen die Spannungsverstärkung $V_U = |\mathrm{d}U_A/\mathrm{d}U_E|$ gerade den Wert 1 annimmt. Störsicherheit und (technisch ebenfalls erforderliche) Toleranzbereiche sind nur mit GE-Schaltungen realisierbar, die im Umschaltbereich eine hohe Verstärkung V_U besitzen: aktive GE mit Sättigungsbereichen der ÜK.

In Teilbild c sind die Zusammenschaltungsprobleme (Einsatzflexibilität) dargestellt. Die betrachtete Schaltung bekommt m Signale an ihren Eingängen angeboten, verarbeitet sie und gibt ein Ausgangssignal aus, mit dem n Eingänge nachfolgender GE angesteuert werden. Dabei können u. U. die Ausgänge von $(p-1)$ anderen GE zum Ausgang A der betrachteten Schaltung parallel geschaltet sein (verdrahtetes ODER bzw. UND). Die *Dimensionierung* des betrachteten GE hat zu gewährleisten, daß für obige Toleranzbereiche des Signalverhaltens und die Betriebsbedingungstoleranzen (Betriebstemperaturen, Betriebsspannungen) sowie die Herstellungstoleranzen die geforderte Schaltungsfunktion gewährleistet ist. Ist die Schaltung aber ein SSI-GE, so muß sie außerdem noch die *Einsatztoleranzen*,

— $m = 1$ bis F_E Eingangssignale,
— $n = 1$ bis F_A anzusteuernde Ausgänge,
— $p = 1$ bis F_P parallelgeschaltete Ausgänge,

berücksichtigen, da sie bei der IS-Herstellung nur in ihren Grenzen F_E, F_A, F_P festgelegt werden können. Übliche Werte sind: m und n bei 2 bis 3, p bei 1 (keine Parallelschaltung); $F_E = 2, 3, 4, 8$, $F_A = 10{,}30$, $F_P = 1{,}30$. Dabei sind ebenfalls Normen für frei/unbenutzt bleibende Eingänge notwendig. Die Belastung eines Einganges für den steuernden Ausgang wird in Einheitslasten angegeben.

Die Schaltung eines GE wird natürlich von der Funktion, die es ausführen soll, bestimmt. Dabei sind kombinatorische Operationen (komb. GE), Speicheroperationen (sequentielle GE) und spezielle Signaloperationen (spezielle GE) notwendig. So muß innerhalb einer SSI/MSI-Schaltkreisreihe ein *vollständiger Baukasten* von Grundelementen zur Verfügung stehen. Gleiches gilt für LSI-GE. Die einfachsten (regenerativen) Schaltungsstrukturen ergeben sich für kombinatorische GE (kGE). Daraus lassen sich nach bekannten Gesichtspunkten die Schaltungen der übrigen GE ableiten: Flipflop, Univibrator, Multivibrator, SCHMITT-Trigger u. ä.

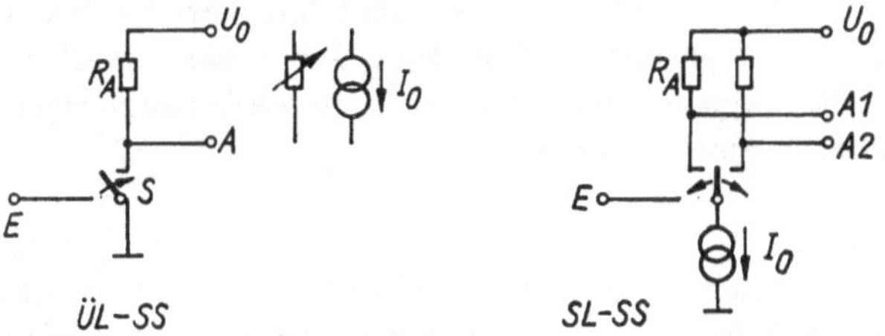

Abb. 2.21. Schaltstufenprinzipien

Kombinatorische GE-Strukturen für SSI/MSI-Anwendungen lassen einen Eingangsteil ET und einen Ausgangsteil AT erkennen. Ersterer hat die Verknüpfung der eingefächerten Signale zu bewerkstelligen, letzterer eine entsprechende Treibleistung für die Ausfächerung. Die Entscheidung über das auszugebende Signal fällt eine sog. *Schaltstufe* SS, die meist eine sog. Anpaßstufe AS benötigt, um im GE mit Ein- und Ausgangspegel entsprechend oben angegebener Normen funktionieren zu können. Die AS bewerkstelligt also die Anpassung zwischen SS-Ausgang und Eingang der folgenden SS. Oft ist die Eingangsstufe ET = AS und dementsprechend die Ausgangsstufe AT = SS.

Es werden zwei SS-Prinzipien angewendet. Die *Übersteuerungslogik* ÜL arbeitet mit Schaltelementen vom Typ Ein—Aus. Bipolartransistoren und MIS-FET vom Anreicherungstyp sind dafür gut geeignete Schalttransistoren T_S vom Typ Arbeitskontakt. Ruheansteuerung bewirkt T_S im Sperrzustand (*SZ*).

Bei der *Stromschaltlogik* (current mode logic, CML) SL werden Umschalter benötigt, die man aus einem antipolar gesteuerten Bipolartransistorpaar mit Emitterkopplung gewinnen kann (emitter coupled logic, ECL).

Abb. 2.21 zeigt die beiden SS-Prinzipien. Die ÜL-SS mit einem Arbeitskontakt — Schalterelement arbeitet invertierend. Ein 0-Pegel am Eingang E läßt den Schalter offen sein. Am Ausgang A ist die Betriebsspannung U_0 über den Arbeitswiderstand R_A wirksam: 1-Pegel. Mit 1 an E schließt der Schalter. Dabei ist er sehr niederohmig (gegen R_A), so daß nun ein geringer 0-Pegel an A erzeugt wird. Statt eines konstanten ohmschen Widerstandes R_A können auch andere Komponenten einer IS-Technologie Einsatz finden. U_0 und R_A ermöglichen, am Ausgang A einen dem Zustand des Schalterelementes gemäßen 0- oder 1-Pegel zu erzeugen.

Das gelingt ebenso mit nichtlinearen Widerständen (z. B. MIS-FET: Last-FET T_L) oder mit Ersatz durch eine Stromquelle (siehe I²L).

Vorteil der ÜL ist der einfache Aufbau. Mit Bipolartransistoren hat sie den Nachteil hoher Ausschaltverzögerungen t_S aus dem Übersteuerungszustand. Das begrenzt die Arbeitsgeschwindigkeit auf einige 10 MHz oder erfordert Transistoren mit SCHOTTKY-Klemmdiode zwischen Basis und Kollektor.

ECL-Schaltungen nutzen die mit Bipolartransistoren erreichbare Arbeitsgeschwindigkeit optimal aus (einige 100 MHz), erfordern aber einen höheren Aufwand. Doch daraus ergibt sich ein Vorteil, sie erzeugen üblicherweise komplementäre Ausgangssignale. Die angegebenen Schaltungen besitzen nur einen Eingang. Sollen (im ET) mehrere Signale verknüpft werden, so werden dazu topologische Strukturen von Schalterelementen benötigt.

Topologische Strukturen

Die mikroelektronische Entsprechung von topologischen Kontaktnetzen der Relaistechnik wird in digitalen Schaltungen immer wieder benötigt. In ihnen

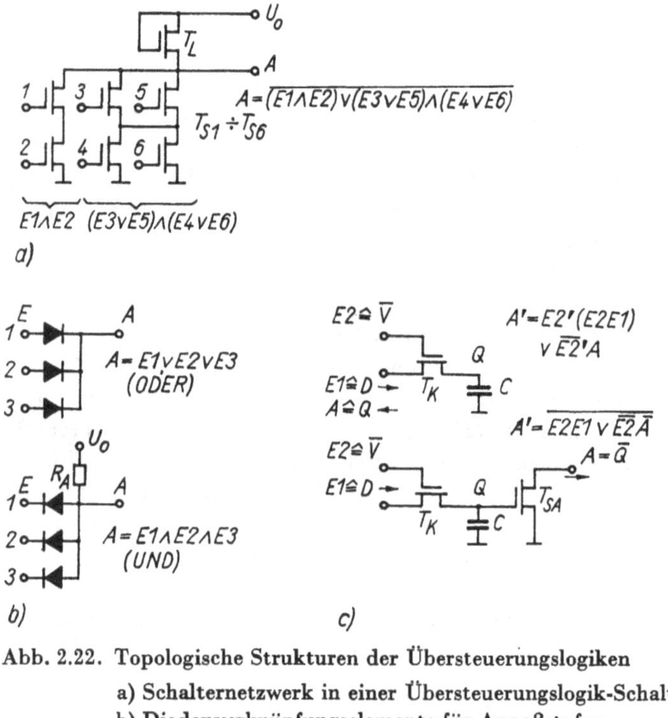

Abb. 2.22. Topologische Strukturen der Übersteuerungslogiken

a) Schalternetzwerk in einer Übersteuerungslogik-Schaltstufe mit MIS-FET
b) Diodenverknüpfungselemente für Anpaßstufen
c) dynamische Grundelemente (bidirektionales DGE: 1-Transistorelement, unidirektionale DGE: Element der dyn. Logik und der 3-Transistorelemente von Halbleiterspeichern)

wird durch den eingestellten Zustand von Schalterelementen eine diesen Einstell-/Steuersignalen entsprechende Strompfadkonfiguration festgelegt. Ihre Anwendung in Schaltstufen ist augenfällig. So können die dargestellten Schalterelemente T_S durch Parallelschaltungen (ODER) oder Reihenschaltungen (UND) ersetzt werden. Das ist auf eingangsseitig angewandte Schaltstufen beschränkt (ET = SS). In Anpaßstufen (ET = AS) ergeben sich vergleichbare Anwendungen. Nur können hier auch passive Schalterelemente (Dioden, Widerstände) eingesetzt werden. In allen Fällen ist selbstredend die gesicherte Arbeit von SS in den GE Realisierungsvoraussetzung bzw. Einschränkung. Abb. 2.22 zeigt dafür Beispiele.

Teilbild a stellt eine MIS-FET-SS in ÜL dar, die nur MIS-FET als Schaltelemente einsetzt.

Teilbild b gibt Verknüpfungselemente aus Dioden für AS an.

In Teilbild c sind sog. *dynamische Grundelemente* mit MIS-FET und MIS-C dargestellt, die auch auf topologische Strukturen zurückgehen. Die obere Schaltung nutzt eine Kapazität als temporären Speicher, der über T_S zum Zeitpunkt t geschrieben wird. Zum Zeitpunkt t' kann er wiederum über T_S gelesen werden: bidirektionales dynamisches Grundelement (DV-Flipflop). Diese Schaltung wird als 1-Transistorspeicherelement auch in Halbleiterspeichern angewendet. In Logikschaltung kann sie in AS eingesetzt werden. Die Verknüpfung mit einem SS-Transistor T_{SA} läßt daraus das unidirektionale dynamische Grundelement werden (unten). Beide Grundelemente lassen nur Speicherzeiten $t_s \geqq t' - t$ im Bereich einer ms zu. Die sog. Transfertransistoren T_K können als topologische Struktur ausgelegt werden: UND-, ODER-Strukturen. Realisierungen mit MIS-FET sind üblich (dynamische MIS-Technik).

2.3.2.2. Digitale Schaltungen der Bipolartechnik

Bipolare digitale Schaltungen werden in ÜL und in ECL realisiert. Abb. 2.23 zeigt die Schaltungen von ÜL-GE für SSI/MSI-IS [2.19].

In Teilbild a erkennt man verschiedene charakteristische Realisierungen. Sie verwenden alle im Prinzip die gleiche Schaltstufe ÜL-SS. U.U. kann darin R_C entfallen (offen-Kollektorstufe), wenn die folgende AS die R_C-Funktion mit übernehmen kann (stromtreibende Logik, UND-AS). Die in der (S)TTL-Schaltung gezeigte SS arbeitet mit einem aktiven (geschalteten) Arbeitswiderstand des Transistorschalters T_S, bestehend aus einem Strombegrenzungswiderstand R_S, dem Arbeitstransistor und einer Verschiebediode. Die AS ist für diese Doppelansteuerung der SS mit einer Phasenaufspaltestufe ausgerüstet.

Zum ÜL-*Schaltstufenarbeitsprinzip* wurde in b) das T_S-Ausgangskennlinienfeld angegeben. Für $U_A(1)$ ist T_S im Sperrzustand zu halten (Sperrbedingung SB: $U_{BEY} \lessapprox U_{BEF} \approx 0{,}35$ V). Das ist der sog. Y-Zustand bzw. der Arbeitspunkt $AP(0)$. Im sog. X-Zustand, dem Übersteuerungszustand bzw. Arbeitspunkt $AP(1)$ von T_S, wird $U_A(0) = U_{CEX} \approx 0{,}1 \div 0{,}4$ V (Kollektorrestspannung) erzeugt.

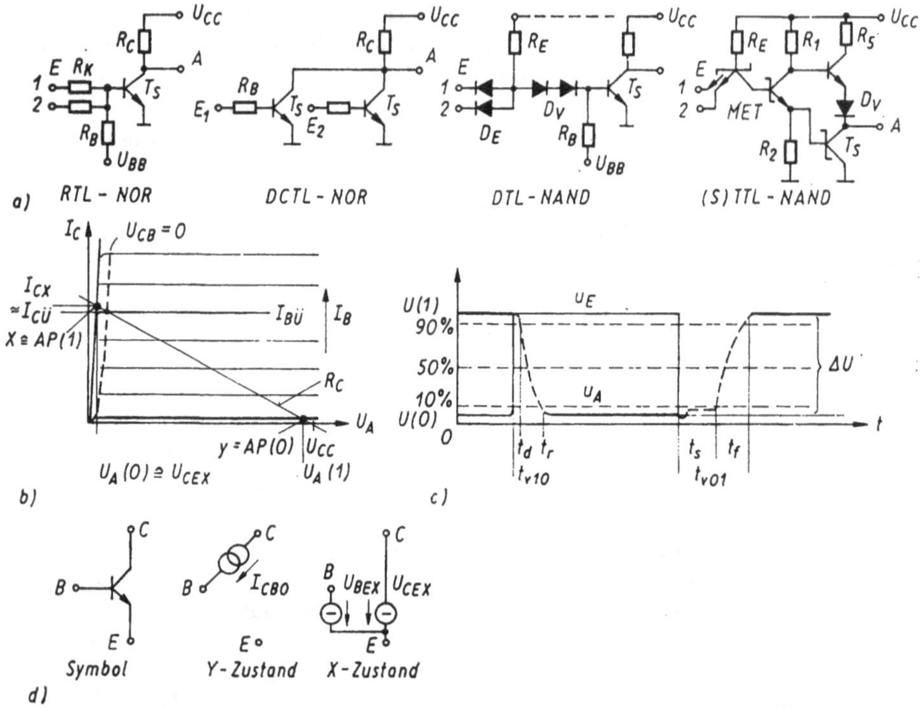

Abb. 2.23. ÜL-Bipolarschaltungen (SSI/MSI)

a) typische Aufbauschemata (Logikfamilien)
b) T_S-Ausgangskennlinienfeld
c) Schaltverhalten
d) statische einfachste Ersatzschaltungen für T_S

t_d — Einschaltverzögerung | t_s — Ausschaltverzögerung
t_r — (Strom-) Anstiegszeit | t_f — (Strom-) Abfallzeit
t_{v10} — Flankendauer 10 | t_{v01} — Flankendauer 01
U_{BEX} — BE-Schleusenspannung | U_{CEX} — CE-Restspannung
I_{CBO} — CB-Reststrom

Die Übersteuerungsbedingung ÜB gibt die sichere SS-Aussteuerung dafür an: $I_{BX} \gg I_{BÜ}$. I_{BX} ist der reale Ansteuerstrom im X-Zustand, $I_{BÜ}$ der für das Verlassen des Normal-/ das Erreichen des Übersteuerungszustandes notwendige Grenzwert.

Mit einer sicheren Einhaltung der Sperr- und der Übersteuerungsbedingung lassen sich alle Betriebs- und Herstellungstoleranzen beherrschen. Auf dieser Grundlage werden einfache und hochzuverlässige Schaltungen realisiert. Ihr Nachteil ist die mit dem ÜZ verbundene hohe Ausschaltverzögerung t_s (Teilbild c).

Die maßgebliche Technik ist die *TTL*. Mit einem Multiemittertransistor MET wird UND verknüpft. Die leistungsfähige SS mit aktivem Arbeitswiderstand kann für $F_A = 10$ oder 30 ausgelegt werden. Dabei ist aber $F_P = 1$. In SCHOTTKY-TTL sind alle Transistoren/Dioden, die den IZ oder ÜZ erreichen, mit einer SCHOTTKY-Diode „geklemmt".

Allen dargestellten Strukturen ist ein hoher Aufwand für die Lösung der eingangs diskutierten Toleranzprobleme eigen. In LSI-IE-Schaltungen wird mit geringerem Aufwand (Flächenbedarf) gearbeitet. Von den oben angegebenen Schaltkreisfamilien und Kombinationen sind vereinfachte IE-Schaltungsvarianten erprobt worden.

In Form der I²L (integrated injection logic oder merged transistor logic MTL) liegt aber ein Konzept vor, das die LSI-Bedingungen optimal nutzt und die Forderungen optimal realisiert. Diese *Injektions-* oder *Verschmelzungslogik* (Abb. 2.24) läßt sich nur unter LSI-IE-Bedingungen einsetzen und arbeitet mit minimalen Strömen und minimalen Flächenforderungen. Der ÜL-SS-Schalttransistor T_S wird als Multiemitter-Substrattransistor ähnlich wie der MET für die TTL-Technik realisiert, er wird aber invers betrieben, stellt also einen Multikollektor-*npn*-Vertikaltransistor dar. Der „Arbeitswiderstand" ist hier ein lateraler *pnp*-Transistor. Wie das Bild zeigt, wurden beide Transistoren verschmolzen (ineinandergeschoben). Die Ausführung des Injektors speist in etwa einen Konstant-

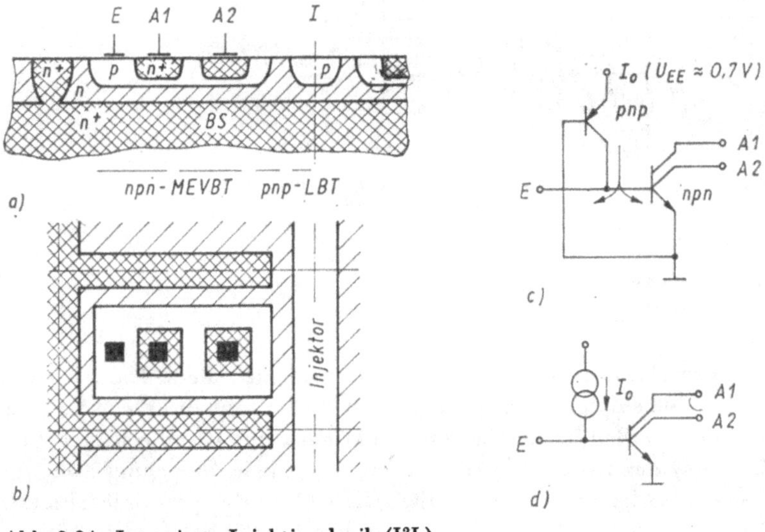

Abb. 2.24. Integrierte Injektionslogik (I²L)

a) Querschnitt durch ein I²L-GE

b) Aufsicht

c) Ersatzschaltung (Verknüpfung: $F_P > 1$, verdrahtetes UND)

d) vereinfachte Ersatzschaltung

strom in die GE ein, der dem insgesamt eingespeisten Betriebsstrom und der Breite des *p*-Gebietes vor dem Injektor proportional ist. So können mit den Frontbreiten der I²L-GE vor dem Injektor unterschiedliche Arbeitsströme und Verzögerungszeiten dimensioniert werden. Außerdem kann die gesamte Schaltung in weiten Grenzen mit dem Betriebsstrom in ihrer Arbeitsgeschwindigkeit gesteuert werden. Auch von diesem Konzept gibt es eine Vielzahl von Varianten des Aufbauschemas (vertikaler Injektor) und der Technologieauslegung (SCHOTTKY-Elemente u. a. m.).

Für extreme Anforderungen an die Arbeitsgeschwindigkeit (insbes. für VHSIC, very high speed IC) werden ECL-Schaltungen eingesetzt. Dabei wird mit *konstanten Strömen* in der SL—SS gearbeitet, so daß der *X*-Zustand im Normalzustand liegen kann und trotzdem die Toleranzprobleme beherrscht werden. Das erfordert einen höheren Schaltelemente-/Flächenaufwand. Die SS wird links mit Logikregeln und rechts mit einer konstanten Referenzspannung angesteuert. U_R liegt in der Mitte zwischen $U_E(1)$ und $U_E(0)$. Am Ausgang der SS entstehen Logikpegel, die über $U_E(1)$ liegen müssen, um Übersteuerungen zu vermeiden. Da aber im GE $U_E \equiv U_A$ gelten muß, wird in den als AS benutzten Emitterfolgestufen bis zu den Ausgängen *A*1 und *A*2 mit deren Pegelversatz um U_{BEX} die richtige Pegellage hergestellt (Abb. 2.25).

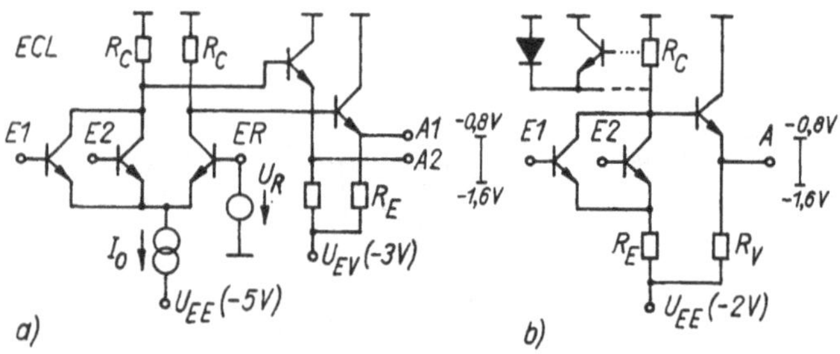

Abb. 2.25 ECL-Schaltungen
a) einfaches ECL-ODER/NOR
b) EFL-NOR

Es sind eine ganze Anzahl von ECL-Varianten bekannt, die z. T. auch technische Bedeutung haben. Im einfachsten Fall ist im GE nur die Folge SS—AS umzustellen. Damit werden für komplexere Funktionen eine Reihe von Freiheitsgraden eröffnet (symmetrische SS-Ansteuerung, vertikale Stapelung von SS-Ebenen). Diese emitterfolgergekoppelten ECL (EECL) werden praktisch genutzt. Für LSI-IE-Einsatz wird in hohem Umfang „abgerüstet". Solche Schaltungen sind unter den Namen Emitterfunktionslogik (EFL) oder schwellwertfreie Logik (NTL) und anderen bekannt geworden. Dabei wird neben der Aufwandssenkung mit niedrigeren Betriebsspannungen, Logikpegeln und Strömen gearbeitet. Die Übertragungskennlinien besitzen üblicherweise nur einen Sättigungsast mit statischer Störsicherheit (reicht bei invertierenden GE) [2.14, 2.18, 2.19, 2.27]. Derartige GE werden insbesondere für VHSIC-Master-Slice-Schaltkreise eingesetzt.

2.3.2.3. Digitale Schaltungen der MIS-Technik

MIS-FET-Schaltungen sind prinzipiell ÜL-Strukturen. Das Stromschaltprinzip bringt keine Vorteile.

Bei *statischen Schaltungen*, die wie die bekannten Bipolarvarianten mit Gleichspannungssignalen arbeiten, wird das DCTL-Prinzip (direkte Kopplung von SS ohne die Notwendigkeit von AS) angewendet. Solche Schaltungen zeigt Abb. 2.26. Als Arbeitswiderstände können (z. B. extern angeschaltete) ohmsche Widerstände (in offen-Kollektorausgangsstufen), E-FET oder speziell realisierte D-FET Anwendung finden. Dafür wurden die Schaltungen und die Arbeitskennlinien im T_S-Ausgangskennlinienfeld angegeben. Mit gleichartigen MIS-FET T_S und T_L können nur durch unterschiedliche Kanal-Breite-Längen-Verhältnisse die Pegel $U(0)$ und $U(1)$ dimensioniert werden. Schaltungen mit nur einer Spannung U_{DD} besitzen schlechte Spannungsausnutzung $U_A(1) = U_{DD} - U_{TL}$ und dynamische Eigenschaften. T_L arbeitet im Pentodenzustand. Mit einer zweiten, entsprechend hohen Versorgungsspannung U_{GG} arbeitet T_L im Triodenzustand. Die Spannungsausnutzung und das dynamische Verhalten sind wesentlich besser. Verwendet man aber D-MIS-FET T_{LD}, so wird T_L, vergleichbar mit der I^2L, zur Stromquelle. Es ergibt sich ein optimales dynamisches Verhalten (*ED-Technik*).

Dynamische Schaltungen entstehen durch Nutzung von AS auf der Basis der dynamischen Grundelemente. Als Kapazität reichen üblicherweise die parasitären Kapazitäten der Schaltung aus. Die Transfertransistoren werden durch Signale oder Takte gesteuert und erlauben somit das Schreiben der Information. Bei den üblicherweise angewendeten unidirektionalen Strukturen steht die Information dann während der gesamten Speicherzeit zum (nichtzerstörenden) Lesen zur Verfügung. Damit lassen sich Register- und Schieberegisterstrukturen aufbauen (Abb. 2.26e). Die vor Ablauf der Speicherzeit erforderliche *Signalauffrischung* wird durch Signaltransfer über eine regenerative Schaltung bewerkstelligt, bei Schieberegistern im Vorwärtstransfer mit der Taktfrequenz, bei (quasi-) statischen Registern in einer Regenerierschleife [2.24].

Von diesen dynamischen MIS-Schaltungen sind eine Vielzahl ähnlicher Lösungsmöglichkeiten als 2-, 3-, 4- und 6-Phasen-*Schieberegister* und *-Logik* bekannt geworden sowie *parallele Speicher* (RAM), bei denen sich große Arrays bilden lassen (1 ÷ 64 Kbit).

Das Register (hier für 1 bit) verwendet einen Informationsaufnahme- und -ausgabetakt T_a und einen Übergabetakt $T_Ü$ (komplementär zueinander). Die Schieberegisterstruktur 2 verwendet eine sog. verhältnisfreie Technik, was bedeuten soll,

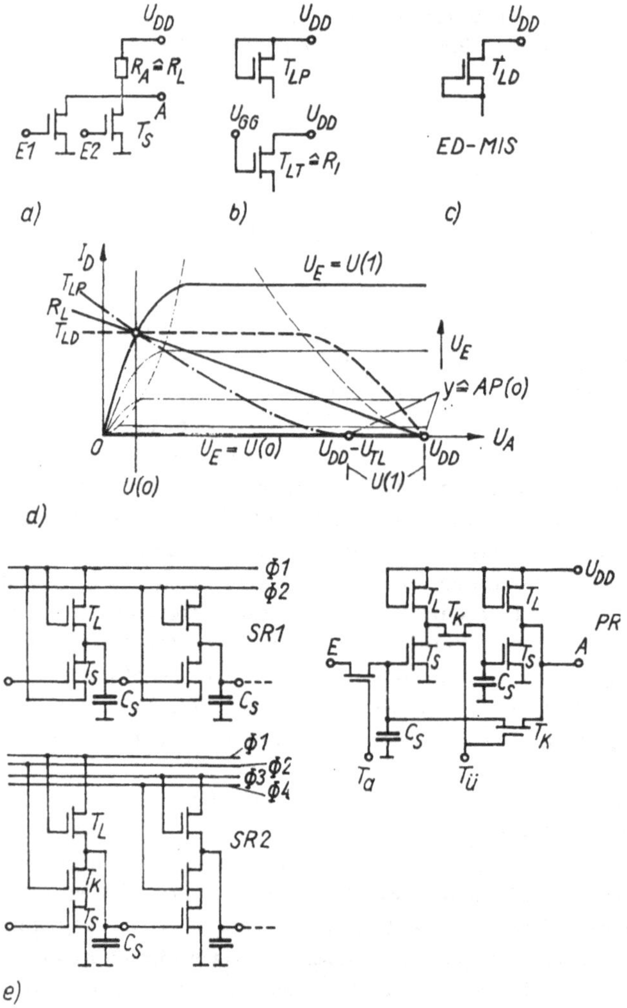

Abb. 2.26. MIS-FET-Schaltungen

a) bis c) statische NOR mit verschiedenen Lastelementen

d) Arbeitskennlinien und Arbeitspunkte im Ausgangskennlinienfeld von T_S

e) dynamische MIS-Schaltungen

SR 1 — 2Φ-Schieberegister

SR 2 — 4Φ-Schieberegister (ratioless)

PR — parallele Register/quasistatische Register

daß alle Transistoren der Schaltung gleich minimal klein sein können. Das steht im Gegensatz zu statischen regenerativen Elementen, die nach einem „Spannungsteilerverhältnis" zwischen T_S und T_L für den Pegel $U_A(0)$ dimensioniert werden. Beide Schieberegister arbeiten mit Vorladephase für die Speicherkapazitäten und anschließender Informationstransferphase [2.19—2.22, 2.28, 2.31].

Komplementäre MIS-Schaltungen (CMIS) gewinnen für VLSI-Schaltkreise sehr an Bedeutung. Sie sind meist ebenfalls verhältnisfrei aufgebaut. Dafür muß aber im (oberen) p-Zweig die duale Schaltfunktion des (unteren) n-Zweiges realisiert werden. Um Reihenschaltungen von mehr als 3 MIS-FET zu vermeiden, wird oft ein Zweig dynamisch mit einem Takt, der andere mit Signalen gesteuert (DYCMIS) (Abb. 2.27) [2.26].

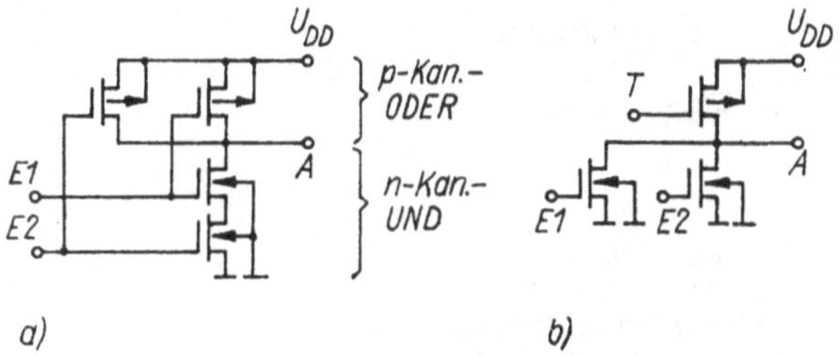

Abb. 2.27. CMIS-Schaltungen
a) verhältnisfreie Schaltung: NAND
b) getaktete verhältnisbehaftete Schaltung (Takt T): NOR

2.4. Integrierte Schaltungen

Aus der Sicht der Wirk- und der Schaltungsprinzipien sollen einige weiterführende Gedanken zusammengestellt werden. Es werden Übersichten gegeben.

2.4.1. Realisierungsfragen

In Ergänzung zu 2.1. sind nun die unterschiedlichen schaltungstechnischen und technologischen Realisierungsmöglichkeiten zu berücksichtigen. Zum besseren Überblick ist in Abb. 2.28 und Tab. 2.8 eine Darstellung des Zusammenhanges der Schaltungstechniken und eine Sammlung von *Vergleichskenngrößen* versucht worden. Selbstverständlich gehören dazu weitere Werte. Doch dafür muß auf die speziellere Literatur verwiesen werden.

Auf den Grundlagen dieses Überblickes lassen sich für eine Anwendungsaufgabe optimale Lösungsvarianten aussuchen. Oft wird dann aber die Erreichbarkeit einer solchen Variante durch *verfügbare Standardtechnologien* bestimmt.

Ein wichtiger Gesichtspunkt geht aus Abb. 2.29 hervor. Man erkennt, daß für

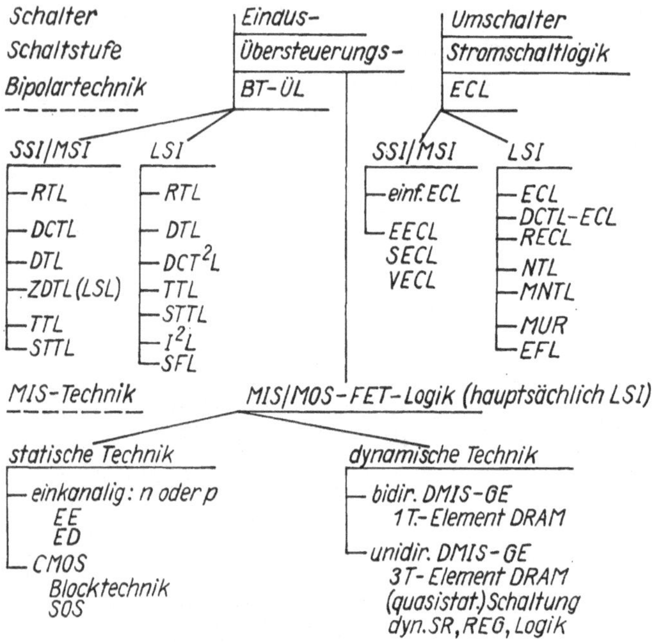

Abb. 2.28. Schaltkreisfamilien der Transistorlogik

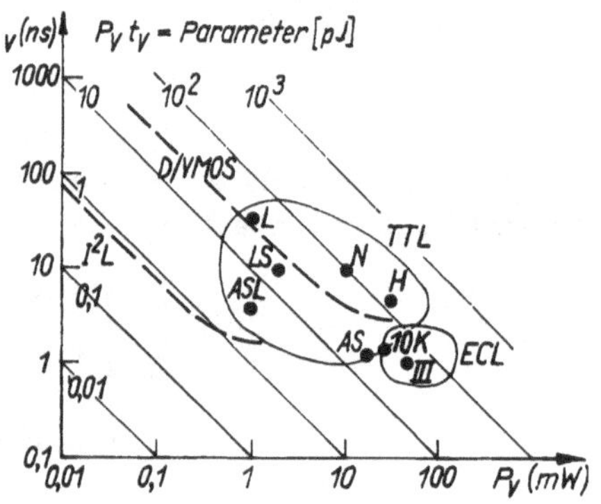

Abb. 2.29. Gütewerte der Schaltkreisreihen und -familien

Gerätérealisierungen IS mit festen Parametern (t_V — mittlere Verzögerungszeit, P_V — mittlere Energieaufnahme) im Rahmen der standardisierten Schaltkreisreihen (SSI/MSI) zur Verfügung stehen. Soll die Gesamtverzögerung eines Signalpfades verändert werden, muß die Schaltung aus einer anderen Schaltkreisreihe oder prinzipiell anders aufgebaut werden. Bei LSI-IE ist das nicht

Tabelle 2.8. Schaltkreisreihen und LSI-Techniken (Stand 1978)

SSI/MSI-Reihe		t_V [ns]	P_V [mW]	$t_V P_V$ [pJ]	U [V]
TTL SN 74	N	10	10	100	5± 10%
	H	6	23	140	
	L	35	1	35	
	S	3	20	60	5± 5%
	LS	10	2	20	
	AS	1,5	22	35	
	ALS	4	1	4	
ECL, MECL	III	1	60	60	−5,25 ±10%
ECL	10K	2	25	50	
CMOS 4000		35	<1		3−15

LSI-Familie (5-µm-Strukturen)	t_V [ns]	$t_V P_V$ [pJ]	$\left[\frac{\text{BEF}}{\text{mm}^2}\right]$	$\left[\frac{\text{GE}}{\text{mm}^2}\right]$
*p*MOS HV	80	450	150	50
*p*SGT	30	145	270	90
*n*SGT	15	45	285	95
*n*EDSGT	12	38	320	107
Doppel-Poly-Si	10	35	525	175
CMOS-SGT	10	0,5	220	45
VMOS	5	20	600	225
DMOS	5	20	600	225
CMOS-SOS	2−5	0,1	650	275
I^2L	5−50	0,01−1	500	150
EFL	0,3−5	20	300	100

erforderlich. Hier kann in weiten Grenzen auf dem Chip durch *Dimensionierung* (und bei I^2L auch über den Betriebsstrom) die erforderliche *Verzögerung* gewählt werden: die Schaltung wird hoch- oder niederohmiger ausgelegt.

Die angegebenen Daten beziehen sich etwa auf den Stand 1980. Mit den Angaben von Abb. 2.30 wird deutlich, daß der *Entwicklungstrend* der letzten Jahre mit seinen rapiden Verbesserungen anhält, wenn auch die maximal sinnvolle Chipgröße (CG) und die minimal erreichbaren Strukturgrößen (MG) Sättigungswerten zustreben sollten. D- bzw. VMIS und I^2L zeigen, daß noch Innovationsspielraum besteht, insbesondere in der dritten Dimension, im Chipvolumen. So läßt also die Komplexitätskurve K vorläufig keine Sättigung erkennen. Die Frage ist allerdings, kann man solche erreichbare Komplexität in einem vernünftigen Systementwurf auch sinnvoll und mit kurzer Ausführungszeit nutzen.

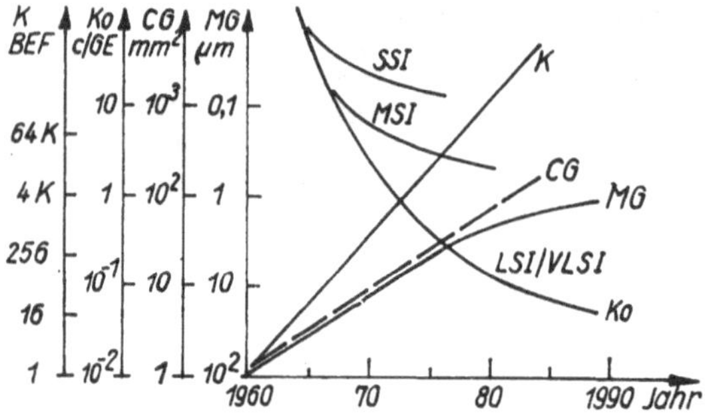

Abb. 2.30. Entwicklung der Komplexität K, der anteiligen GE-Kosten Ko, der maximalen Chipgröße CG und der minimalen Strukturgrößen MG

Dort dürften echte Grenzen erreicht werden. An der Kostenkurve je GE ist zu erkennen, daß bei SSI-IS die anteiligen Chipkosten zwar verschwindend klein sein könnten, die anteiligen Gehäusekosten aber fix bleiben; ähnlich bei MSI-IS. Bei LSI-IS liegt das Kostenminimum zunehmend bei höheren Komplexitäten.

Zum Aufbau von *RE-Schaltungen*, die meist die Zusammenschaltungsnormen von Standard-Schaltkreisreihen, z. B. die normale TTL N oder die Niedrigleistungs-TTL LS, erfüllen müssen, sind in Abb. 2.31 Beispiele angegeben. Bei MIS-Schaltungen ist der Schutz von Eingansschaltungen ein Problem. Schon sehr geringe Ladungen können die Gate-Durchschlagspannung des Eingangstransistors (100 V) überschreiten und damit die IS unbrauchbar machen. Solche Ladungen

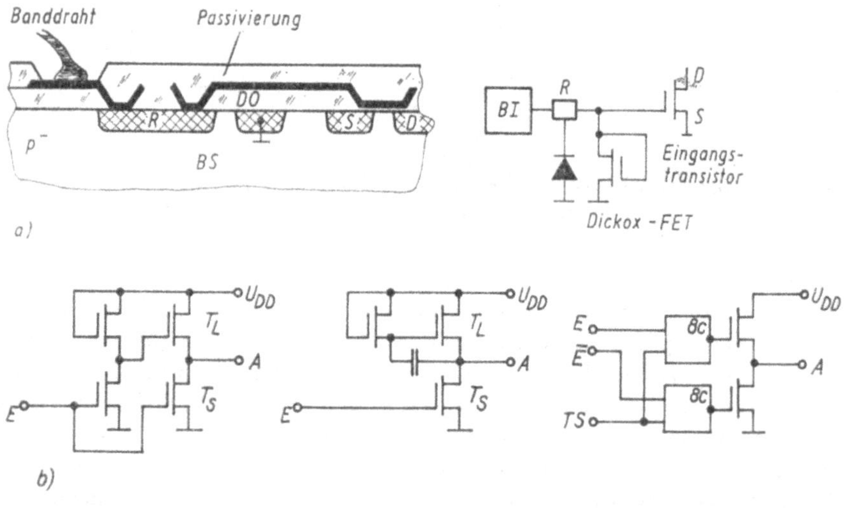

Abb. 2.31. MIS-IS-Eingangs- und Ausgangsstufen (RE)

mit einigen kV entstehen bei allen möglichen Behandlungen. Deshalb sind *Eingangsschutzschaltungen* unabdingbar, in denen die *pn*-Substratdioden, Begrenzungswiderstände (5 kΩ), Feldplatten und Dickschicht-MIS-FET Anwendung finden. Damit wird einigermaßen sicher auf -1 V und $+40 \div 60$ V begrenzt.

Teilbild b zeigt *Ausgangsschaltungen*, die im ersten Fall mit aktiven/gesteuerten Last-FET T_L arbeiten, so daß eine verhältnisfreie Schaltung entsteht. Damit ist die Aufladeflanke für die äußere Belastungskapazität nicht um Größenordnungen langsamer als die Entladung. Die Aufladung kann auch mit Bootstrapschaltungen (mitlaufende Kapazität C) verbessert werden. Für *Busbetrieb* werden offen-Kollektor/Drain-Stufen (ohne Lastelement) und sog. 3-Zustandsschaltungen (Tristate) eingesetzt, seltener offen-Emitter/Source-Stufen. *3-Zustandsschaltungen* enthalten eine zusätzliche aktiv/passiv-Steuerung mit Steuersignal T_S. Im Aktivfall arbeiten sie als normale Ausgangstreiber (Sender am Bus), im Passivfall sind sie elektrisch wirkungslos. Somit können über einen Bus/Sammelleitungsstrang mehrere Sender sequentiell Nachrichten senden (zeitgeteilter Busbetrieb).

2.4.2. Strukturtypen

Bei SSI-Chips kann man u. U. mehrere gleichartige GE sofort erkennen. MSI-Strukturen sehen für den Laien meist sehr regellos aus (Random). Bei LSI-IS lassen sich zwei Strukturtypen sofort unterscheiden:

1. Array-Strukturen mit großen regelmäßigen Feldern von Wiederholstrukturen,
2. Random-Strukturen mit scheinbar regellosem Aufbau, der allerdings mehr oder minder große Arrays als Elemente enthält.

Zum ersten Typ gehören Speicher aller Art, sie realisieren nur sehr einfache spezialisierte Funktionen des Lesens, evtl. Schreibens oder Programmierens und Löschens und des Speicherns größerer Datenmengen. Es ergeben sich großflächige Speicher-Arrays und um diese herum die Adreßdekodierung, Steuerung (C) und Lese/Schreib-Elektronik [2.28, 2.30, 2.31].

Ebenfalls zum ersten Typ gehören einige sog. Kundenentwurfssysteme, die mit festen Chiprastern für Zellenanordnungen arbeiten. Aus diesen Zellen konfiguriert der Auftraggeber/Kunde seinen Chipentwurf. Das sind zeilen-, spalten- oder mosaikartige Anordnungen (Master-Slices).

Zum zweiten Typ gehören alle möglichen speziellen IS-Entwürfe für Hochstückzahlanwendungen. Es gehören dazu insbesondere die *Mikroprozessoren* und *Mikrorechner-Schaltkreissysteme* bzw. *Einchip-Mikrorechner*, also die *Universal-IS der LSI/VLSI-Technik* (weiter in Kap. 5).

Tab. 2.9 stellt IS-Speicherstrukturen zusammen, die als selbständige IS oder als große Zellen auf anderen IS auftreten. Dazu gibt Abb. 2.32 die Blockschalt-

Tabelle 2.9. Speicherstrukturen von IS

Abkürzungen	Erläuterungen		Kapazität
RWM	**Lese-Schreib-Speicher**		
SAM	**mit seriellem Zugriff**, volatile; bip., MIS, CCD		
ES	Einzelschleifen-Organisation		
SR-Org.	Schieberegister, Linien, Bündel		32 ÷ 9K
LARAM/BORAM	Linien-/Blockauswahl (CCD) 16K		
SPS	serien-parallele Org. (CCD)		
CSPS-EPB			64 ÷ 256K
RAM	**mit parallelem Zugriff**, volatile		
stat.	TTL, ECL, I^2L, MOS	NDRO	1/4 ÷ 64K
dyn.	I^2L, MIS (4-,3-T-El.)	NDRO	1 ÷ 64K
	MIS (1-T-Element)	DRO	4 ÷ 256K
CAM	**mit assoziativem Zugriff**		
ROM	**Festwertspeicher (parallel)**, nonvolatile, NDRO		
ROM	**Vollformbündelkombinatorik** (RAM-Org.)		
Masken-ROM	Hersteller-Progr.		1 ÷ 1M
PROM	„Ausbrenn"-Programmierung		1 ÷ 16K
EPROM	el. Progr., UV-Löschen (F/SAMOS)		1 ÷ 64K
EEROM	el. Progr., el. Löschen (SA/SI/ATMOS)		32K
EAROM	el. Progr., el. bitweises Ändern		16K
PLA	**progrbar. Logikfelder** (Minform)		
Masken-PLA	Hersteller-Progr.		
FPLA	bipolar: „Ausbrenn"-Progr.		14E, 100U, 10A
	MIS: el. Progr., el./UV-Löschen (MNOS)		
RMM	el. veränderbare Festwertspeicher		
EAROM	oder spez. FPLA MIS		
MFM	multifunktionale Speicher (Logik in Rand-EL.)		
LIM	rechnende Speicher (Logik in Zelle)		

bilder ihrer internen Realisierung an. Teilbild d zeigt ein programmierbares *NOR-Array* als Blockbild. Es enthält *n* NOR-GE mit jeweils potentiell *m* Eingängen. Im Chipentwurf wird eine zeilen- oder spaltenparallele Anreihung der NOR nebeneinander vorgenommen, wodurch solch ein flächenoptimales Array entsteht. In den NOR werden aber nur die Eingänge, die zur Ausgangsfunktion verknüpft werden sollen, einbezogen. Bei Maskenprogrammierung sind aktive Eingänge mit Gateoxid, passive mit Dickoxid auszuführen oder nicht anzuschließen. Für

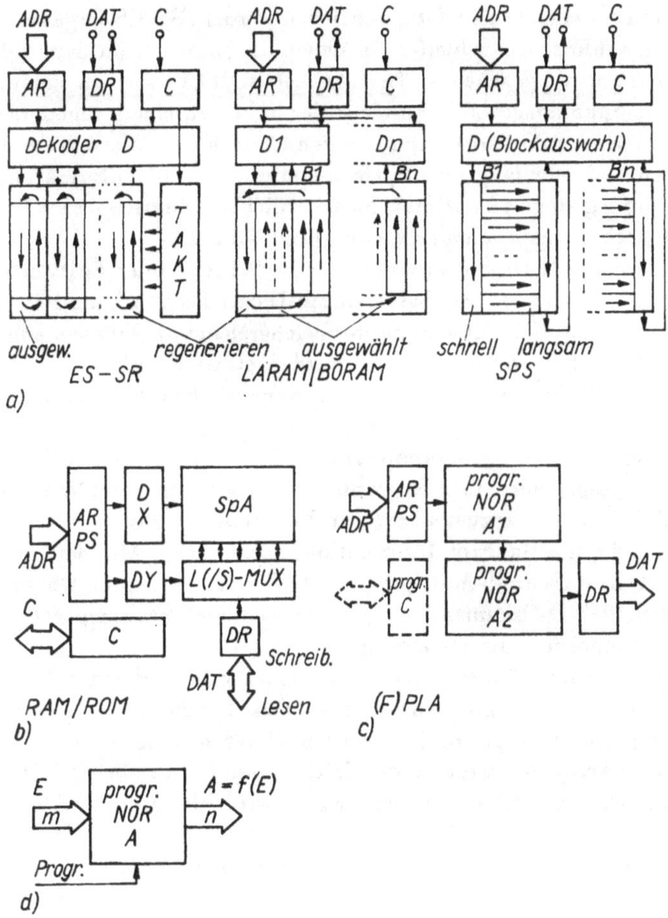

Abb. 2.32. Einfache Array-Strukturen auf IS
a) serielle Speicher (CCD-SAM)
b) parallele Lese-Schreib- und Festwertspeicher (RAM/ROM)
c) programmierbare Logikfelder (PLA)
d) programmierbares NOR-Array

eine elektrische Programmierung werden Speicher-MIS-FET oder ausbrennbare Leitbahnen (NiCr, Poly-Si) bzw. *np*-Dioden angewendet. Mit dem Programmiervorgang wird die Bündelfunktion des Array festgelegt. Soll ein Dekoder entstehen, sind $m/2$ Adreßbits mit dem wahren und dem negierten Signal einzuspeisen. Die Programmiermuster entsprechen dem Kode, sind also ganz regelmäßig. Ähnlich sehen Multiplexerstrukturen aus.

Die *seriellen Speicher* empfangen eine Adresse ADR und speichern sie im Register AR. Die Dekodierung D wählt eine (CCD-) Schieberegisterspur aus bzw.

ein Bündel. Damit kann seriell gelesen oder geschrieben werden. Bei ES-Organisation wird mit in sich geschlossenen Schleifen, in denen die Information dauernd umläuft und regeneriert wird, gearbeitet. In LARAM/BORAM wird in einem Block, oder allen, eine Spur ausgewählt und mit der linken zu einem regenerativen Umlauf geschlossen. SPS-Strukturen verwenden schnelle Verteil- und Kommutierungsspuren und sehr langsame Speicherspuren, die eine Information parallel enthalten. Damit gelingt es optimal, Speicherdichte-, Zugriffsgeschwindigkeits- und Energieverbrauchsprobleme zu lösen (Teilbild a).

Die *parallelen Speicher* (RAM-Organisation) sind Lese-Schreib- oder Festwertspeicher. Der Unterschied liegt in der Lese-Schreib-Datenelektronik und insbesondere im Speicher-Array. Die Lese-Schreib-Speicherelemente müssen eine vollständige Flipflopfunktion realisieren. Dafür werden statische FF mit z. B. 6 MIS-FET oder 1- bis 4-Transistorelemente der dynamischen MIS-Technik eingesetzt.

In Festwertspeichern werden programmierbare NOR-Arrays eingesetzt. Die Adresse ADR wird gespeichert, und es werden die negierten Adreßbits erzeugt, um die *X*- und *Y*-Dekoder anzusteuern. Der *X*-Adreßteil wählt eine Zeile, ein Wort, aus der Speichermatrix zum Informationstransfer aus. Mit dem *Y*-Adreßteil werden über Lese-Schreib-Multiplexer MUX einige bit zum Datenregister DR verbunden ($2^1/_2$-D-Organisation). Die notwendigen Steueroperationen intern und extern organisiert die Steuerung C.

ROM mit RAM-Organisation können für jedes bit einer vollständigen Schaltbelegungstabelle über die Adresse programmiert werden. Sollen UND-ODER-Normalformbündel gespeichert/programmiert werden, bietet sich dazu die PLA-Struktur an. In einem Array A1 werden die UND- und in A2 die ODER-Verknüpfungen realisiert. In vielen Anwendungen wird damit Chipfläche gespart.

Weitere Ausführungen zu diesem Problemkreis folgen im Kapitel 5.

2.4.3. Zum Entwurf integrierter Schaltungen

Obwohl heute beim Schaltkreisentwurf ein hoher Anteil der Arbeit durch Rechner unterstützt wird (CAD-computer aided design), manche Teilprozesse sogar schon automatisiert ablaufen und auch für die manuellen Prozesse komplexe Hilfs- und Rationalisierungsmittel eingesetzt werden, ist die Entwicklungsdauer nicht wesentlich gesenkt worden. Die Entwicklungskosten sind zwar nicht in gleichem Maße wie die Komplexität, aber doch erheblich gestiegen. Schon ein LSI-IS-Entwurf ist ein *mikroelektronischer Systementwurf* (Abb. 2.33). Oft ist nicht nur ein Einzelschaltkreis zu entwerfen, sondern ein ganzes Schaltkreissystem ISS, z. B. zum Aufbau von sehr variabel zu konfigurierenden Mikrorechner-Anwendersystemen (MR-AS) oder einer Familie neuer digitaler Meßgeräte [2.19, 2.21, 2.30, 2.33].

Der Entscheid für eine LSI/VLSI-Realisierung erfordert eine genaue Überprüfung aller Realisierungsmöglichkeiten. Sind die Entscheidungen gefallen, müssen von vornherein alle erkennbaren Anwendersysteme bearbeitet werden, um die optimale Auslegung des IS-Entwurfs zu sichern. Auf der Grundlage von Vergleichen und Abschätzungen kann man dazu kommen, daß die Funktion-/Strukturblöcke der Anwendersysteme auf IS aufgeteilt und ein Realisierungsetappenprogramm festgelegt werden kann. Damit beginnt der Entwurf der einzelnen IS [2.29, 2.31, 2.32].

Beim Entwurfsprozeß erfolgt eine Transformation von Vorgabedaten (Sollfunktionen und Realisierungsrandbedingungen) in Ergebnisdaten und die Fixierung einer diese Vorgaben erfüllenden herstellbaren IS-Struktur. Dabei wird der Realisierungsspielraum mehr oder weniger ausgeschöpft. Dafür ist der in

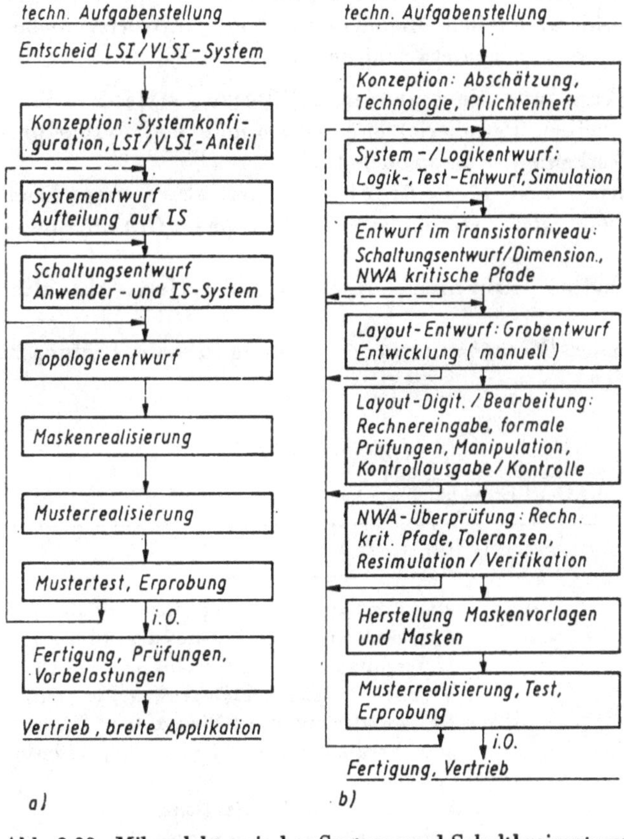

Abb. 2.33. Mikroelektronischer System- und Schaltkreisentwurf

a) Systementwurf des Anwendersystems

b) Schaltkreisentwurf

diesem Prozeß anfallende *Datenumfang* ein Haupthindernis. Wird eingangs noch meist ohne Hilfsmittel über ein Anwendersystem mit z. B. 10 bis 10^2 IS-Typen entschieden, so sind folgende Vervielfachungsfaktoren in Rechnung zu stellen: GE/IS etwa 10^4, BEF/GE etwa 2 bis 6, Koordinatenpunkte der Topologie je BEF etwa 10^2 mit 13 bis 16 bit Genauigkeit. Ein solcher Entwurf verlangt die Verwaltung und Behandlung von $2 \cdot 10^7$ bis $6 \cdot 10^8$ 13- bis 16-bit-Informationen. Ohne *Rechnerunterstützung* bringt man so etwas nicht zu Ende.

Ein weiteres Problem besteht darin, die Entwurfsdaten immer so dargestellt zu bekommen, daß richtig/falsch-Entscheidungen optimal getroffen werden können. Das bedeutet, den Prozeß nicht nur sequentiell vorwärts richtig zu organisieren, sondern in angepaßter Form (meist Simulation) *Verifikationen* einzubauen. Auch das ist ohne Rechner unmöglich. Mit dem Rechner eröffnet man auch viele Möglichkeiten, den IS-Entwurf *arbeitsteilig* und in hohem Maße *parallel* zu organisieren. Das Problem der *Überschaubarkeit* und *Entscheidbarkeit* im Entwurfsprozeß wird mit einem hierarchischen Modellaufbau und Entwurfsvorgehen gelöst. Als Arbeitsniveaus ergeben sich etwa folgende:

- Systemniveau: Struktur aus Subsystemen/ME-Blöcken (Hard-, Soft-, Firmware; Zentraleinheiten, Peripherie) und Anwendung von Systemoptimierungsmethoden (Verkehrs-, Bedienmodelle),
- Logikniveau: Struktur aus Logik-Register-Speicher, Steuerungs-Komplexen; Anwendung diskreter determinierter Simulations-, Optimierungs-, Synthesemethoden,
- Transistorniveau: Schaltungsstrukturen, Anwendung der Netzwerkanalyse (NWA),
- Topologieniveau: Flächen-/Maskenstruktur, Anwendung formaler Prüfungen, z. T. Synthesemethoden

(siehe dazu Tab. 2.10).

Tabelle 2.10. Teilsysteme im CAD-IS-Entwurf

Teilsystem	Inhalt
Schaltungsanalyse (NWA)	elektr. Schaltungs- u. Top.-Resimulation
Layout-Regelprüfung	formale Kontext- u. Entwurfsregelprüfung
interaktive Graphik	Unterstützung Dialog Graphikterminal
automat. Verbinden	Verbindungsschema (Trassierung, Routing)
automat. Anordnen	Grob- und Feinlayout (Placement)
diskrete Simulation	stat. Verifikation, dyn. Fehler (Reg.-Transfer, Logik)
Layout/Schaltg./Logik-Vergl.	Entwurfsniveau-Verifikation
Fehlersimulation	Fehlerinjektion u. -simulation
Testmustergenerierung	Verifikation u. Fertigungstestmuster
generelle Datenbank	Zusammenführung aller Entwurfsdaten

Tabelle 2.11. Strukturtypen für den LDI/VLSI-IS-Kundenentwurf

	Strukturtyp	Vorfertigung	Anwendungscharakteristik		Vorteil	Nachteil	Dauer
1.	**Zellenblock:** indiv. Verbindungen	Zellen-Array, feste Zellen-Anordnungen: Master-Slices	geringe MSI, LSI		nur spez. Verbindungsmaske, elementar nutzbar	Beschränkungen: Fläche, Laufzeit, P_V	1 W
2.	**Zellenmosaik:** indiv. Anordng./Verbindg.	Zellen-Bibliothek f. Mosaik-Raster	mittlere MSI, LSI	Stückzahl, Komplexität, Flexibilität	einfacher Entwurf	Beschränkungen: Masken, Laufzeit, P_V	1 M
3.	**Zeilenlogik:** indiv. Blockkonfigurierg.	Zellen-Bibliothek f. Zeilen-Raster: Standard-Zellen	höhere LSI (VLSI)		getrennte Logik-/Verbindungszeilen	Entwurfsaufwand: Masken	1 M
4.	**Blocklogik:** indiv. Blockkonfigurierg.	Block-Bibliothek Anpaß-Mittel Blöcke/Zellen	hohe LSI (VLSI)		sehr flexibel	Entwurfsaufwand, Entwurfsmittel	1 Jahr
5.	**ausoptimiert** manuell/CAD	Bibliotheken, Entwurfsmittel	Massen-Anw. max. Integration		max. Anpassung an Aufgabe	aufwendigster Entwurf	3 Jahre

Bei VLSI sind ganz elementare Lösungen (Master-Slices, Gate-Arrays, ULA) nicht mehr effektiv nutzbar, Zellen-/Zeilenlogiklösungen gehen in einem allgemeinen flexiblen, hierarchischen Baublockbibliotheksprogramm auf. In diesem Sinne ist die Blocklogiklösung die VLSI-typische Lösung. Sie enthält dimensionierbare ($t_V\downarrow$, $P_V\uparrow$) und konfigurierbare Blöcke (Bitreihen) und Zellen (parametrisierbare Baublöcke). Sie setzt ein ausgebautes VLSI-CAD-System voraus.

Im Prinzip ist mit Festlegungen im Systemniveau der Entwurfsspielraum der „tieferen" Niveaus schon sehr weitgehend eingeschränkt. Es kommt darauf an, so weit „oben" als möglich mit ME-relevanten Parametern (P_V, t_V, Flächenbedarf) zu arbeiten, d. h., die Entwurfsoptimierung durchgehend aufzuteilen. In Array-IS gelingt das recht einfach, in Random-IS schwieriger.

Kundenentwurf

In diesem Sinne gibt es bei einigen IS-Herstellern sog. Kundenentwurfsprogramme. Im einfachsten Falle werden Blöcke und Zellen von Schaltungskomplexen, die häufig benötigt werden, für andere Entwürfe flexibel wiederverwendbar und anpaßbar, als Entwurfsvorfertigungselemente bereitgehalten. Im anderen Extremfall wird eine Master-Slice- oder ULA (uncommitted logik array) genannte Mosaikstruktur bis auf die letzte Verdrahtungsebene *vorgefertigt*. Damit ergibt sich der geringste kundenspezifische Aufwand bei der geringsten Realisierungszeit. Die Optimalität der Lösung kann allerdings nicht sehr hoch sein. In diesem Bereich gibt es, wie Tab. 2.11 zeigt, viele Möglichkeiten für sinnvolle Zwischenlösungen.

Zum Schaltkreisentwurfssystem

Zur effektiveren Bewältigung der technologisch verfügbaren VLSI-Komplexität (z. Z. einige 10^5 Transistoren (Chip) sind prinzipiell neue Lösungen zur Entwurfsunterstützung erforderlich geworden. Diese beinhalten

- Durchgängigkeit (Daten-D.) im Sinne eines kompletten VLSI-CAD-Systemes,
- Zusammenfassung von System-/Architektur- mit Logik-, Elektrik- und Layoutentwurfsmitteln (Multi-Level-Hierarchie),
- Unterstützung innovativer Entwurfsstrategien.

So gelingt es, mit sog. Low-Risk-Strategien wie Master-Slice-, ULA- und Gate-Array-Strategien, Standardzellen-Logik/Strukturen LSI- und VLSI-IS mit sehr günstigen Entwurfs- und Realisierungszeiten und -aufwänden selbst für geringe Stückzahlen anzuwenden. Voraussetzung dafür sind entsprechende VLSI-fähige CAD-Systeme. Auf diese Weise lassen sich spezielle Finalproduktlinien weltmarktfähig gestalten, auch wenn der ME-Einsatz für sich allein nicht ökonomisch wäre.

Sogenannte High-Performance-Strategien beinhalten das weitgehende manuelle Ausoptimieren des IS-Entwurfes. Sie knüpfen an die bisherigen Entwurfsstrategien an. Diese gehen aber davon aus, daß der konkrete IS-Entwurf vom „Star"-Entwerfer im Layout niedergelegt wird und daß dieser die Elektrik- und die Logik-/Block-Ersatzschaltung dazu genau genug im Kopf hat, so daß er mit CAD-Verifikationshilfen (Simulation, Rückerkennung der Logik- und Elektrikstruktur aus dem Layout und Vergleich) die manuell entstandenen Entwurfsfehler erkennt und korrigiert. Bei VLSI steigt aber die IS-Komplexität wiederum um Größenordnungen. Es kommt darauf an, die bisherigen intuitiv-heuristischen Entwurfsansatz- und Detaillierungsarbeiten dem verfügbaren Komplexitätsniveau entsprechend systematisch-wissenschaftlich zu durchdringen und als CAD-Unterstützung bereitzustellen. Damit entsteht ein Komplex VLSI-Systementwurf im Rahmen des VLSI-CAD-Systemes, der auf Forschungsergebnissen zur VLSI-Architektur aufbaut und zunehmend Architektur- und Systementwurfsverfahren als Programmsysteme bereitstellt.

Hierdurch werden die prinzipiellen Entwurfsstrategien

— bottom-up (aufbauend, mit einfachsten Elementen beginnend),
— top-down (zerlegend, mit der globalen Aufgabenstellung beginnend),
— middle-out (von mittleren Festlegungsmöglichkeiten beginnend)

unterstützt, indem immer im Niveauübergang zwischen

— Spezifikation/Technische Aufgabenstellung,
— Architektur (Processor-memory-switch-Niveau, PMS),
— Blocklogik (Mikroprogramm-, Registertransfer-Niveau),
— Gatterlogik (Bit-Signale),
— Elektrik (Transistorschaltung),
— Layout (Maskenlayout)

der Entwerfer seine Ideen einbringen kann (top-down), er aber in allen seinen Festlegungen CAD-Unterstützung hat:

— Verifikation: Simulation und Testung,
  Rückerkennung und Vergleich,
— Arbeit mit Baublöcken aus hierarchisch angelegten Baublockbibliotheken.

Somit gelingt es, insbesondere mittels dieser Baublockbibliotheken Entwurfszeit zu sparen und Entwurfsfehler zu vermeiden, so daß VLSI-IS mit 10^5 Transistoren/Chip nach High-Performance-Strategien mit einigen 10 Mannjahren (Rechnerarchitektur-, CAD-, Schaltungs- und Layoutspezialisten-Teams) entwerfbar sind — das erfordert nicht entscheidend mehr als bisher bei LSI-IS.

Solch ein VLSI-CAD-System ist eingebettet in den Gesamtkomplex der Fertigungsvorbereitung/Verfahrenssteuerung. Das CAD-System

— übernimmt vom CAT- (computer-aided testing, Halbleiterherstellungsprozeßsteuerung) System die Layoutentwurfsregeln (DR, design rules) und die Schaltelemente-Modelle und Parametersätze,
— übergibt an das CAM- (computer-aided manufacturing, Produktionssteuerung) System zur Masken-/Schablonenrealisierung die Layoutdaten des IS-Entwurfes (IS-Struktur),
— übergibt an das CAM-System zur IS-Testung die IS-Test-Programme für die verschiedenen Testaufgaben (IS-Musterinbetriebnahme, IS-Produktion) gemäß den in der IS-Spezifikation und damit im Pflichtenheft vereinbarten Festlegungen zu IS-Funktion und -Verhalten.

Das CAD-System selbst baut grundsätzlich auf dem Komplex Layoutentwurf auf, mit dem die Hauptmenge der Entwurfsdaten erzeugt wird. Er beinhaltet

— CAD-Unterstützung beim Layoutentwurf
  - Dialog an Graphik- (Farb-) Bildschirmsystemen,
  - Vereinfachungen mit sog. symbolischen und automatischen Layoutgenerierungsverfahren (lokal, DR-gerecht),
  - Nutzung von Baublockbibliotheken,

— CAD-Unterstützung zur Verifikation (global und lokal)
  - Entwurfsregelprüfung (DRC),
  - Rückwandlung ins Elektrik- und Logikniveau, gegebenenfalls Vergleich (Isomorphie mit manuell erstellten Entwürfen dieser Niveaus — Strukturvergleich),
  - Simulation und Testsatzgenerierung (Verhaltensvergleich) (Blocklogik, Gatterlogik, Elektrik; Multi-Level-Verfahren).

Zusätzlich zu diesem Komplex Layoutentwurf und Verifikation und dem oben angeführten Komplex VLSI-Systementwurf ist ein dritter maßgebender Komplex herauszustellen:

Das Entwurfsdatenbasissystem mit den Anteilen

— Datenbasis der Programmsysteme (alle CAD-PS),
— Datenbasis für aktuelle IS-Entwürfe (mit Multi-Level- und Versions-Datenkopplungen, spez. Zugriffssteuerungen),
— Datenbasis für permanente Entwurfsdaten und Parametersätze (Baublockbibliotheken, Schaltelementemodelle/-parametersätze, Entwurfsregeln ...),
— zentrale Zugriffssteuerung/-koordination.

Das Entwurfsdatenbasissystem stellt die Grundlage für die Durchgängigkeit und Effektivität des gesamten VLSI-CAD-Systemes dar, der VLSI-Systementwurf die Grundlagen dafür, sich überhaupt die Aufgabe von VLSI-IS stellen zu dürfen (außer einfachsten Arraystrukturen: DRAM).

2.5. Ergänzungen

Die bisherigen Betrachtungen zu schaltungstechnischen Aspekten der ME waren vorrangig den Problemen der Silizium-IS gewidmet, da ihnen z. Z. und in naher Zukunft die ausschlaggebende Bedeutung zukommt. In dieser Ergänzung soll auf folgende wichtige Entwicklungen und Möglichkeiten hingewiesen werden, die ebenfalls mit der ME im Zusammenhang stehen:

1. Einige wesentliche diskrete Bauelemente sind ohne das Know-how der ME nicht denkbar und für sie notwendig (z. B. D- bzw. VMIS-FET als Hochvoltschalter, FET aller Art als Leistungsschalter, GaAs-FET und andere III-V-Elemente als Höchstfrequenzbauelemente);

2. die Senkung der technologisch beherrschbaren Strukturgrößen für IS (und gegebenenfalls diskrete Bauelemente) ermöglicht die Nutzung bislang nicht betrachteter Wirkprinzipien und führt zur Überlagerung der klassischen Transistoreffekte mit neuen Bauelementeeffekten;
3. die Nutzung neuer Materialien für IS mit Vorteilen für spezielle Einsatzgebiete elektronischer Bauelemente.

Abb. 2.34 weist darauf hin, daß mit GaAs ebenfalls seit einiger Zeit IS realisiert werden. Die eingesetzten Schaltungen nutzen vor allem MS-FET, seltener MIS-FET und JFET infolge der damit verbundenen Probleme. Die in der Abbildung

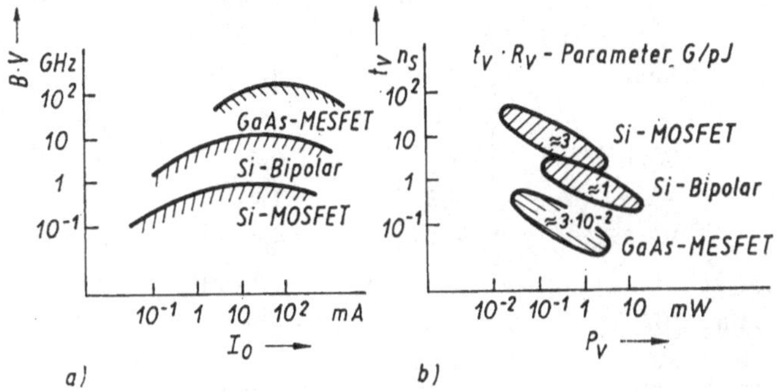

Abb. 2.34. Einsatzkennwerte für moderne Grundelemente (LSI)
a) analoge Signale: Verstärkungs-Bandbreite-Produkt gegenüber dem Stromverbrauch
b) digitale Signale: Verzögerungszeit-Verlustleistungs-Produkt zum Energieverbrauch eingeordnet

für vergleichbare min. Strukturgrößen gegenübergestellten Grundelementelösungen von IS machen deutlich, daß die GaAs-Forschung/Entwicklung für analoge Mikrowellen- und VHS-Schaltungen neue Möglichkeiten eröffnet haben.

Zur Zeit werden bereits IS mit LSI-Komplexität für digitale Anwendungen (VHSI) und solche für X-Bandabmessungen (10 GHz, 3 cm) realisiert.

GaAs-Bauelemente haben den Vorteil, daß sie prinzipiell konventionelle elektrische und optoelektrische (auch aktive: LED, Laser) Effekte bereitstellen. Darüber hinaus ermöglichen sie noch eine Vielzahl von Höchstfrequenz- bzw. Subnanosekundenbauelementeeffekten (s. w. u.). Tab. 2.12 stellt einige wichtige Kennwerte gegenüber.

In Hinsicht auf nichtklassische Bauelementeeffekte ergeben sich folgende Zusammenhänge:

Zusätzlich dazu, daß sich die klassischen BEF Bipolar- und Feldeffekttransistor auch in neuen III-V-Halbleitermaterialien für IS als maßgebliche Elemente

Tabelle 2.12. Halbleiterphysikalische Daten für Si, GaAs und InP sowie Gütefaktoren, die das Hochfrequenz- und Leistungsverhalten charakterisieren

$$Z_J = \frac{E_d^2 v_{sat}^2}{4\pi} \quad (\text{Johnson}), \qquad Z_K = \lambda(C v_{sat}/4\pi\varepsilon)^{1/2} \quad (\text{Keyes})$$

Parameter	Einheit	Si	GaAs	InP
Elektronenbeweglichkeit μ_n	$cm^2V^{-1}s^{-1}$	1900	8800	4600
Defektelektronenbeweglichkeit μ_p	$cm^2V^{-1}s^{-1}$	480	450	100
Sättigungsdriftgeschwindigkeit λ_{sat}	cms^{-1}	$1 \cdot 10^7$	$2 \cdot 10^7$	$2,5 \cdot 10^7$
Durchbruchsfeldstärke E_d	Vcm^{-1}	$2 \cdot 10^5$	$3,5 \cdot 10^5$	—
Dielektrizitätskonstante ε_{rel}	—	12	11,5	11,7
Wärmeleitfähigkeit λ	$Wcm^{-1}\,°C^{-1}$	1,5	0,5	0,7
Gütefaktor Z_J	V^2s^{-2}	$3.2 \cdot 10^{23}$	$1,9 \cdot 10^{24}$	—
Gütefaktor Z_K	$Ws^{-1}\,°C^{-1}$	$6,7 \cdot 10^7$	$3,2 \cdot 10^7$	$8 \cdot 10^7$
Beweglichkeitsprodukt $\mu_n\mu_p\sqrt{\varepsilon}$	—	$2,5 \cdot 10^4$	$5,3 \cdot 10^5$	$9,1 \cdot 10^4$
maximale Betriebstemperatur	°C	250	420	320
Bandabstand	eV	1,12	1,43	1,34

durchsetzen, werden z. Z. noch einige wichtige Wirkprinzipien überprüft, ob sie aussichtsreich sind für den industriellen Einsatz (s. auch Abb. 2.35):

- JJT (Josephson-Junction, Matisow),
- HEMT (High-electron-mobility-, Heterojunction-Transistor, Mimura).

An neuen Wirkprinzipien sind hervorzuheben:

- MOMS-T (Heißelektronentransistor mit Tunnelkathode),
- SMS-T (Heißelektronentransistor mit thermionischer Kathode),
- SIT (static induction, Watanabe),
- PBT (permeable base, Bozler).

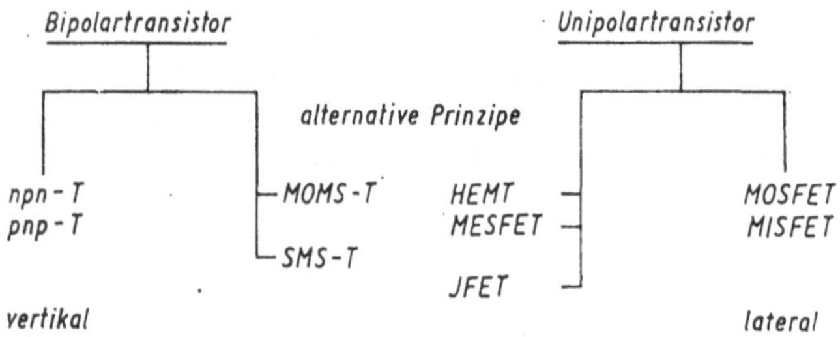

Abb. 2.35. Aktive Schaltelementeprinzipien für LSI/VLSI-IS

Für Höchstfrequenzanwendungen werden (als direkte Bauelemente) IMPATT- und Avalanche-Drift-Dioden aus Silizium und neuerdings aus GaAs wegen ihres geringen Rauschfaktors (2 db bei 12 GHz) eingesetzt. Als Oszillatoren haben sich GaAs-GUNN-Elemente eingeführt (5···50 GHz, 100 mW). Sog. TELD (transferred-electron logic devices) sind planare GUNN-Element-Logikschaltungen, die als SSI-IS integriert werden können. Damit sind auch analog-digitale (hybride) Schaltungen (z. B. ADU, DAU im GHz-Bereich) möglich.

GaAs-Bauelemente können in Zukunft weitgehend Elektronenröhrenoszillatoren (Klystrons, insbes. in Empfängern) ersetzen. SAW- (surface-acoustic wave, akustische Oberflächenwellen) Anwendungen sind mit GaAs-Bauelementen ebenfalls zu erwarten, da GaAs etwa die Gütewerte von Quarz erreicht.

Besondere Vorteile verspricht GaAs aber durch die prinzipielle Möglichkeit, alle genannten Wirkprinzipien mit aktiven optoelektronischen zu verbinden. Die damit möglichen technischen Lösungen (Einschluß der integrierten Optik) sind noch nicht abschätzbar, sie werden aber einen entscheidenden Entwicklungszweig der ME darstellen.

3. Werkstoffaspekte

Im nachfolgenden Kapitel soll ein Überblick über die wichtigsten Probleme der Materialentwicklung in der Wechselwirkung zur Bauelementeentwicklung gegeben werden, da die wichtigsten Innovationen auf dem Gebiet der Festkörperelektronik meist mit neuen Werkstofftechnologien verbunden sind.

Ausgehend vom Trend der Mikroelektronik:

- Entwicklung ständig neuer Verfahren und Materialien zur Realisierung von Basistechnologien für die Strukturen im Mikro- und Submikrometerbereich mit dem Ziel der Erhöhung des Integrationsgrades,
- Anwendung mikroelektronischer Technologien auch für Bauelemente der Leistungselektronik,
- Einsatz der SOI-Technik (semiconductor on insulator) für spezielle Schaltkreise mit hohen Integrationsdichten und geringem Leistungsverbrauch,
- zunehmende Forcierung der Entwicklung von Höchstfrequenz-Bauelementen, vorzugsweise auf GaAs,

wird im folgenden versucht, die jeweils charakteristischen Entwicklungsprobleme, den Stand der Technik und die Zusammenhänge zwischen physikalischen Materialeigenschaften, Technologie und Bauelementen darzustellen.

Entsprechend der Bedeutung soll der Schwerpunkt auf die Siliziumtechnik gelegt werden. Silizium ist das Ausgangsmaterial für 90% aller Bauelemente. Galliumarsenid, Galliumphosphid und Germanium dienen als Ausgangsmaterial für die restlichen 10%.

3.1. Silizium

3.1.1. Einfluß der Entwicklung der Siliziumhalbleiterelektronik auf die Werkstoffentwicklung

Die Weiterentwicklung der Mikroelektronik zu immer höheren Integrationsgraden bis zur VSIL (very large scale integration) mit mehr als 10^6 Transistoren je Chip und die Reduzierung der Schaltzeiten ergibt eine Reihe beträchtlicher Probleme für die Materialforschung, die im folgenden diskutiert werden sollen.

Der Einfluß der in Abschn. 4.6. zusammengestellten Verfahrensentwicklungen auf das Material, auf die im Silizium enthaltenen Dotierungsinhomogenitäten, auf die Defektausbildung und alle damit verbundenen Änderungen der elektrischen Eigenschaften der Bauelemente sind unter dem Aspekt der weiteren Miniaturisierung der Strukturen in einem neuen Licht zu sehen. Wie umfangreich der noch zu bearbeitende Problemkreis ist, wird in [3.1] treffend festgestellt:

„Obwohl Si einer der am gründlichsten untersuchten Werkstoffe ist, harren immer noch viele Probleme von technologischer Bedeutung ihrer Lösung. Als erstes besteht ein Bedarf an Volumen-Silizium höherer Reinheit, der durch den zunehmenden Trend zur Mikrominiaturisierung entstanden ist. Die Mikrominiaturisierung führt zu inneren elektrischen Feldern höherer Intensität, da die Energiebandlücke gleich bleibt. Das heißt, daß unsere Kenntnisse über den Einfluß von Fremdatomen und Gitterfehlern vertieft werden müssen."

Will man die Haupttendenzen der Siliziumforschung charakterisieren, so muß man noch folgende Ergänzungen hinzufügen:

— Offensichtlich aus ökonomischen Gründen ist international keine Reduzierung, sondern vielmehr eine gewisse Forcierung und Intensivierung der Siliziumforschung festzustellen, denn die fortgeschrittenen VLSI-Technologien bedingen eine bessere Beherrschung des Grundmaterials als Voraussetzung für eine reproduzierbare und ökonomische Gestaltung des Gesamtprozesses.
— Hinsichtlich der Siliziummaterialherstellung wird intensiv an der Perfektionierung der konventionellen Kristallzüchtungsverfahren, speziell an der CZOCHRALSKI-Methode, gearbeitet. Über die Verbesserung der konventionell gezüchteten Kristalle bezüglich der Beherrschung des Einflusses der Hauptverunreinigungen Kohlenstoff und Sauerstoff und den damit verbundenen Mikrodefektproblemen wird gezielt und mit großem Aufwand geforscht. Aber auch die positive Nutzung der Sauerstoffpräzipitate in Form der Intrinsic-Getterung setzt sich systematisch in den Schaltkreistechnologien höheren Integrationsgrades durch.

Da die Ausbeuten und die elektrischen Eigenschaften bei allen Siliziumschaltkreisen durch Defekte und Verunreinigungen im Volumen, an den Oberflächen und an den Grenzflächen limitiert werden, sind die Wechselwirkungen Aufgabe einer systematischen diagnostischen Forschung.

3.1.2. Stand und Probleme der Siliziumkristallzüchtung

Qualitativ hochwertige Si-Einkristalle sind gegenwärtig das Fundament der Halbleiterindustrie. Tabelle 3.1 zeigt die charakteristischen Daten der Kristalle.

Der größte Bedarf besteht in Form von Substraten für integrierte Schalt-

Tabelle 3.1. Charakteristische Daten von CZ- und FZ-Kristallen

Parameter	CZOCHRALSKI-Kristalle	Floating-Zone-Kristalle
Kristallqualität	versetzungsfrei	versetzungsfrei
max. Durchmesser	150 mm	100 mm
stand. Durchmesser	100 mm	76 mm
Widerstandsbereiche:		
n-Type	0,005···50 Ωcm	10···300 Ωcm
p-Type	0,005···50 Ωcm	10···3000 Ωcm
Dot.-Elemente	B, P, As, Sb	B, P
Orientierung	[111]; [110]; [100]	[111]; [110]
Lebensdauer	10···50 μs	50···1000 μs
Sauerstoff-Gehalt	10^{17}...10^{18} cm^{-3}	unter der Nachweisgrenze $< 10^{16}$ cm^{-3}
Kohlenstoff-Gehalt	10^{16}...10^{17} cm^{-3}	unter der Nachweisgrenze $< 10^{16}$ cm^{-3}

kreise. Wenn auch die Reinheit des Siliziums im wesentlichen durch den chemischen Herstellungsprozeß des polykristallinen Materials bestimmt wird, so ist die Züchtung doch als gravierender technologischer Prozeß anzusehen, weil er den Grad der strukturellen Perfektion und die Homogenität der Dotierung und somit entscheidend die elektrischen Eigenschaften bestimmt.

Im vergangenen Jahrzehnt wurde die Siliziumentwicklung sehr wesentlich von den Forderungen der Leistungselektronik bezüglich der Qualitätskriterien beeinflußt. Dieses führte zu einer Forcierung der Floating-Zone-Technique. Der Entwicklungstrend der Mikroelektronik hat in jüngster Zeit die Anforderungen an das CZOCHRALSKI-Material verschärft, so daß diese Technologie wieder mehr in den Vordergrund der Materialforschung gerückt ist.

Damit ist schon gesagt, daß diese beiden Basistechnologien der Kristallzüchtung seit etwa 25 Jahren gleichberechtigt nebeneinander bestehen. In dieser Zeit erfolgte aber eine intensive Entwicklung in Richtung Verbesserung der Perfektion, verbunden mit einer ständigen Durchmessererhöhung unter gleichzeitiger Kostensenkung.

In den vergangenen Jahren wurde viel Aufwand getrieben, um eine alternative Technologie zu entwickeln. Bis zum gegenwärtigen Zeitpunkt hat sich jedoch keine neue Variante durchgesetzt. Lediglich für die Entwicklung von Solarzellen mit photovoltaischem Charakter wurden und werden neue Methoden zur Kristallherstellung propagiert. Es bleibt abzuwarten, welche sich durchsetzen wird. Man darf feststellen, daß sich bis jetzt das sog. Gießverfahren für polykristalline Siliziumblöcke mit Grobkorn eine nennenswerte Bedeutung erkämpft hat.

Etwa 80% aller verwendeten Kristalle werden gegenwärtig nach dem CZOCH-

RALSKI-Verfahren gezüchtet, das sind nach einer groben Schätzung ca. 3500 bis 4000 t Kristalle als Weltproduktion.

Der Prozeß ist häufig in seinen Einzelheiten beschrieben worden [3.2]. Halbleiterreines polykristallines Silizium wird in einen Quarztiegel eingesetzt, welcher sich in einem Graphitblock befindet. Frühere Anlagen arbeiteten mit HF-Beheizung, die Widerstandserhitzung hat sich aber mehr und mehr durchgesetzt. In das aufgeschmolzene Silizium wird ein Keim mit vorgegebener kristallographischer Orientierung eingetaucht. Schmelze und Keim rotieren in gegensinniger Richtung. Der Keim wird langsam herausgezogen. Durch Kontrolle der Temperatur der Schmelze und vorgegebener Ziehgeschwindigkeit wird der Durchmesser des Kristalls eingestellt. Der Ziehprozeß erfolgt in Inertgas-Atmosphäre.

Die Hauptmenge der Produktion wird international gegenwärtig mit 100-mm-Kristallen bestritten. Neuentwicklungen werden meist mit 125 mm Durchmesser durchgeführt. 150-mm-Kristalle werden angetestet.

Um die elektrischen Eigenschaften des Kristalls definiert einzustellen, wird eine genau kontrollierbare Menge von Dotierungsmaterial dem Silizium zugefügt. Phosphor (*n*) und Bor (*p*) sind die wichtigsten Dotanden. Speziell für niederohmige *n*-Substratkristalle wird Antimon und Arsen verwendet.

Für die Rationalisierung der Kristallproduktion ist das Einsatzgewicht von großer Bedeutung. Die Spitze dürfte hier bei 60 kg liegen. Die Herstellung von 60-kg-Kristallen mit 150 mm Durchmesser ist apparativ gelöst. Mehrere Firmen bieten Kristallziehmaschinen dieser Kapazität an, so z. B. Leybold-Heraeus das Modell EKZ 2700 oder Siltec Corp. AG 660 [3.3].

Die Zuverlässigkeit und Reproduzierbarkeit der Kristallzüchtung hängt in großem Maße von der Qualität der Anordnung zur automatischen Durchmesserkontrolle ab. Die meist verwendete Methode ist ein Infrarot-Sensor oder eine Digital-Kamera, die auf den hellen Kristall gerichtet sind. Die Information wird verwendet, um die Ziehgeschwindigkeit im Sinne der Durchmesserkonstanz zu regulieren. Die Automatisierung erlaubt, auch den Prozeß des Verdickens vom Keim zum endgültigen Kristalldurchmesser, der früher ausschließlich vom Operator durchgeführt wurde, weniger kompliziert zu gestalten.

Zur Floating-Zone-Kristallzüchtung als zweite Methode der Kristallzüchtung für Silizium ist festzustellen, daß eine Reihe von Entwicklungen, die auf ultrareinem Silizium basieren, wie Leistungsbauelemente und Detektoren, ohne diese Technik nicht möglich gewesen wäre. In den vergangenen Jahren hat das FZ-Silizium bei Neuentwicklungen von Leistungstransistoren und Thyristoren bis zu hohen Strömen und Spannungen weiter an Bedeutung gewonnen. Aber auch eine Anwendung für CCD wurde zwischenzeitlich bekannt.

Die Weltproduktion an FZ-Silizium darf auf etwa 200 bis 300 t pro Jahr geschätzt werden.

Die physikalische Ursache für die notwendige Verwendung des FZ-Siliziums liegt in der Tatsache begründet, daß wegen der bei Leistungsbauelementen erforderlichen hohen Durchbruchspannung die Dotierungskonzentration sehr niedrig liegen muß, was einen niedrigeren Bor- und Phosphorpegel im Ausfangskristall erforderlich macht. Das Verfahren arbeitet tiegelfrei.

Ein polykristalliner Stab mit einer Länge von 50···100 cm wird senkrecht in eine Kammer mit Inertgas (Argon mit geringem H_2-Zusatz) oder Vakuum gebracht, gehaltert von sog. Ziehstangen. Das Schmelzen der Zone im Stab erfolgt mittels einer Hochfrequenzspule. Die Schmelzzone kann sich entweder nach oben oder unten bewegen, wobei die erste Variante bevorzugt wird. Das kann entweder durch Bewegen des Siliziumstabes nach unten durch eine stationäre Spule oder durch Wandern der Spule entlang eines stationären Stabes geschehen. An der oberen Ziehstange ist der polykristalline Stab befestigt, auf der unteren der Kristallkeim. Beim Prozeßbeginn wird die Hochfrequenzspule benutzt, um einen Tropfen am unteren Ende des polykristallinen Stabes zu schmelzen. Durch getrennte Kontrolle der Geschwindigkeit, mit welcher der polykristalline Stab in die Spule läuft, und der Geschwindigkeit, mit welcher der Keimkristall von der Spule weggezogen wird, läßt sich die allmähliche Verdickung des wachsenden Kristalls bis zum gewünschten Durchmesser erzielen.

Als Standarddurchmesser bei der Produktion von Leistungsbauelementen darf man den 3″-Kristall ansehen. 100-mm-Kristalle können bereits routinemäßig hergestellt werden und Float-Zone-Kristalle mit mehr als 100 mm befinden sich in Entwicklung. Automatische Durchmesserkontrolle und die Steuerung des Anwachsprozesses sind die Hauptprobleme der Automatisierung des Floating-Prozesses.

Die Kristalle werden nach verschiedenen Methoden dotiert, welche darauf beruhen, daß die Dotierung bei einem Zonendurchgang durch den Stab möglichst homogen verteilt wird. Das kann beispielsweise dadurch geschehen, daß die Dotierung bereits bei der chemischen Abscheidung des polykristallinen Stabes geschieht. Von größerer Bedeutung ist die Gasdotierung, wobei ein Inertgas mit einer geringen Menge Phosphin oder Diboran versetzt wird. Das Standardmaterial liegt meist im Bereich von 10···300 Ωcm.

Für die Realisierung einer hohen Homogenität der Dotierung wurde ein neuer Prozeß entwickelt (NTD—neutron-transmutation-doping). Die Siliziumstäbe werden dazu in einen Kernreaktor eingebracht und dem Fluß thermischer Neutronen ausgesetzt. Je nach Bestrahlungsintensität und Dauer werden mehr oder weniger Siliziumatome in Phosphor nach der Reaktion

$$^{30}_{14}\mathrm{Si} + \mathrm{n} \rightarrow {}^{31}_{14}\mathrm{Si} + \cdots \gamma,$$

$$^{31}_{14}\mathrm{Si} \xrightarrow{2{,}6\mathrm{h}} {}^{31}_{15}\mathrm{P} + \cdots \beta$$

umgewandelt.

Obwohl neutronendotiertes Silizium primär für Hochleistungsbauelemente angewendet wird, versucht man, es auch für integrierte Schaltkreise einzusetzen [3.4].

3.1.3. Eigenschaften von CZ- und FZ-Kristallen

Durch die Anwendung der von DASH entwickelten Methode des Dünnziehens beim Übergang vom Keim zum endgültigen Kristalldurchmesser („necking“) gelingt es, praktisch versetzungsfreie Kristalle zu züchten. Welche Vor- und Nachteile daraus entstehen, soll später diskutiert werden.

Beide Arten von Kristallen zeigen Clusterdefekte, sogenannte „swirls“, die Defektkombinationen infolge des Vorhandenseins von Zwischengitterplätzen und Verunreinigungen darstellen.

Die Flexibilität der Kristallzüchtungsgeschwindigkeiten beim FZ-Prozeß führt zu einer besseren Eliminierung der Defekte im FZ-Silizium als bei CZ-Kristallen. CZ-Kristalle enthalten dagegen 100mal mehr Sauerstoff als FZ-Material.

Der Sauerstoff stammt aus der Reaktion des schmelzflüssigen Siliziums mit dem Quarztiegel $Si + SiO_2 \rightarrow 2\,SiO$. In ähnlicher Weise reagiert der Graphitheizer mit dem Sauerstoff, der immer in dem Schutzgas (Ar oder He) in einer Konzentration von mehreren ppm anwesend ist. Die daraus resultierenden Reaktionsprodukte CO und CO_2 lösen sich in der Schmelze und sind die Ursache für den hohen Kohlenstoffgehalt [3.5]. Aus diesen Gründen sind Sauerstoff und Kohlenstoff die wichtigsten Verunreinigungen im einkristallinen Silizium, welches nach der CZOCHRALSKI-Methode gezüchtet wurde.

Sauerstoff befindet sich in fester Lösung im Silizium, wobei die maximale Löslichkeit am Schmelzpunkt $1{,}8 \cdot 10^{18}\ cm^{-3}$ beträgt (vgl. Abb. 3.1). Sauerstoff besetzt Zwischengitterplätze im Siliziumgitter und zeigt die Bindungskonfiguration Si—O—Si oder Si_2O. Bedingt durch die rasche Abkühlung des gezüchteten Siliziumkristalls beim CZ-Verfahren und den relativ kleinen Diffusionskoeffi-

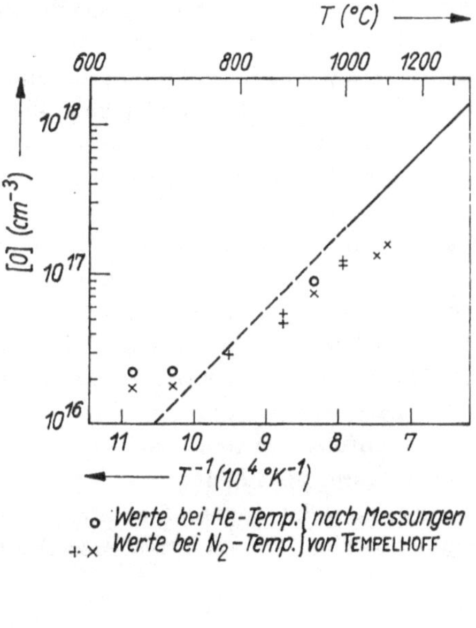

Abb. 3.1. Festlöslichkeit des Sauerstoffs im Silizium. Nach HROSTOWSKI und KAISER mit ergänzten Werten von TEMPELHOFF (Silicon semicond. Conference 1978)

zienten des Sauerstoffs bleibt dessen Hauptmenge in atomar gelöster Form in der Siliziummatrix erhalten und bildet einen übersättigten Mischkristall interstitiellen Typs. Das System Si—O befindet sich somit nicht in einem thermodynamischen Gleichgewicht. Das führt dazu, daß eine Ausscheidung des Sauerstoffs leicht möglich ist. Bei den üblichen Sauerstoffkonzentrationen der CZ-Kristalle von $10^{17} \cdots 10^{18}$ cm^{-3} und Temperaturen von 1150···1300 °C erfolgt die Ausscheidung des überschüssigen Sauerstoffs in Form von SiO_2-Präzipitaten.

Bei einer Wärmebehandlung kann der Sauerstoff mit dem Siliziumgitter andere Typen der Bindung, wie SiO_2 oder SiO_4, eingehen. Änderungen in der Sauerstoffbindung führen dabei zu Änderungen der elektrischen und strukturellen Eigenschaften des Siliziums.

Über die Nutzanwendung des Sauerstoffs wird später zu berichten sein.

Kohlenstoff besetzt direkt Gitterplätze des Siliziums, bildet somit Substitutionsmischkristalle. Die maximale Festlöslichkeit beträgt annähernd $5 \cdot 10^{17}$ cm^{-3}. Bei einer Wärmebehandlung wird die kovalente Bindung des Kohlenstoffs zum Silizium kaum verändert. Der Kohlenstoff ist im Silizium elektrisch inaktiv.

Wegen der unterschiedlichen Kristallzüchtungsprinzipien und des damit differierenden Fremdstoffeinbaus — bei der CZ-Züchtung wirkt die sogenannte Normalverteilung, während beim FZ-Prozeß die Ein-Zonen-Zug-Verteilung gilt — erhält man je nach dem Segregationskoeffizienten eine unterschiedliche Verteilung in axialer Richtung des Kristalls beim CZOCHRALSKI-Prinzip. Es bleibt nichts anderes übrig, als den Kristall in bestimmte Widerstandsbereiche mit meist einem gesonderten Anwendungsbereich zu zerteilen. Beim FZ-Prozeß erhält man dagegen einen recht guten „level“, d. h. eine etwa gleichmäßige Verteilung der Dotierung. Die mikroskopische Widerstandsvariation, die sogenannten striations, erscheinen sowohl bei CZ- als auch bei FZ-Siliziumkristallen. Sie werden durch asymmetrische Temperaturverteilungen verursacht, die zu unterschiedlichen örtlichen Wachstumsgeschwindigkeiten an der Phasengrenze Kristall/Schmelze führen und damit unterschiedliche örtliche Dotierungskonzentrationen bewirken. FZ-Kristalle enthalten mehr striations als CZ-Kristalle, weil die thermischen Bedingungen in FZ-Anlagen weniger symmetrisch als in CZ-Ziehmaschinen sind.

Zur Ökonomie der Siliziumtechnologie ist zu bemerken, daß sich mit Erhöhung des Durchmessers und der Chargengröße die Produktionskosten pro Gramm Silizium reduzieren, d. h., es werden größere Kristalle mit etwa gleicher Geschwindigkeit, wie sie zur Herstellung dünnerer benötigt wird, gezogen. In der Zeiteinheit wird mehr Silizium produziert. Mit zunehmender Kristallänge steigt die Effektivität des Prozesses außerdem dadurch, daß die Einsatz-, Start- und Ausbauzeit die gleichen sind, die eigentliche Züchtungszeit sich aber vergrößert.

Obwohl FZ-Kristalle bisher im allgemeinen teurer als CZ-Material hergestellt wurden, muß das prinzipiell nicht so sein. Bei einer adäquaten Ausreifung der Technologie könnten die Kosten vergleichbar werden. Die effektive Prozeßzeit pro Längeneinheit ist bei Floating-Kristallen geringer. „Solange jedoch die Anwender weiterhin auf größere Durchmesser drücken, wird der CZOCHRALSKI-Prozeß bis zu einem bestimmten Zeitpunkt weiterhin im Kostenvorteil sein" [3.4]. Soll das Floating-Silizium in echte Konkurrenz zum CZ-Silizium treten, müßten folgende Prämissen realisiert werden:

— Erreichung größerer Durchmesser: routinemäßige Beherrschung des 100-mm-Kristalldurchmessers bei analoger Kristallänge zum CZ-Verfahren, d. h. Einsatzgewichte 30···40 kg,
— Erreichung der gleichen Kristallausbeuten wie beim CZ-Verfahren,
— Beherrschung der niedrigen Dotierungsbereiche $< 10\,\Omega$cm,
— verbesserte thermische Stabilität der Scheiben bei den Hochtemperaturschritten,
— gezielte Ausnutzung der Materialeigenschaften durch angepaßte Bauelementeneuentwicklungen.

Daraus resultiert die Forderung nach gleichen oder niedrigeren Kosten als beim CZ-Verfahren und nach nachweisbaren Vorteilen bei den Bauelementen, z. B. höherer Ausbeute. Um diese Zielstellungen zu realisieren, muß die Entwicklung von FZ-Maschinen und Ziehtechnologien in außerordentlichem Maße intensiviert werden.

Es gibt aber noch einige andere und vielleicht noch wichtigere Grundprobleme zu bedenken:

— Sauerstoff reduziert in CZ-Kristallen bei der Wärmebehandlung, wie sie im Zyklus I etwa bei der Oxydation erfolgt, die Tendenz zur Versetzungsbildung. FZ-Kristalle sind infolge des Fehlens von Sauerstoff deshalb thermisch sehr anfällig.
— Seit die Interstitial-Sauerstoff-Getterung bekannt ist und die Kinetik verstanden wird, kann je nach O_i-Konzentration und nach der Kunden-Anwendung eine „maßgeschneiderte" Wärmebehandlung bei CZOCHRALSKI-Kristallen durchgeführt werden. Dazu ist es erforderlich, sowohl in axialer als auch in radialer Richtung im Kristall eine weitestgehende konstante O_i-Konzentration zu erzielen.

Diese Fakten veranlassen eine weltweite Forschung nach neuen Züchtungsvarianten im Sinne der Verbesserung der Kristallqualität.

3.1.4 Neue Kristallzüchtungsvarianten

Ein Hauptaspekt der konventionellen Kristallzüchtungsforschung für Tiegelverfahren ist die Verbesserung der Homogenität der Dotierungskonzentration.

So wird von BENSON [3.6] die Anwendung des bereits 1958 für kleine Kristalle entwickelten Schwimmtiegelverfahrens (vgl. Abb. 3.2) vorgeschlagen. Es soll

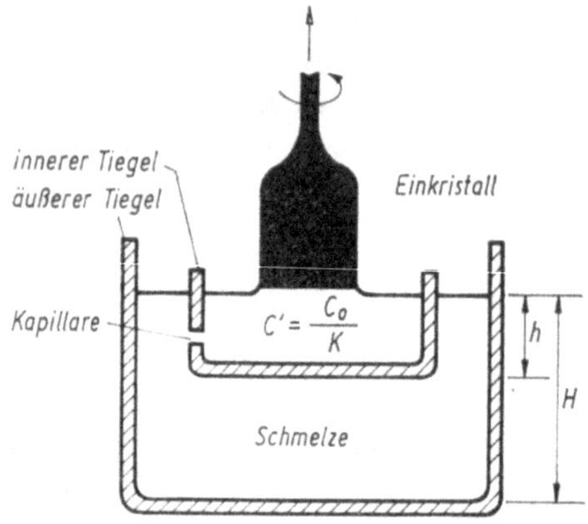

Abb. 3.2. Schematisches Prinzip des Doppeltiegelverfahrens nach [3.6]

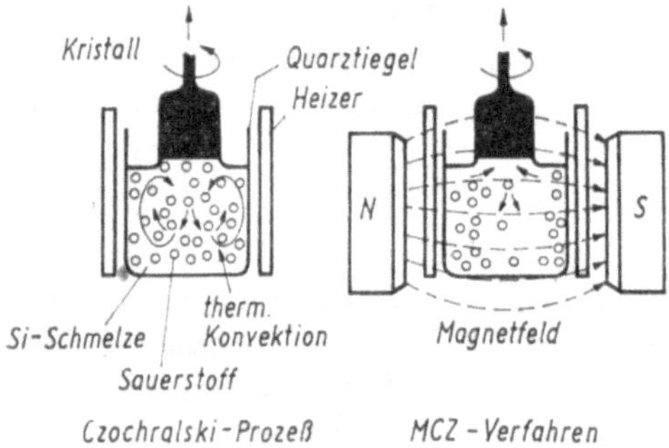

Abb. 3.3. Schematische Darstellung der CZOCHRALSKI-Kristallzüchtung mit einem transversalen Magnetfeld.
Im flüssigen Silizium entstehen elektrische Wirbelströme. Diese verbrauchen Energie und wirken den thermischen Konvektionsströmen und somit den Temperaturdifferenzen in der Schmelze entgegen.
Entnommen: COHEN, Electronica 7 (1980) 83.

eine erhebliche Verbesserung der Homogenität des axialen, aber auch des radialen Widerstandsprofils ergeben.

SUZUKI et al. [3.7] wendete ein transversales Magnetfeld ($>$ 1500 Gauß) an. Das reduziert die Wachstumsstriations und erhöht die Ausbeute an 3″-Kristallen mit $1 \cdot 10^{17}$ cm^{-3} ($\dot{\mathrm{O}}$) Sauerstoff, niedrigerer Defektdichte und einem Widerstand von etwa 380 Ωcm n-leitend (Abb. 3.3). Diese sogenannten MCZ-Kristalle sollen keine Stapelfehler, swirls oder sauerstoffbezogene Defekte in wärmebehandelten Scheiben bilden.

Um O-freie Kristalle zu erzeugen ($< 2 \cdot 10^{16}$ cm^{-3}), verwendete WATANABE [3.8] beim CZ-Verfahren reine und dichte α-Si_3N_4-Tiegel, die durch ein CVD-Verfahren durch die Reaktion von $SiCl_4$ und NH_3 auf Graphit oder gesintertem Siliziumnitridtiegel als Substrat hergestellt wurden. Die Siliziumschmelze sättigte sich mit N. Der Tiegel wurde leicht errodiert, wobei β-Si_3N_4-Whisker in die Schmelze wuchsen. Keine anderen Verunreinigungen als Bor, Phosphor, Kohlenstoff und Stickstoff wurden festgestellt.

Um thermisch-stabile FZ-Kristalle herzustellen, wurde Silizium mit Stickstoff dotiert [3.9].

Die n-dotierten FZ-Kristalle wurden durch Zusatz von N zur Argonatmosphäre oder durch Zugabe von Si_3N_4 zum polykristallinen Silizium erzeugt. Bis zu $4{,}5 \cdot 10^{15}$ cm^{-3} N (Löslichkeitsgrenze) lassen sich versetzungsfreie Kristalle erzeugen. Wärmebehandlungstests bei verschiedenen Temperaturen, in oxydierender und Argon-Atmosphäre, ergaben nach Ätz- und Röntgenuntersuchungen keine Mikrodefekte wie Präzipitationen. Änderungen der elektrischen Eigenschaften wurden nicht beobachtet.

Bezüglich des Einflusses auf Gleitungen wurde festgestellt, daß N-dotierte FZ-Kristalle bessere Eigenschaften als CZ-Kristalle aufweisen. Diese Ergebnisse können dem Floating-Material eine neue Perspektive eröffnen. Im Rahmen von Untersuchungen zur VLSI-Technologie wurden in Japan auch Versuche mit sauerstoffdiffundierten FZ-Kristallscheiben durchgeführt [3.10].

Die Scheiben wurden 18,5 h bei 1300 °C in O-Atmosphäre getempert, dann erfolgten weitere Wärmebehandlungen bei 800 und 1050 °C (64 h), um hohe Mikrodefektdichten als Getterzentren zu erzielen. Nach diesen Ergebnissen soll die Mindestsauerstoffkonzentration $5 \cdot 10^{17}$ cm^{-3} betragen.

3.1.5 Inhomogenitäten in Siliziumkristallen

Gehen wir davon aus, daß bei den modernen Züchtungstechnologien, die im Grunde alle auf der Pionierarbeit von DASH [3.11] beruhen, Versetzungen im Kristall nicht mehr vorhanden sind, so treten doch damit eine Reihe neuer Phänomene auf, welche die Siliziumforschung in den letzten Jahren stark beschäftigen.

Zunächst sei festgestellt, daß Versetzungen Punktdefekte gettern. Zu Punktdefekten sind zu zählen die Eigenfehlordnungen und die chemischen Fehlordnungen. Über die dominierenden Eigenfehlstellen, ob Leerstellen (vacancies) oder Zwischengitterplätze (interstitials), und über deren Bildungsmechanismus herrschen in der Literatur unterschiedliche Auffassungen. Es läßt sich zeigen (vgl. [3.12]), daß für eine Temperatur nahe der Schmelztemperatur die Gleichgewichtskonzentration für Zwischengitteratome $2 \cdot 10^{16}$ cm^{-3}, die der Leerstellen $4 \cdot 10^{17}$ cm^{-3} beträgt [3.13].

Eine durchgeführte Abschätzung [3.12] der in einer Scheibe zu erwartenden Fehlstellenart auf der Basis der Errechnung der Abklingzeit einer eingefrorenen

Exzeßkonzentration ergibt für die Leerstellen einen Wert von $5{,}4 \cdot 10^{-1}$ s und für die Zwischengitteratome $5{,}4 \cdot 10^{2}$ s bei 1300 K. Daraus wird geschlossen, daß beim Abschrecken von höherer Temperatur eine Exzeßkonzentration von Zwischengitteratomen wesentlich länger existiert als eine solche von Leerstellen.

Der Überschuß von Punktdefekten bewirkt das Entstehen der sogenannten swirls in versetzungsfreien Silizium-Scheiben (Abb. 3.4). Ihre Ausbildung ist mehr oder weniger anisotrop. Sie sind visuell als spiralartige oder wolkige Ringe zu erkennen und dürfen nicht mit striations verwechselt werden.

De Kock [3.14, 3.15] studierte diese Defekte und unterschied zwischen zwei verschiedenen Typen: den großen A-Clustern, welche die normalen swirl-Defekte bilden, und den viel kleineren B-Clustern, die nur in Form eines Schleiers erkennbar sind. Eine Klärung fand das Problem der Swirl-Bildung bei FZ-Silizium durch die grundlegenden Arbeiten von Föll, Gösele und Kolbesen [3.16]. Danach läßt sich der Vorgang wie folgt deuten:

Ausgangspunkt ist die bereits erwähnte Tatsache, daß Silizium am Schmelzpunkt keinen Leerstellenüberschuß, sondern einen Überschuß an Eigenzwischengitterplätzen (selfinterstitials) aufweist.

Abb. 3.4. Swirlförmige Mikrodefektanordnung in einer CZ-Kristallscheibe (O-Konz. $9 \cdot 10^{17}$ cm^{-3}, C-Konz. 10^{17} cm^{-3}).
Entnommen: Sung, Dissertationsschrift AdW d. DDR 1981.

A-swirls bestehen aus Mikroversetzungsschleifen (sogenannte loops) oder auch aus ineinander verstrickten Komplexen von solchen Schleifen, die aus Zwischengitterplätzen gebildet worden sind. Die Mikroversetzungsschleifen wirken dabei als Senke für Sauerstoff. Die von DE KOCK [3.17] als B-Defekte bezeichneten Ätzerscheinungen sind dreidimensionale Silizium-Interstitial-Cluster, die an schwerdiffundierenden Verunreinigungen wie Kohlenstoff entstehen können.

Ihr Entstehen wird durch sogenannte Rückschmelzphasen unter Bildung von Tröpfchen (droplets) flüssigen Siliziums in der festen Kristallmatrix als Folge einer Varianz der mikroskopischen Wachstumsgeschwindigkeit erklärt. Durch die Abkühlung bei der Kristallzüchtung oder eine geeignete Wärmebehandlung können die B-Defekte wachsen und zu einer Versetzungsschleife (dislocation-loop), zu einem A-Defekt kolabieren.

Nur mit Hilfe der Transmissionselektronenmikroskopie konnten die A-Defekte als Versetzungsschleifen und -ringe identifiziert werden (Abb. 3.5).

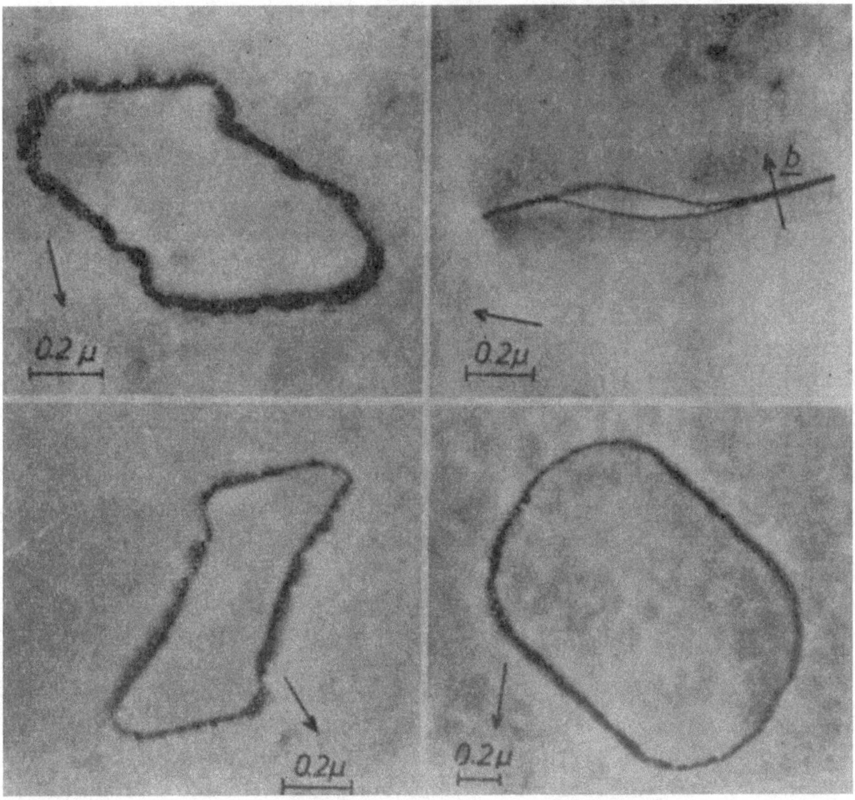

Abb. 3.5. A-swirl-Defekte (TEM-Topographie). Entnommen aus FÖLL und KOLBESEN (J. Appl. Phys. 8 (1975) 319)

Um swirl-Defekte zu studieren, werden drei Standard-Methoden angewendet:

CrO_3-HF-Mischungen lassen Ätzgruben mit flachem Boden entstehen, sie entsprechen den A-Defekten und sind mit bloßem Auge erkennbar. Die B-Defekte sind als Einzeldefekte nur mit elektronenmikroskopischen Methoden (Höchstspannungs-Transmissionselektronenmikroskopie) sichtbar zu machen. Auch röntgentopographische Methoden lassen sich mit Erfolg einsetzen. Bei CZOCHRALSKI-Einkristallen sind wegen der höheren Fremdstoffgehalte die Verhältnisse komplizierter.

Eine Zusammenfassung des Erkenntnisstandes und eine Charakterisierung der Defekte mit Hilfe der Transmissionselektronenmikroskopie führte WEIDNER [3.18] durch. Danach ergibt sich folgendes:

CZOCHRALSKI-Kristalle zeigen ungetempert nur in wenigen Fällen swirlartig angeordnete flache Ätzgruben (abhängig von unterschiedlicher Abkühlungsgeschwindigkeit?). Nach Temperungen bei mindestens 500 °C, meist aber über 700···800 °C, werden Mikrodefekte beobachtet. Die Dichte der Defekte liegt im Bereich $10^8 \cdots 10^{10}$ cm^{-3} mit swirl- bzw. wolkenartiger Anordnung.

Im einzelnen wurden mit TEM (HEM) nach Wärmebehandlungen folgende typische Strukturen gefunden [3.18]:

— Versetzungsschleifen mit Mikropräzipitaten und Präzipitaten,
— Stapelfehler mit Mikropräzipitaten,
— SiO_2-Ausscheidungen (Präzipitate) mit Versetzungsschleifen.

WEIDNER fand bei seinen Untersuchungen bereits nach einer halbstündigen Temperung bei 850 °C die Existenz von B-Defekten, nach einer 1000 °C-Temperung aber auch A-Defekte.

Bei der Bildung der A-Defekte wird vermutet, daß der Kohlenstoff als heterogener Keimbildner mitwirkt. Die Ergebnisse scheinen die Anwendung des B-Kollaps-Modells auf die Mikrodefektbildung auch bei CZ-Silizium zu rechtfertigen. Aus den experimentellen Ergebnissen wird weiterhin geschlußfolgert, daß man CZ-Si nur geeignet tempern muß, „um alle möglichen Arten von Defekten in ihm zu erzeugen", wobei auf die schädlichen Auswirkungen beim Zyklus I hingewiesen wird.

Zwei weitere Probleme, welche zur Qualitätsminderung der versetzungsfreien Kristalle führen (sie betreffen die Dotierung), sollen im folgenden diskutiert werden.

Die Kristalle zeigen in radialer Richtung auf der Scheibe in der Größenordnung mehrerer Millimeter eine mikroskopische Dotierungshomogenität. Diese tritt besonders ausgeprägt in [111]-orientierten Kristallen auf. Der Effekt entsteht durch inhomogenen Einbau der Dotierungsatome an bestimmte Kristallfacetten der Phasengrenze des wachsenden Kristalls, und zwar dort, wo die Erstarrungsisotherme gekrümmt ist. Gelingt es, durch züchtungstechnische Maßnahmen die

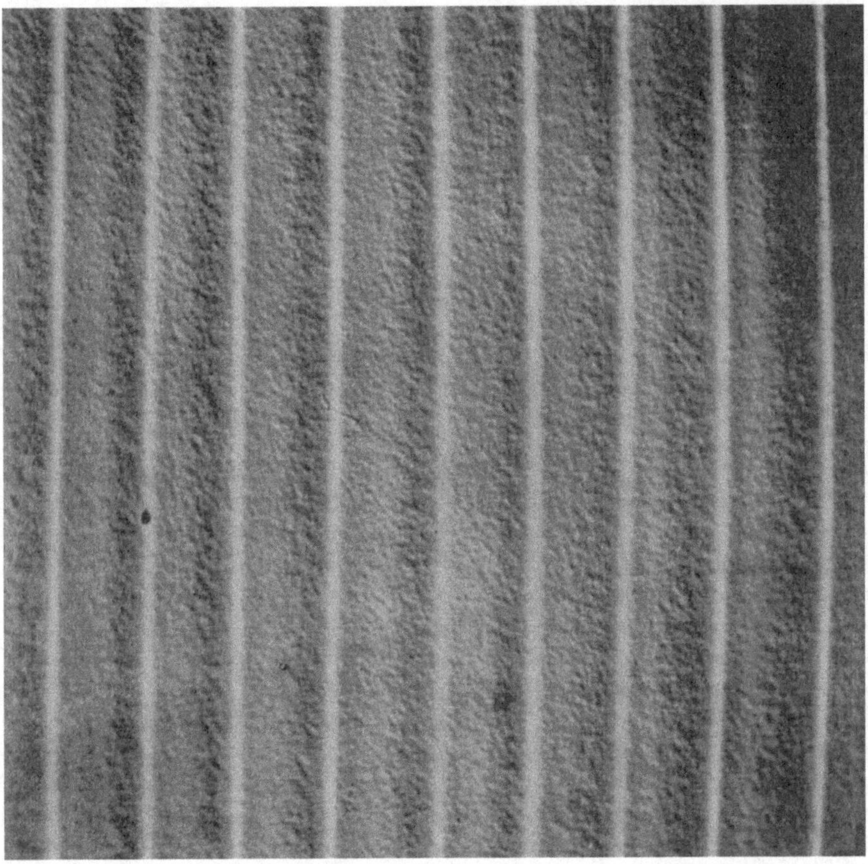

Abb. 3.6. Striations im Silizium, SE-Aufnahme (V = 99 ×), Aufnahme: H. MENNIGER ZIE/AdW der DDR

Erstarrungsisotherme so horizontal wie möglich zu gestalten, dann wird die Widerstandshomogenität entsprechend geringer.

Von großem Interesse sind speziell für die Mikroelektronik — besonders beim Übergang zur Submikrometertechnik — die mikroskopischen Inhomogenitäten, die sogenannten „striations" (Abb. 3.6). Sie liegen etwa im Bereich < 1 mm und verdanken ihre Entstehung der Variation der örtlichen Wachstumsgeschwindigkeit (Kristallrotation in einem inhomogenen Temperaturfeld), wodurch der effektive Verteilungskoeffizient beeinflußt wird [3.19], was wiederum den unterschiedlichen Einbau der Dotierung bewirkt [3.20, 3.21]. Durch züchtungstechnische Maßnahmen läßt sich diese Inhomogenität nur in gewissen Grenzen reduzieren. Orientiert man auf eine hohe Qualität in dieser Hinsicht, muß man auf die bereits geschilderte Neutronendotierung zurückgreifen.

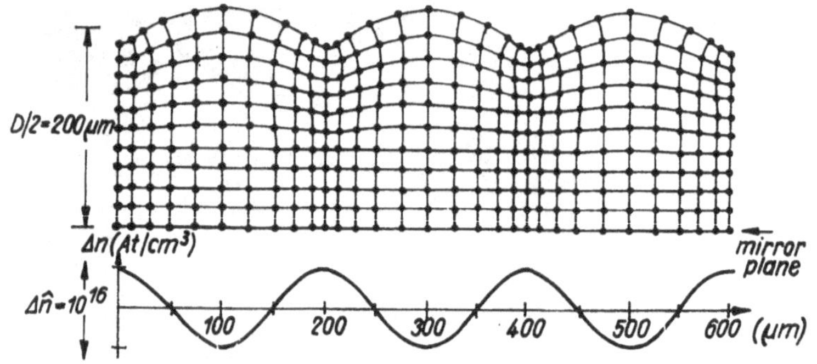

Abb. 3.7. Deformation einer Kristalloberfläche mit sinusförmig modulierter Verteilung von Fremdstoffen. Die Deformationen sind um den Faktor $2 \cdot 10^7$ vergrößert dargestellt. Entnommen: [3.22]

Bei Untersuchungen von MÖHLING, JENICHEN und KÖHLER [3.22] ließ sich mit Hilfe der Röntgentopographie feststellen, daß bis zu mittleren Phosphorkonzentrationen von 10^{13} cm^{-3} noch striations sichtbar gemacht werden können. Für Kohlenstoff tritt noch Kontrast bis weit unter der Nachweisgrenze der Infrarotabsorption auf. Als Ursache der hohen Empfindlichkeit wurden beträchtliche Gitterdeformationen an der Scheibenoberfläche gefunden. Diese ließen sich als Folge der Relaxation der mit den Konzentrationsschwankungen verknüpften elastischen Spannungen deuten.

Mittels der Elastizitätstheorie wurde ein ausgeprägtes Deformationsfeld für eine parallel zur Wachstumsrichtung orientierte Kristallplatte mit einer zunächst als sinusförmig angenommenen Modulation der Fremdstoffkonzentration errechnet (vgl. Abb. 3.7). Es wird die Aufgabe künftiger Forschung sein, den Einfluß derartiger Oberflächendeformationen bei der Submikrometer-Technologie zu prüfen.

Abb. 3.8. Kohlenstoff-Striations-Dreikristall-Röntgentopogramm, C-Konz. $2{,}5 \cdot 10^{17}$ cm^{-3}, O-Konz. 10^{16} cm^{-3}. Entnommen: [3.23].

Mit Hilfe der Röntgenplanwellentopographie untersuchte JENICHEN [3.23] die Ausbildung von striations, die von einer inhomogenen Verteilung des Kohlenstoffes im FZ-Silizium herrühren. Mit dieser Methode sind Konzentrationsschwankungen von 10^{15} C-Atome cm^{-3} nachweisbar. In den mit Kohlenstoff dotierten FZ-Siliziumkristallproben wurde eine sägezahnartige Konzentrationsverteilung vorgefunden. Die Amplitude der Konzentrationsschwankung beträgt $1 \cdots 2 \cdot 10^{17}$ cm^{-3}. Abbildung 3.8 zeigt ein Planwellentopogramm der C-striations.

3.1.6. Prozeßinduzierte Defekte

Ehe zur Diskussion der Entstehung der prozeßinduzierten Baufehler übergegangen wird, soll postuliert werden, womit die Ausgangsscheibe vom Standpunkt der Defektproblematik aus belastet ist.

In der Scheibe können enthalten sein:

- swirls, d. h. je nach den Abkühlungsbedingungen eine entsprechende Menge an A- und B-Defekten,
- Eigenfehlordnungen, besonders Interstitials,
- C und O, je nach der Züchtungsart,
- elastische Restverspannungen, die einmal auf die mechanische Kristallbearbeitung und zum anderen auf die chemischen Fehlordnungen zurückzuführen sind.

Es ist deshalb plausibel, daß bei der technologisch bedingten ersten Hochtemperaturbehandlung der Kristall einem Zustand niedriger Energie zustrebt. Unter Bildung ausgeprägter Defekte geschieht dies auch in der Praxis. Einige der wichtigsten Defekte sollen im folgenden diskutiert werden. Bezüglich der Detailinformationen sei auch auf die Arbeit von KOLBESEN und STRUNK [3.24] hingewiesen.

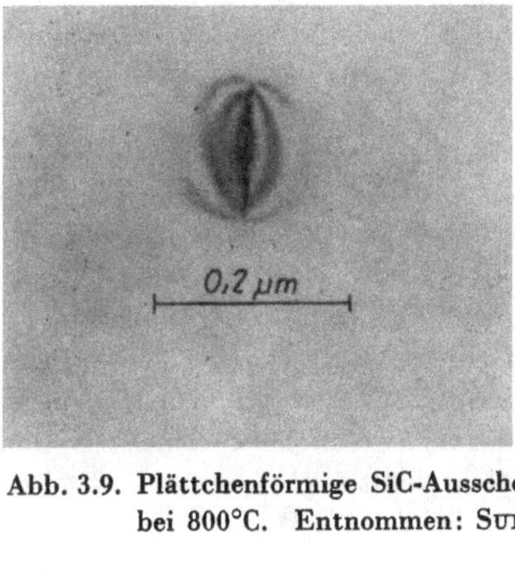

Abb. 3.9. Plättchenförmige SiC-Ausscheidung (C-Konz. 10^{16} cm^{-3}) nach 3-h-Temperung bei 800°C. Entnommen: SUNG, Dissertationsschrift A, AdW der DDR 1981.

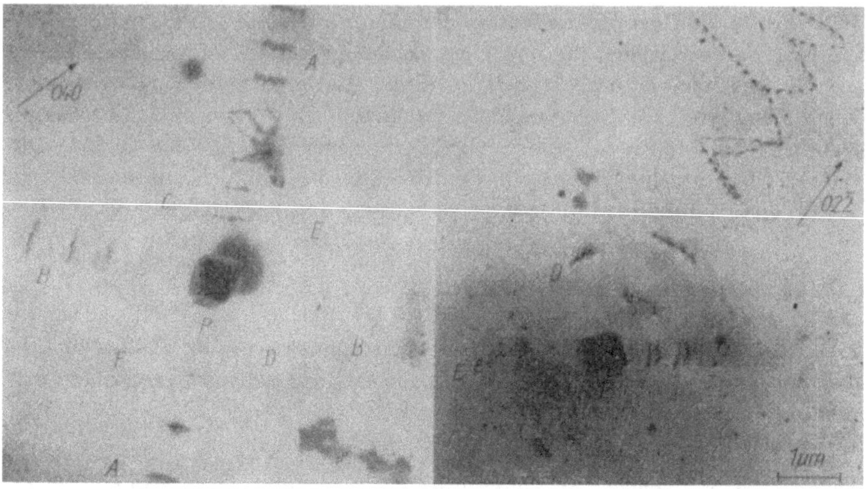

Abb. 3.10. TEM-Bild von Präzipitaten und gepunchten Versetzungsloops in ⟨110⟩-Richtung. Entnommen: YANG, KAPPERT u. SCHWUTTKE, phys. stat. sol. (a) **50** (1978) 221.

Die Ausscheidung von Eigenfehlstellen in Verbindung mit oder ohne Mitwirkung von Fremdatomen unter Bildung einer neuen kristallinen Phase bezeichnet man als Segregation. Beispiel dafür sind die Bildung von SiC (Abb. 3.9) oder die Ausscheidung von SiO_2 in Form von β-Kristoballit [3.25] (Abb. 3.10).

Kann durch elastische Verformung eine Anpassung der Dotierungsgebiete (besonders bei hoher Dotierungskonzentration), der Oxidschichten oder Segregate an das Siliziumgitter des Substrates nicht mehr erfolgen, so wird ein Misfitversetzungsnetz gebildet, wobei die Versetzungen einen BURGERS-Vektor $\boldsymbol{b} = 1/2\langle 110 \rangle$ besitzen.

Durch Gleitprozesse aus Quellen oder durch Kollabieren in Eigenfehlordnungskondensaten können Loops von vollständigen Versetzungen bis zu einigen μm Durchmesser entstehen.

Bei Punching-Prozessen werden prismatische, gleitfähige Loops gebildet.

Wohl die problematischsten Defekte sind die Stapelfehler, die sowohl im Volumen als auch in den oberflächennahen Bereichen entstehen können. Die Grundstruktur ist ein durch Partialversetzungen berandeter Loop vom FRANKschen Typ ($\boldsymbol{b} = 1/3\langle 111 \rangle$).

Phänomenologisch können Stapelfehler als eine Änderung des Schichtaufbaus des Kristalls betrachtet werden. Zu unterscheiden ist zwischen dem Extrinsic-Stapelfehler — eine parallel zur {111}-Netzebene eingeschobene Schicht — und dem Intrinsic-Stapelfehler, wo eine Atomschicht fehlt (vgl. Abb. 3.11). Stapelfehler werden sowohl bei der Epitaxie als auch bei der Oxydation gebildet.

Epitaxiestapelfehler werden dort gebildet, wo das Gitter an der Grenzfläche Substrat/Epitaxieschicht lokal gestört ist. Oxydationsinduzierte Stapelfehler entstehen als Folge der Übersättigung von Si-Interstitials, die während der Oxydation an der Grenzfläche Si/SiO_2 gebildet werden. Diese Stapelfehler haben immer Extrinsic-Charakter, während Epitaxiestapelfehler sowohl vom Intrinsic- als auch vom Extrinsic-Typ sein können.

Die Grenzlinie des Stapelfehlerbereiches ist eine ringförmig geschlossene Teilversetzung eines ungestörten Bereiches.

Als FRANKsche Teilversetzung wird die Randlinie einer parallel {111} eingeschobenen Ebene bezeichnet. Sie ist nicht gleitfähig, kann aber weiter in Teilversetzungen aufspalten. Im Diamantgitter erfolgt die bevorzugte Längenausdehnung des Stapelfehlers in der ⟨100⟩-Richtung (Loop-Form).

Der Bildungsmechanismus der oxydationsinduzierten Stapelfehler ist noch nicht eindeutig geklärt. Vorerst scheint das Modell nach FREELAND [3.26] noch am plausibelsten. Es geht von einem Sauerstoffpräzipitat mit einem Versetzungsloop aus. Bei hohen Temperaturen diffundiert der Sauerstoff zu dem Präzipitat, wodurch letzteres wächst.

Die große Volumenänderung des Präzipitates führt zur Bildung von Siliziuminterstitials an der Grenzfläche Präzipitat—Matrix. Diese Interstitials diffundieren weg und kollabieren zu einem Interstitial-extrinsic-Stapelfehler vom

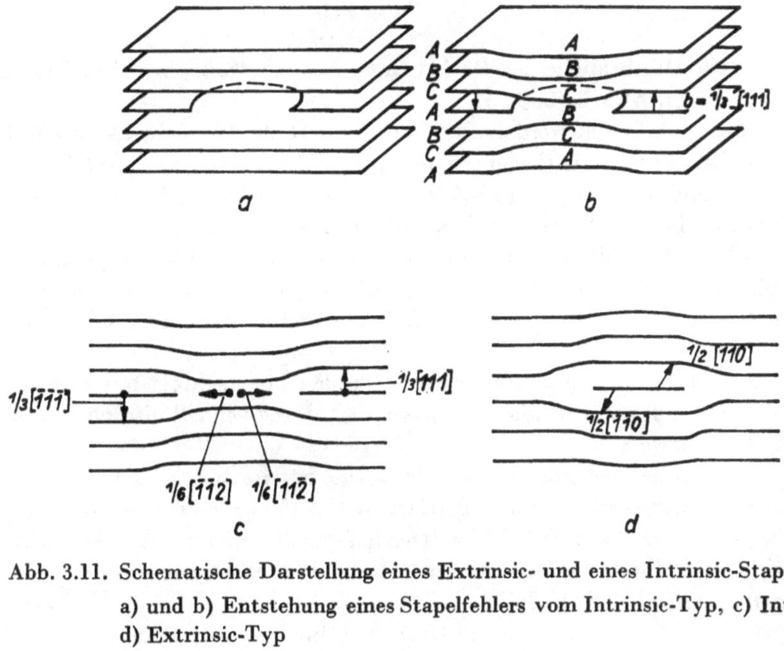

Abb. 3.11. Schematische Darstellung eines Extrinsic- und eines Intrinsic-Stapelfehlers
a) und b) Entstehung eines Stapelfehlers vom Intrinsic-Typ, c) Intrinsic-Typ, d) Extrinsic-Typ

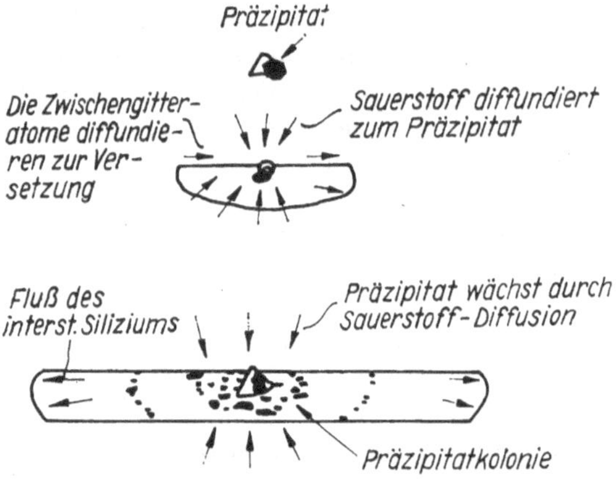

Abb. 3.12. Modell zur Entstehung eines Stapelfehlers nach FREELAND [3.26]

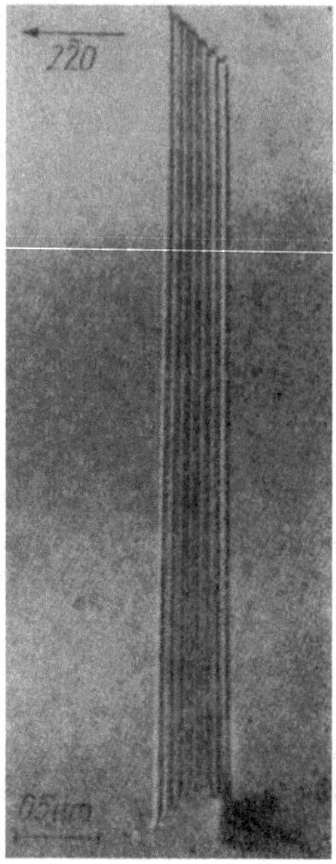

Abb. 3.13. TEM-Bild (Dunkelfeld) von Stapelfehlern. Entnommen: YANG, KAPPERT u. SCHWUTTKE, phys. stat. sol. (a) **50** (1978) 221.

FRANKschen Typ. Der Stapelfehler wächst dann in dem Maße, wie ihm Interstitials zufließen (vgl. Abb. 3.12, 3.13).

In verschiedenen Arbeiten werden Ergebnisse zur Rolle des Kohlenstoffs und des Sauerstoffs bei der Bildung thermisch induzierter Mikrodefekte vorgestellt. So fanden PEARCE und ROZGONYI [3.27], daß mit der Erhöhung des Sauerstoffgehalts oxydationsinduzierte Stapelfehler (OSF) entstehen. Unter der Berücksichtigung, daß Kohlenstoff als Keim für Swirl-Defekte im FZ-Silizium gefunden wurde [3.16], kann nicht ausgeschlossen werden, vielmehr ist zu vermuten, daß sich Kohlenstoff an der Bildung von prozeßinduzierten Defekten in CZ-Kristallen beteiligt.

Partialversetzungen und auch Stapelfehler werden bei nachfolgenden Hochtemperaturschritten durch Fremdatome, bevorzugt durch schnell diffundierende Schwermetalle, dekoriert.

Für die Entstehung der Stapelfehler sind, wie bereits beschrieben, Gitterschwachstellen verantwortlich. Für Oberflächenstapelfehler sind das: mechanische Störungen (z. B. Kratzer), Ätzmittelrückstände, ausstreichende swirl-Bänder, aber auch Implantationsschäden oder Fehlorientierungen der ⟨111⟩-Oberfläche um mehr als 2,5° [3.28].

Volumenstapelfehler entstehen an Präzipitaten und an Swirl-Defekten.

Es hat nicht an Versuchen gefehlt, die Entstehung von Stapelfehlern zu vermeiden. Ausgangspunkt der Überlegungen war der bereits besprochene Bildungsmechanismus. Zwei Faktoren sind zu berücksichtigen: Vermeidung von Kondensationskeimen und Reduzierung der Konzentration von Si-Zwischengitteratomen, da diese für das Wachsen des Extrinsic-Stapelfehlers verantwortlich gemacht werden.

Zur Unterdrückung bzw. Desaktivierung von oxydationsinduzierten Stapelfehlern sind 3 Möglichkeiten gegeben [3.29]:

- Reduzierung der Konzentration der Siliziumzwischengitteratome, die beim Oxydationsprozeß entstehen,
- Vermeidung der Kondensationskerne für die Siliziumzwischengitteratome und
- Reduzierung der Konzentration der Schwermetalle, um die elektrische Aktivität der Stapelfehler zu mindern.

Die Praxis hat gezeigt, daß es möglich ist, durch gute Polier-, Ätz- und Spülvorgänge die Oberflächenstapelfehler zu eliminieren.

Für die Vermeidung bzw. Reduzierung der Volumenstapelfehler wurden mit Erfolg nachstehende Verfahren entwickelt und in der Praxis angewendet [3.29]:

- Einsatz von Kristallen mit einer Sauerstoffkonzentration < 30 ppm, um Präzipitatbildung zu vermeiden.
- Tempern in HCl-haltiger Atmosphäre, wodurch eine Extraktion des Sauerstoffs erfolgt.
- Reduzierung der Zahl der Siliziumzwischengitteratome durch Tempern in HCl-haltiger Atmosphäre.
- Getterung der Siliziumzwischengitteratome, der Schwermetalle und möglicherweise des Sauerstoffs, wozu verwendet werden:
  - Läppen der Rückseite,
  - Anbringen einer Si_3N_4-Schicht auf der Rückseite,
  - rückseitige Ionenimplatation,
  - Rückseitendiffusion mit Ausbildung eines Versetzungsnetzwerkes,
  - außerhalb der aktiven Zone des Bauelements erfolgt die Bildung von Präzipitaten mit einem Versetzungshof [3.30]. Das Verfahren, dem wir einen gesonderten Abschnitt widmen wollen, wird als Intrinsic-Getterung bezeichnet.

Häufig wird die Oxydation in HCl-haltiger Atmosphäre, verbunden mit einer In-situ-Oberflächenreinigung, durchgeführt. Die Wirkung der HCl-Behandlung hat zwei Ursachen:

- Die Bildung bzw. das Wachstum von SiO_2-Präzipitaten wird durch Extraktion von Sauerstoffzwischengitteratomen vermindert.

— Das unvollständig oxydierte Silizium wird eliminiert, wodurch die Zahl der Siliziumzwischengitteratome gesenkt wird.

Bei den meisten Halbleitertechnologien ist der erste Schritt die Bildung einer SiO_2-Schicht. Dabei kommt es zur Ausbildung von oxydationsinduzierten Stapelfehlern im Kristall. Diese Defekte rufen nachteilige Wirkungen im Bauelement hervor [3.31, 3.32, 3.33].

Bei bipolaren Bauelementen erfolgt eine Erhöhung des Sperrstroms, wenn sich der Stapelfehler im *pn*-Übergang befindet. Eine Erhöhung des Leckstroms und des $1/f$-Rauschens tritt bei unipolaren Bauelementen dann auf, wenn sich der Stapelfehler im Kanal befindet [3.34]. Die Schädlichkeit der Stapelfehler besteht darin, daß sie bei den nachfolgenden Prozeßschritten aktiviert werden und damit entweder zur Leistungsminderung oder zum Ausfall des Bauelementes führen können.

Die Struktur der oxydationsinduzierten Baufehler läßt sich nach QUEISSER und VAN LOON [3.35] wie folgt beschreiben:

Die meisten Stapelfehler sind Defekte vom Extrinsic-Typ. Man unterscheidet je nach Lage des Keimzentrums zwischen Oberflächen- (OSF_S) und Volumenstapelfehlern (OSF_B), wobei letztere sich in einem Oberflächenbereich $< 20\,\mu m$ erstrecken. Sie haben eine kreisförmige Ausbildung mit einem Durchmesser von 2 bis 20 μm. Im Zentrum befindet sich ein SiO_2-Präzipitat, welches oft von weiteren Mikropräzipitaten umgeben ist.

Problematischer ist das Auftreten von Stapelfehlern beim Epitaxieprozeß. In der Mikroelektronik werden häufig Stapelfehlerdichten bis zu $10^2\,cm^{-2}$ zugelassen. Eine Prozeßoptimierung kann jedoch zur Stapelfehlerfreiheit führen. Sogenannte „große Stapelfehler" können bei der Epitaxie im $SiCl_4/H_2$-System auftreten, wobei ihre Größe von der Schichtdicke abhängig ist. Die Keimbildung erfolgt in der Nähe des Übergangs Epitaxieschicht—Substrat. Sie wachsen mit der Schicht entlang einer oder mehrerer (111)-Flächen [3.36]. Aus LANG-Topographien [3.37] und Ätzbefunden [3.38] ergab sich, daß die den Stapelfehlern umrandete Partialversetzung vom SHOCKLEY-Typ mit $\boldsymbol{b} = a/6\langle 112\rangle$ oder vom LOMER-COTTREL-Typ mit $\boldsymbol{b} = 1/6\langle 110\rangle$ ist.

In mikroelektronischen Strukturen wurden ausschließlich Stapelfehler vom Intrinsic-Typ gefunden [3.39]. Es wurden noch zwei Arten kleiner Stapelfehler beobachtet, deren Größe bei ca. 10 nm liegt. Sie entstehen meist in der Nähe der Grenze Substrat—Epitaxieschicht. Sie sollen durch das Kollabieren von Punktdefekten in einem späten Stadium der Schichtbildung entstehen. Somit bestimmt die lokale Übersättigung von Punktdefekten ihr Wachstum.

Interessant sind die Ergebnisse von WIDMER [3.40], wonach unter den extrem reinen Bedingungen des UHV (10^{-10} Torr) eine versetzungs- und stapelfehlerfreie Aufdampfung von Si bei 800 °C auf saubere, ausgeheizte (111)-Flächen realisiert werden kann.

Die auslösenden Faktoren für die Epitaxie-Stapelfehlerbildung sind vielfältig [3.41].

Im einzelnen sind zu nennen:

- Im Substrat vorhandene Versetzungen mit durch Segregation verstärkten Spannungsfeldern, Mikrokratzern und Gleitlinien,
- Fremdatomsegregationen, besonders bei hochrotiertem Material,
- Fremdpartikel (Staub, Ätzrückstände, Poliermittelreste u. a.), Oxidinseln und Schwermetallpräzipitate auf der Substratoberfläche,
- Erzeugung hochreiner und strukturperfekter Substratoberflächen,
- Verwendung hochqualitativer Dotierstoffe und Medien sowie hochreiner Gefäßmaterialien,
- Reduzierung der thermischen Spannungen im Substrat.

Selbst mit der bekannten Gasätzung (1200···1300 °C, $HCl + H_2$) ist es schwierig, die Stapelfehlerbildung absolut zu unterdrücken. Die elektrische Aktivität der Stapelfehler läßt sich am besten mit EBIC-Mikrogrammen [3.42] demonstrieren. In Schichten, hergestellt mit $SiCl_4/H_2$ mit aktiven Defekten, konnte Au, Cu und Ni neutronenaktivierungsanalytisch gefunden werden.

Das gesamte Problem der Entstehung der prozeßinduzierten Mikrodefekte rührt im Grunde genommen von dem Problem der Durchmesservergrößerung her. Kristalle oberhalb von etwa 30 mm Durchmesser lassen sich entweder nur nahezu versetzungsfrei oder nur mit einer solchen Dicke herstellen, die sie für die Bauelementproduktion unbrauchbar machen.

Die Anwendung versetzungsfreier Kristalle führte bei den Hochtemperaturprozessen zu den bekannten Komplikationen der Bildung der prozeßinduzierten Defekte. Ursache ist die Tatsache, daß Versetzungen eine ausgeprägte Getterwirkung auf alle Arten von Fehlstellen ausüben. Andererseits wissen wir, welche negative Auswirkung Versetzungen auf die Bauelementeeigenschaften haben. Bei den nachfolgenden Ausführungen sollen diese Fakten berücksichtigt werden.

Ziel aller Verfahrensentwicklungen für Hochtemperaturschritte im Zyklus I war und ist es, solche Verhältnisse zu finden, daß Neuversetzungsbildungen entweder völlig ausgeschlossen oder definiert als Getter verwendet werden. Mikrodefektbildung soll weitestgehend eliminiert oder wie noch zu zeigen sein wird, beherrscht werden.

Mit zunehmendem Kristalldurchmesser können zunächst allein nur durch Temperaturdifferenzen zwischen Rand und Zentrum der Scheiben bei den Hochtemperaturprozessen Versetzungen mit sehr hohen Dichten entstehen.

Der versetzungsfreie Zustand läßt sich durch ein definiertes Chargierprogramm (gesteuerte Aufheizung und Abkühlung) beibehalten. Diese Prozesse müssen oberhalb einer kritischen Temperatur, die abhängig von der Scheibendicke und vom Durchmesser ist, hinreichend langsam erfolgen.

Auf der Basis eines empirisch ermittelten, vielleicht auch teilweise rechnerisch gestützten Programms lassen sich für die jeweiligen Verfahrensverhältnisse (Durchmesser, Abstand im Boot, Bootlänge, Heizzone, Temperatur, Gasatmosphäre, Strömungsgeschwindigkeit usw.) mit automatischer Chargierung durchaus versetzungsfreie Scheiben erhalten.

Versetzungen entstehen häufig bei Diffusionsprozessen. Über ihre schädlichen Auswirkungen, z. B. Emitterpipes, ist in den letzten Jahren viel berichtet worden. Das Entstehen der Versetzungen hängt mit dem Einbau der Dotierungsatome zusammen (vgl. Abb. 3.14).

Die Versetzungsbildung bei der Diffusion wurde bereits 1952 von FRANK [3.43] beschrieben. Ihr Entstehen ist die Auswirkung des Einbaus von Substitutionsatomen, deren Ionenradien sich von denen des Siliziumgitters unterscheiden. Im Kristallgitter entstehen zunächst elastische Spannungen, die beim Überschreiten der Elastizitätsgrenze durch Versetzungsbildung abgebaut werden. Außer der Konzentration und der Ionenradiendifferenz hat auch das Konzentrationsprofil und die kristallographische Orientierung Einfluß.

Bei der P-Diffusion ist bekannt, daß bei $\langle 100 \rangle$ als Diffusionsrichtung ein rechtwinkliges Netzwerk von Stufenversetzungen mit $\boldsymbol{b} = 1/2\langle 110 \rangle$ parallel zur Oberfläche entsteht. Das Versetzungsnetz soll durch ein weitmaschiges Netz von 60°-Versetzungen vorzugsweise durch Gleitprozesse mit geringem Kletteranteil gebildet werden.

Kristallographisch nicht so eindeutig orientierte Netzwerke entstehen in der $\langle 111 \rangle$- und $\langle 110 \rangle$-Richtung, wobei die Versetzungen meist Stufencharakter aufweisen. Eine wesentliche Veröffentlichung hierzu stammt aus Japan [3.44].

Neben der Untersuchung der Anwendung zweier Diffusionselemente mit positiver und negativer Ionenradien-Differenz wurde die Versetzungsgeneration bei B- und P-Diffusion in CZ- und FZ-Silizium auch in Abhängigkeit von der Orientierung untersucht. Die wichtigsten Feststellungen für die Einfachdiffusion sind, daß zunächst $\langle 111 \rangle$-orientierte Kristalle die geringste Neigung zur Versetzungsbildung aufweisen, die Gesamtmenge des Fremdstoffs und der Konzentrationsgradient kritische Bedingungen sind und eine homogene Dotierung sich erreichen läßt, wenn aus dotiertem Oxid diffundiert wird. Simultane Diffusion von B + Ga bringt, wie theoretisch über die Radienverhältnisse erklärbar, eine Reduzierung der elastischen Spannungen. Auch P + As führen zur Versetzungsreduktion. Als Ursache wird angenommen, daß Arsen die bei der P-Diffusion freigesetzten Leerstellen einfängt und damit deren Kondensation zu Versetzungen unterbindet und außerdem die zur Versetzungsmultiplikation erforderlichen Kletterprozesse verhindert. Weiterhin soll ein Stau von Arsenatomen auf Zwischengitterplätzen nahe der Oberfläche erfolgen, wodurch die Versetzungsbildung erschwert wird.

Von Bedeutung ist es, daß zum Zusammenhang zwischen Ausgangsmaterial einschließlich Mikrodefekten und diffusionsinduziertem Defekt kaum nennenswerte Arbeiten existieren. Auch das Verhalten einmal im Bauelementeprozeß gebildeter Defekte bei den nachfolgenden Hochtemperaturschritten ist unbekannt.

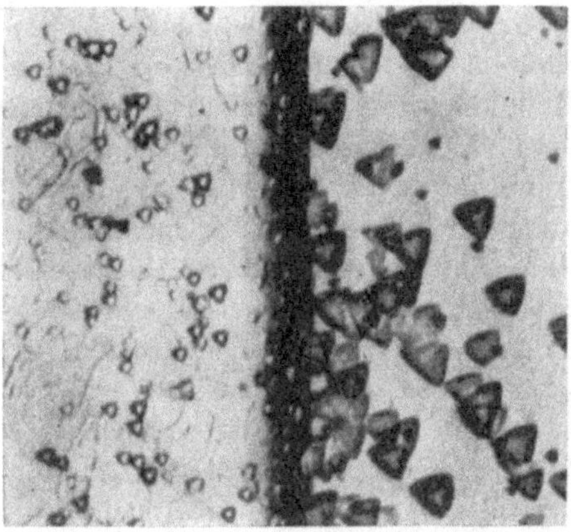

a)

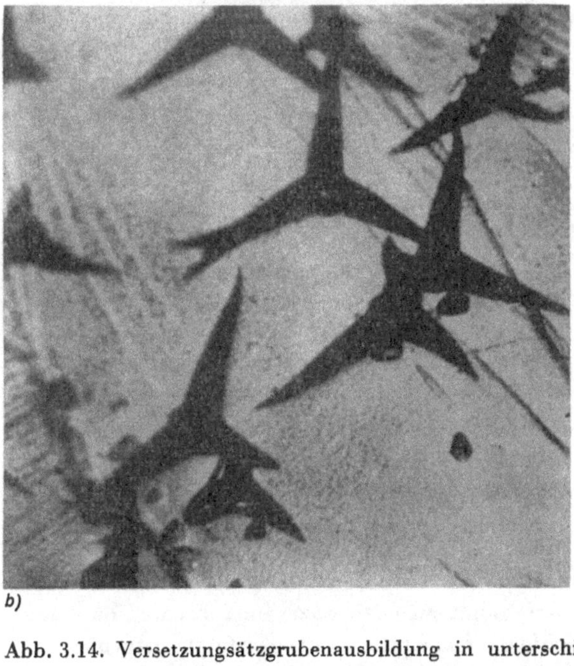

b)

Abb. 3.14. Versetzungsätzgrubenausbildung in unterschiedlich dotierten Gebieten von Bauelementstrukturen in {111}-Flächen (V = 200×)

a) linke Bildhälfte: Galliumdiffusion, $N_0 = 10^{17}$ cm^{-3},
rechte Bildhälfte: Phosphordiffusion, $N_0 = 10^{20}$ cm^{-3};

b) stark elastisch verspanntes, undotiertes Basis-Gebiet einer Leistungsgleichrichterdiode.

Entnommen: V. Mohr, Dissertation B, Univ. Rostock 1978

Über die elektrische Auswirkung von Kristalldefekten sind zahlreiche Arbeiten erschienen (s. z. B. [3.45]). Sie führen bei bipolaren Bauelementen zu Sperrstromerhöhungen und softenden Kennlinien und können zur Entstehung der Emitter-Kollektor-Kurzschlüsse führen. Sie beeinflussen bei Transistoren die Temperaturabhängigkeit und den Verlauf der Stromverstärkung negativ.

Das Problem der Versetzungsbildung taucht bei einem neuen technologischen Verfahren wieder auf. Um bei der Ionenimplantation entstandene Gitterfehler auszuheilen, um die amorphe Schicht wieder in den einkristallinen Zustand überzuführen und um Versetzungsloops und Präzipitate zu entfernen, bedient man sich in zunehmendem Maße intensiver Laserimpulse.

Durch die Laserbestrahlung schmilzt eine Siliziumschicht bis zu einer Tiefe von 1 μm auf. Narayan und Young [3.46] studierten das Verhalten von Versetzungen in Siliziumkristallen unter den Bedingungen des schnellen Schmelzens und Erstarrens. Sie erzeugten zunächst in CZ-Kristallscheiben mit (100)- oder (111)-Orientierung durch As-Implantation, Phosphordiffusion und durch plastische Deformation Versetzungen. Die nach diesen Methoden behandelten Proben wurden mit Einzelimpulsen eines Rubinlasers (Pulsdauer $20 \cdot 10^{-9}$ s, Energiedichte 1,55 Jcm^{-2}) bestrahlt. Die Schmelztiefe betrug ungefähr 0,5 μm. Als Ergebnis wurde festgestellt, daß Versetzungen vom Stufen- und Schraubentyp in der lasergeschmolzenen und erstarrten Zone auftreten, die mit $\langle 133 \rangle$-Orientierung gewachsen sind.

Dieses Beispiel wurde gewählt, um zu demonstrieren, daß es grundsätzlich bei jedem neuen technologischen Schritt notwendig ist, die Probleme der Defektbildung in Abhängigkeit von den Verfahrensparametern zu studieren.

Plastische Deformationen und damit verbundene Versetzungen können jedoch noch aus anderen Gründen entstehen. Die Anwesenheit von mechanisch verspannten Gebieten als Folge einer ungenügenden Oberflächenbearbeitung oder Verspannung an den Auflagestellen der Scheibe an den Scheibenhalterungen des Boots führt, falls die für die Bildung erforderliche kritische Spannung überschritten wird, zur Ausbildung von Versetzungen.

Beim Epitaxieprozeß können unterschiedliche Defekte auftreten. Wachstumspyramiden und Versetzungen können durch optimierte Prozeßparameter weitestgehend reduziert werden. Versetzungen können die Ursache zu steiler axialer und radialer Temperaturgradienten innerhalb der Siliziumscheiben sein. Allein die thermische Behandlung kann somit zu Gleitprozessen führen. Unabhängig von Probenstärke und vom nachfolgenden Epitaxieprozeß erfolgt, ausgehend vom Scheibenrand, das Gleiten. Bevorzugt bilden sich Stufen- und 60°-Versetzungsnetzwerke. Die Bildung setzt erst oberhalb von 1000 °C ein. Die Auflagepunkte der Scheibe an dem Boot sind besonders kritische Stellen für das Entstehen von Gleitlinien und Versetzungen. Neben optimierten Bootformen dient ein programmgesteuertes Aufheizen und Abkühlen der Scheiben in Analogie zur Diffusion, wo im Prinzip die gleichen Verhältnisse vorhanden sind, zur Vermeidung dieser Defekte.

Nach HU [3.47] ist FZ-Silizium empfindlicher als CZ-Material bezüglich der Versetzungsbildung. Nach dem Epitaxieprozeß ist die Versetzungsdichte bei FZ-Scheiben um 1 bis 2 Größenordnungen höher als bei CZ-Kristallen. Für die Klärung der Ursachen wird auf den gelösten Sauerstoff verwiesen, der in Form eines „Pinning-Effektes" dann zu einer Erhöhung der kritischen Scherspannung um den Faktor 4 führt, wenn die O-Konzentration etwa $1 \cdot 10^{17}$ cm^{-3} beträgt. Diese Lösungshärtung soll somit das Einsetzen von Gleitvorgängen beim CZ-Silizium verhindern.

Versetzungen werden auch bei selektiven Oxydationsprozessen mit Nitridmaskierung als Folge eines Spannungsfeldes in der Scheibe an den Begrenzungsrändern generiert.

Bei [3.24] findet sich eine ausführliche Diskussion dieser Phänomene und weitere Literaturzitate. Das Wesentliche der Versetzungsentstehung soll hier nur angedeutet werden: CVD-Siliziumnitridfilme haben eine elastische Intrinsic-Spannung in der Größenordnung von 10^9 Nm^{-2} (10^{10} dyn cm^{-2}). Diese Spannung verursacht eine Druckspannung im darunterliegenden Siliziumgitter mit einem Wert von etwa $1 \cdot 10^7$ Nm^{-2}. Diese hat aber die gleiche Größenordnung wie die makroskopische Spannung, die im Silizium ($1{,}5 \cdot 10^7$ Nm^{-2} bei 1050 °C, $1{,}1 \cdot 10^7$ Nm^{-2} bei 1100 °C) zur plastischen Deformation erforderlich ist. Diese Werte unterstützen die experimentellen Aussagen, daß in diesem Temperaturbereich Versetzungen durch einen 100···300 mm dicken Si_3N_4-Film, der die Scheibe vollständig bedeckt, verursacht werden.

Rechnungen von ZEYFANG [3.48] ergaben, daß die Spannung im Silizium nahe an der Kante eines verspannten Films dreimal höher ist als weiter entfernt von ihr. Das betrifft Si_3N_4-Filme mit einer Dicke größer 100 nm, gemessen an ihren Begrenzungen. Abhilfe kann eine dünne SiO_2-Schicht zwischen Silizium und Si_3N_4 schaffen. Bei einem Dickenverhältnis $SiO_2 : Si_3N_4 = 2{,}6:1$ wären die Spannungen praktisch Null. In der Praxis liegt das Verhältnis aber bei 1:2 bis 1:10.

Im Rahmen des Abschnittes „Prozeßinduzierte Defekte" scheint es zweckmäßig zu sein, die komplizierte Problematik des Verhaltens des Kohlenstoffs doch noch einmal genauer darzustellen [3.24]. Neben dem Sauerstoff gilt ihm heute das Hauptinteresse der Siliziumforschung. Es wurde bereits festgestellt, daß er etwa zwischen 10^{17} und 10^{18} pro cm^3 im CZOCHRALSKI-Silizium, aber unter der Nachweisgrenze von 10^{16} pro cm^3 im Floating-Zone-Silizium vorhanden ist. Wegen seines kleinen Segregationskoeffizienten $k_0 = 0{,}07$ verteilt er sich über die Länge des CZ-Kristalls sehr inhomogen. Das heißt, das Kristallende ist C-reicher als der Anfang. Kohlenstoff ist außerdem über dem Querschnitt nicht homogen, sondern in striations verteilt. Die Keimbildung und Entstehung von swirls wird durch Kohlenstoff gefördert. Nach [3.49] können bei Konzentrationen größer als $5 \cdot 10^{16}$ cm^{-3} ausgedehnte Kristalldefekte bei der Herstellung von Leistungsbauelementen entstehen. Diese Defekte können als Senke für Schwermetalle wirken und dadurch die elektrischen Eigenschaften der Bauelemente verschlechtern.

Im Gegensatz dazu soll Kohlenstoff in hohen Konzentrationen bei integrierten Schaltkreisen nicht zu nachteiligen prozeßinduzierten Defekten in den elektrisch aktiven Zonen führen. Von KOLBESEN und MÜHLBAUER [3.49] wird das wie folgt begründet:

- Die Prozeßbedingungen bei der Herstellung der IC sind, verglichen mit denen der Leistungsbauelemente, mäßiger und fördern die Präzipitation von Kohlenstoff nicht.
- Die aktiven Zonen der IC liegen nahe an der Oberfläche des Substrats oder der Epitaxieschicht, in welcher die Ausbildung solcher Defekte unwahrscheinlich ist.

3.1.7. Sauerstoff- und Intrinsic-Getterung

Das technologische Ziel einer sogenannten Intrinsic-Getterung ist einmal die Erzielung einer defektfreien Zone an der Oberfläche mit einer bestimmten Tiefe und die Formation von ausreichend vielen Sauerstoff-Präzipitat-Versetzungskomplexen, die bei den technologisch notwendigen Hochtemperaturschritten die eindiffundierten Schwermetallatome weggettern (vgl. Abb. 3.15). Außerdem sollen

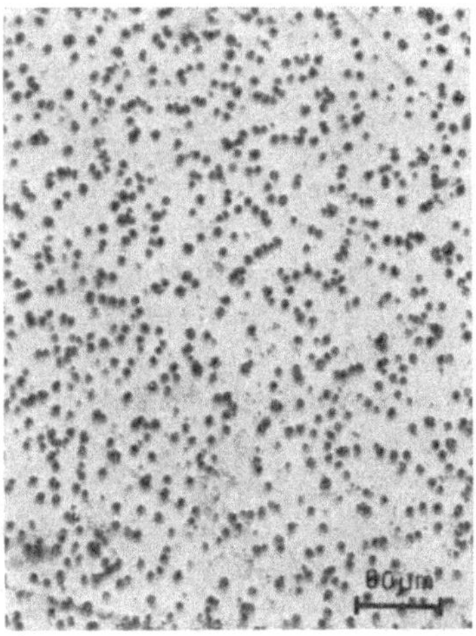

a)

b)

Abb. 3.15. Gettermikropräzipitate in einem Siliziumkristall (O-Konz. $7 \cdots 9 \cdot 10^{17}$ cm^{-3})

a) Aufnahme vom Volumen — Defektdichte in einer Tiefe von 30 µm etwa $6 \cdot 10^5$ cm^{-2} (Sirtelätzung/Schrägschliff);

b) Defektverteilung, nachgewiesen durch 1°-Schrägschliff (Sirteläztung).

Aufnahmen: B. HAHN, ZIE d. AdW der DDR (1981)

die erzeugten Sauerstoff-Präzipitat-Versetzungskomplexe eine hohe Stabilität bzw. eine hohe Regenerationsrate aufweisen, um die verschiedenen Stufen der Technologie zu überstehen.

Ausgangspunkt ist die schon mehrfach erwähnte Tatsache, daß die Formierung der Oxidpräzipitate die Entstehung prismatischer Versetzungen in der Siliziummatrix bewirkt. Die gebildeten Versetzungen können dann metallische Verunreinigungen gettern.

Die Anwendung des Systems

SiO_2-Präzipitate → gepunchte Versetzungen
→ Getterung der metallischen Verunreinigungen

wurde für CZ-Silizium mit mittlerem bis hohem Sauerstoffgehalt von Tan, Gardner und Tice [3.30] als „intrinsic gettering" bezeichnet.

Die Oxidpräzipitate und ihre ausgepunchten Versetzungen werden als SiO_2-Präzipitat-Versetzungskomplexe bezeichnet.

Wir stellten bereits mehrfach fest: Die Anwesenheit von Sauerstoff in den Czochralski-Kristallen führt bei der Hochtemperaturbehandlung von Silizium zu den verschiedensten Kristalldefekten. Deshalb wird oft formuliert, daß eine Sauerstoffkontrolle im Silizium der Schlüssel zu einer höheren VLSI-Ausbeute sei.

Zunächst sei deshalb formal festgestellt, welche Effekte bei der Wärmebehandlung von Silizium mit Sauerstoff generell entstehen können [3.50], wobei der CZ-Kristall den Sauerstoff primär in Form von Si_2O mit einigen Donatorkomplexen als SiO_2, SiO_3 und SiO_4 enthält. Durch die Wärmebehandlung werden die Komplexe wie folgt umgewandelt:

300···500 °C	Das Si_2O auf den Zwischengitterplätzen des Siliziumgitters wandelt sich um in Donatoren in Form von SiO_2-, SiO_3- und SiO_4-Komplexen.
600···750 °C	Die Sauerstoffkomplexe können zerstört werden und wandeln sich zu elektrisch inaktiven Komplexen und Präzipitaten um.
750···1000 °C	Sauerstoff präzipiert in Form von flachen Ätzgrübchen, Versetzungsschleifen und Stapelfehlern. Diese bilden Sauerstoff-swirl-Muster auf der Scheibenoberfläche.
1000···1200 °C	Interstitial-Sauerstoff und Donatoren können aus einer Oberflächenzone entfernt werden.
1350 °C	Die hohe Löslichkeit des Sauerstoffs im Silizium bei dieser Temperatur führt zum Auflösen der Cluster.

Es ist somit einleuchtend, daß die Wärmebehandlung eine sehr effektive Technik zur Kontrolle des Niveaus der prozeßinduzierten Defekte darstellt, wobei nochmals auf die Möglichkeit der Herstellung einer defektfreien Zone an der Oberfläche hingewiesen wird. Ehe jedoch etwas mehr im Detail auf diese Möglichkeit einzugehen ist, soll zusammenfassend auf die Vorteile des „kontrollierten Sauerstoffs“ im Silizium hingewiesen werden [3.50]:

— Sauerstoff hat einen „Pinning-Effekt“ für Versetzungen. Durch höhere Sauerstoffkonzentrationen kann die kritische Scherspannung heraufgesetzt werden, wodurch das thermische Gleiten beim Scheibenprozeß reduziert wird.
— Sauerstoff im Substrat verbessert die Qualität der Epitaxieschicht. SiO_2-Präzipitate wirken als Senke für das Gettern von Verunreinigungen, die beim Epitaxieprozeß eingeschleppt werden.
— Die Getterung von metallischen Verunreinigungen an den Sauerstoff-Versetzungspräzipitaten verbessert die Lebensdauer und reduziert die Sperrströme, speziell bei der Fertigung von bipolaren Anordnungen.
— Eine von Sauerstoff-induzierten Defekten freie Zone an der Oberfläche hilft Volumenstapelfehler und flache Ätzgrübchen zu vermeiden.

Hinsichtlich der Erzeugung der defektfreien Zone an der Oberfläche existieren zwei Möglichkeiten [3.51]:

— Die Ausdiffusion von Sauerstoff, so daß die Konzentration der Sauerstoffinterstitialatome nach Null geht.
— Durch eine Temperung in speziellen Medien (O_2, O_2+N_2-Gemischen mit einigen Prozenten HCl-Zuschlag) wird die Keimbildungsenergie erhöht.

Während Butler [3.50] eine Behandlung der Proben bei 1200 °C in N_2 vorschlägt, gibt Craven [3.51] Temperaturen von 900···1100 °C und als mögliche Medien N_2, trockener O_2, $N_2 + 3\% \ O_2 + 3\%$ HCl an. Die untersuchten Proben hatten einen O-Gehalt von $1{,}85 \cdot 10^{18}\ \mathrm{cm}^{-3}$. Bei O-Gehalten von $7 \cdot 10^{17}$ bis $1{,}2 \cdot 10^{18}\ \mathrm{cm}^{-3}$ wurden von Peibst und Reidt [3.51] 40 µm dicke, defektfreie Bereiche durch mehrere Varianten erzielt:

— 4 h/1100 °C/O_2 + HCl,
— 6 h/800 °C/O_2,
— 5 h/1000 °C/O_2.

Die besten Ergebnisse wurden mit trockenem Sauerstoff während der Keimbildungsstufe erzielt. Es wurde ermittelt, daß eine Temperung im Inertgas (N_2, Ar) Oberflächendefekte erzeugt, während keine gravierende Änderung der Keimbildungsrate festgestellt wurde.

Somit ist wesentlich festzustellen, daß bei diesen Sauerstoffkonzentrationen die Keimbildung der Getterzentren und die Bildung der defektfreien Zone in einem Temperprozeß erfolgen kann.

Im allgemeinen wird ein 3-Stufen-Programm vorgeschlagen [3.52]:

— Sauerstoffabreichung bei 900···1100 °C,
— Keimbildung bei 650 °C/4 h/N_2,
— Präzipitatbildung bei 1050 °C/16 h/N_2.

Zum Einfluß des Kohlenstoffs konnte festgestellt werden, daß der Kohlenstoff die Präzipitationsrate bei niedrigen Temperaturen erhöht [3.51], daß also der Effekt gegenüber der Abhängigkeit der Präzipitationsrate von der Sauerstoffkonzentration von untergeordneter Bedeutung ist. Sind aber bereits „grown-in"-Mikrodefekte vorhanden, dann haben diese einmal Einfluß auf die Konzentration der Getterdefekte, und zum anderen kann eine heterogene Keimbildung von Sauerstoff-Präzipitaten in der Oberflächenschicht kaum unterdrückt werden.

Aus all dem ist der Schluß zu ziehen, daß nur dann, wenn die Defektstruktur und der Verunreinigungsgehalt bekannt sind, eine optimale Vortemperung für eine vorgegebene Technologie erzielt werden kann. Ein universales Temperprogramm für verschiedene Materialqualitäten und verschiedene Technologien existiert nicht [3.51].

Bei der Gesamtbetrachtung sollte noch bedacht werden, daß auch der Sauerstoff nicht homogen im CZ-Kristall enthalten ist. OHSAWA et al. [3.53] fanden eine ausgeprägte Striations-Bildung mit zwei periodischen Komponenten 1 bis 2 mm und 300···500 μm in Ziehrichtung.

Nutzbringend im Sinne der Ausbeutesteigerung bei Bauelementen läßt sich die Intrinsic-Getterung jedoch nur anwenden, wenn ein Silizium mit einem kontrollierten Sauerstoffpegel in den Waferprozeß einläuft. Nach [3.50] kann mittels des sogenannten Oxitrol-Prozesses der Sauerstoff kontrolliert werden. Die typische Prozeßvarianz beträgt in einem Silizium-Kristall (Keim bis Kristallende) 16 ppm. Durch den oben genannten Prozeß kann die Varianz auf 6 ppm ($3 \cdot 10^{17}$ cm^{-3}) eingeengt werden.

Im Varianzbereich des Prozesses von 20···40 ppm ($1 \cdots 2 \cdot 10^{18}$ cm^{-3}) können die Siliziumproben mit einer Toleranz von ± 3 ppm ($1{,}5 \cdot 10^{17}$ cm^{-3}) ausgewählt werden. Diese Festlegung gilt für 100 mm Durchmesser. Der bei der Kontrolle des Sauerstoffs entstehende Aufwand soll sich jedoch als Ausbeuteerhöhung amortisieren.

3.1.8. Die Diagnostik prozeßinduzierter Defekte

In der Literatur werden die Zusammenhänge zwischen spezifischen Materialeigenschaften und Defektgeneration, insbesondere aber der Einfluß der technologisch bedingten Verfahrensschritte auf die Defektentstehung und ihre gegenseitige Beeinflussung, wenig behandelt. Besonders gravierend ist der Umstand, daß kaum untersucht wird, welchen Einfluß der $(n + 1)$-te Prozeßschritt auf die kristallographischen und elektrischen Eigenschaften von im n-ten Schritt entstandenen Defekten ausübt. Der Entwicklungstrend der Mikro- und Leistungselektronik erfordert aber eine exakte, wissenschaftliche Durchdringung dieser Probleme. Zur Aufdeckung dieser komplizierten Zusammenhänge kristallisierte sich eine eigene Arbeitsrichtung heraus — die physikalische Diagnostik. Wir wollen darunter ein festkörperphysikalisches Gebiet der angewandten

Forschung verstehen, welches das Fehlverhalten elektronischer Bauelemente, das Ursache-Wirkungsverhältnis, entstanden durch nachteilige Wechselwirkung zwischen Material und technologischen Verfahrensschritten bei der Realisierung einer vorgegebenen Konstruktion, so aufklärt, daß eine effektive Prozeßbeherrschung und -kontrolle daraus abgeleitet werden kann. Die Notwendigkeit dieser Forschungsrichtung soll durch die nachfolgenden Literaturzitate unterstrichen werden.

Von Strack, Mayer und Kolbesen [3.54] wurde über den Einfluß von Stapelfehlern bei der Herstellung von 4-Kbit-MOS-Speichern berichtet. Danach wurde gefunden, daß funktionsfähige Systeme nur aus einem stapelfehlerfreien Gebiet der bearbeiteten Kristallscheibe stammen. Gegenteilig sind die Ergebnisse von Ham [3.55], wonach im Ergebnis einer Ausbeuteanalyse in Abhängigkeit vom Ort der Kristallscheibenfläche gefunden wurde, daß in integrierten Schaltkreisen die Nullausbeute in vielen Fällen durch Instabilitäten der technologischen Parameter und nicht von Defekten verursacht wird.

Diese Sachverhalte demonstrieren, daß es notwendig ist, sich mit den Prozessen der Entstehung der Kristalldefekte in Abhängigkeit von den technologischen Verfahrensschritten intensiv zu beschäftigen.

Um eine tiefgehende Diagnostik der Defekte im Halbleitermaterial zu beschreiben, ist eine methodische Entwicklung von Untersuchungstechniken erforderlich. Dazu zählt in erster Linie die klassische metallographische Untersuchung, d. h. Ätztechniken, bevorzugt an Schrägschliffen mit Winkeln $< 1°$, und die Lichtmikroskopie. In vielen Fällen ist es erforderlich, die Scanning-Elektronenmikroskopie in der EBIC-Mode anzuwenden, insbesondere dann, wenn die Defekte elektrisch dekoriert sind. Zur genauen Identifizierung einzelner Defekte muß die Hochvolt-Transmissionselektronenmikroskopie herangezogen werden. Auch die Röntgen-Topographie ist geeignet, eingesetzt zu werden, wenn die Kontrastdeutung sicher ist. Die Defektnachweismethoden müssen ergänzt werden durch analytische Verfahren zur quantitativen Bestimmung der Verunreinigungen, als da sind die Neutronenaktivierungsanalyse, die Infrarotspektroskopie, die Deep-Level-Transient-Spektroskopie, die Elektronenspinresonanz-Spektroskopie und die Traceranalytik. Für die Erfassung der Oberflächenkontaminationen eignet sich die Auger-Elektronenspektroskopie (AES) und die Sekundärionenmassenspektroskopie besonders gut.

Mit Nachdruck soll postuliert werden, daß sich eindeutige Aussagen meist nur durch die kombinierte Anwendung mehrerer Verfahren machen lassen.

Eine gewisse zusammenfassende Orientierung zur gegenseitigen Beeinflussung Material—Defekte—Verfahrensschritte wird durch das Modell der Defektentstehung im Ablauf des Zyklus I für integrierte Schaltkreise von Rozgonyi [3.56] gegeben (vgl. Abb. 3.16). Das Modell zeigt schulmäßig die Entstehungsmöglichkeiten von Baufehlern in Abhängigkeit von den einzelnen Verfahrensschritten. Insbesondere wird auf die Bildung von Defektkeimen hingewiesen, die erst beim nächsten Verfahrensschritt zur direkten Defektausbildung führen. Am Schritt Oxydation sei das erläutert.

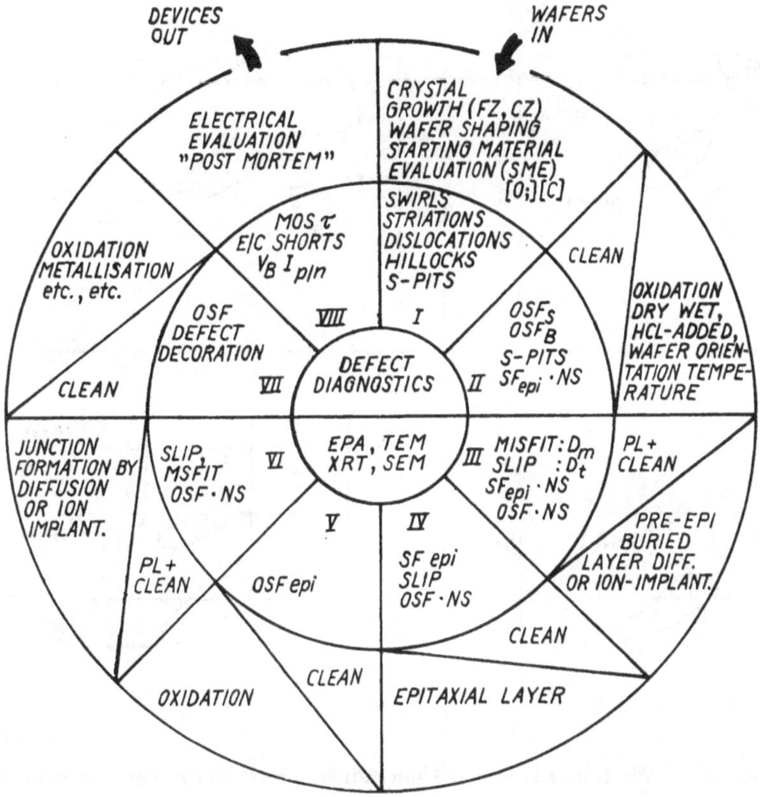

Abb. 3.16. Entstehung von prozeßinduzierten Defekten im Zyklus I (wheel of misfortune). Entnommen: [3.56]. (CLEAN bedeutet Reinigungsschritt).

Bei der Oxydation mit den Einflußfaktoren — trocken, naß oder mit HCl-Zusatz, Scheibenorientierung und Temperatur — können Volumen- und Oberflächenstapelfehler entstehen. Diese Defekte hängen von den im Vorlaufmaterial vorhandenen Störungen ab. Swirls in FZ-Scheiben oder etch-hilloks in CZ-Scheiben dienen als Keime für volumenoxydationsinduzierte Stapelfehler. Oberflächenstapelfehler, oxydationsinduziert, können aus Keimen entstehen, die von Oberflächenverunreinigungen oder vom Kristallbearbeitungsprozeß herrühren. Außerdem kann der Oxydationsschritt dazu führen, daß Keime für epitaxieinduzierte Stapelfehler generiert werden, die als saucers oder als pits nach der Oxydation erscheinen und dann mit den durch die Epitaxie gebildeten Stapelfehlern korrelieren.

Um die Wechselwirkungsmöglichkeiten zu demonstrieren, sei als Schulbeispiel eine Untersuchung von Raidt und Menninger [3.57] zitiert. Am Beispiel der oxydationsinduzierten Stapelfehler soll die Fortpflanzung und Modifizierung

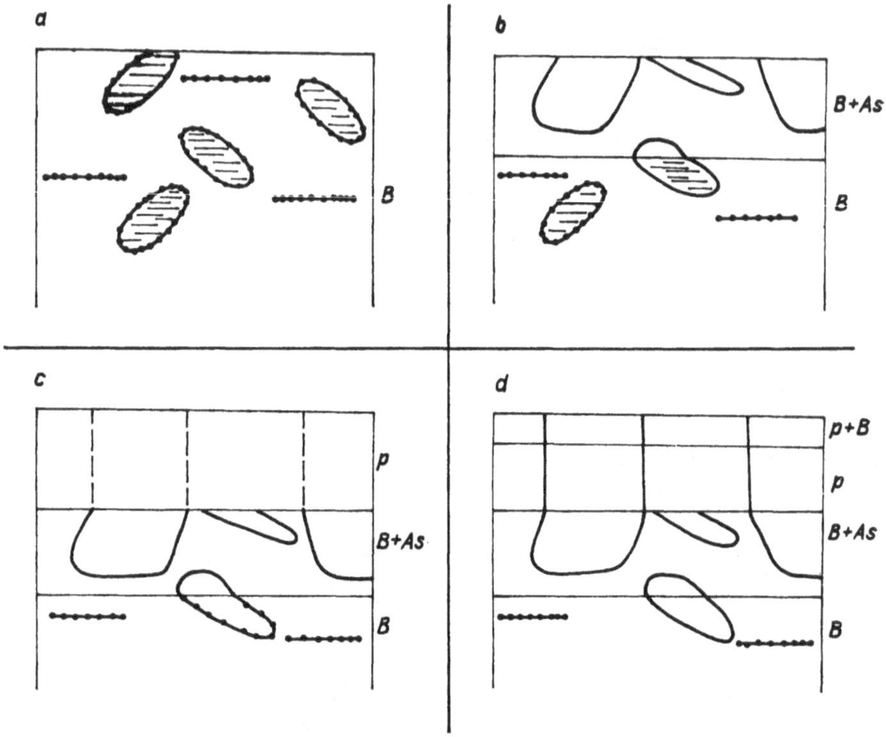

Abb. 3.17. Beispiel für die Entstehung und Umwandlung prozeßinduzierter Stapelfehler

a) Stapelfehler entstehen dekoriert bei der 1. Oxydation; b) durch die Arsen-Diffusion erfolgt die Umwandlung der Stapelfehler in vollständige Versetzungsschleifen; c) beim Epitaxieprozeß wachsen die Versetzungen in die Epitaxieschicht hinein, wo sie zunächst nicht rekombinationswirksam sind; d) bei der nachfolgenden Bor-Diffusion werden die Versetzungen aktiviert.

Entnommen: [3.57]

eines bestimmten Defekttyps über mehrere Prozeßschritte hinweg verfolgt werden. Das EBIC-Verfahren diente als Untersuchungsverfahren. Abbildung 3.17 zeigt schematisch das Versuchsergebnis.

Nach der Oxydation des Grundmaterials (CZ-Kristalle, p-Typ) wurden kreisförmige Stapelfehler (Durchmesser $\approx$ 10 μm) auf (111)-Flächen in einer Oberflächenschicht von 20···30 μm gefunden. Nur sehr wenige Stapelfehler gehen von Oberflächeninhomogenitäten aus.

Bei 300 K und 100 K zeigen die Kontraste der EBIC-Bilder lediglich die berandeten Partialversetzungen bzw. die dort abgeschiedenen Präzipitate.

Nach der anschließend durchgeführten Arsentiefendiffusion aus einer As-Silikatglasschicht bleiben nur die Stapelfehler unterhalb des neu gebildeten *pn*-Übergangs im EBIC-Bild unverändert. Im *n*-Gebiet lassen sich stark dekorierte Versetzungsschleifen bis 40 μm Weite nachweisen. In gleich behandeltem FZ-Material (ohne Stapelfehler) und CZ-Material (ohne vorherige Oxydation) treten keine bzw. andere Defekte auf. Es scheint daher, daß sich die Stapelfehler durch Versetzungsreaktion in vollständige Versetzungen umwandeln und durch Kletter- und Gleitprozesse aufweiten.

Der sich anschließende Epitaxieprozeß (10-μm-Schicht, Phosphor-Dotierung) bewirkt ein Weiterwachsen der Versetzungsschleifen, welche die Oberfläche durchstoßen, direkt in die Epitaxieschicht hinein, meist senkrecht zur Oberfläche. Die Versetzungsteilstücke in der Epitaxieschicht sind nicht rekombinationswirksam, d. h., sie sind offensichtlich nicht dekoriert. Unterhalb der Epitaxieschicht konnten keine Veränderungen festgestellt werden. Im Ergebnis der B-Diffusion für die Basis werden die inaktiven Versetzungen der Epitaxieschicht dann in voller Länge dekoriert.

Durch Tempern allein, d. h. ohne Diffusion, kann der gleiche Effekt erreicht werden. Ursache der Dekoration dürfte die Getterung schnell diffundierender Schwermetalle unbekannter Herkunft sein. Die Lehre aus dieser Untersuchung ist die, daß durch geeignete Maßnahmen (z. B. Chlorierung) die Stapelfehlerbildung vermieden werden muß, wenn versetzungsfreie Chips erhalten werden sollen.

An diesem Beispiel soll die Notwendigkeit der Anwendung der Diagnostik bei der Erarbeitung neuer Technologien demonstriert werden. Im Ergebnis des analytischen Befundes können verfahrenstechnische Maßnahmen eingeleitet werden, die wiederum überprüft werden müssen.

3.1.9. Die Diagnostik von Submikrometerstrukturen

Die Technologie zur Produktion von Schaltkreisen mit Strukturabmessungen < 1 μm bedingt eine sehr tiefgehende wissenschaftliche Erforschung. Das betrifft einmal die neuen Verfahren der Mikrostrukturierung, aber auch die erforderliche Diagnostik. Untersuchungsgegenstand sind perspektivische MOS-Strukturen mit etwa folgender Dimensionierung:

— Kanallängen < 1 μm
— Gateoxiddicken 10···50 nm
— Feldoxiddicken 300 nm
— Source- und Drainbreiten etwa 1 μm.

Für bipolare Anordnungen darf man etwa folgende Parameter annehmen:

— Epitaxieschichtdicken 0,5···1 μm
— Basiseindringtiefen 0,5 μm
— Basisweiten 0,25 μm.

Die diagnostische Problematik ist in zweierlei Hinsicht einer Komplizierung unterworfen.

Zu den Technologien der Herstellung mikroelektronischer Submikrometerstrukturen kann man neue Verfahren zählen, die teilweise bereits Eingang in die Technik gefunden haben, wie die Laser- oder Elektronenstrahlausheilung implantierter Schichten, die Kristallisation amorpher oder polykristalliner Si-Schichten durch Laser oder Elektronenstrahlaufheizung, selektive, anisotrope Trockenätzverfahren, die Elektronen-Ionen- und Röntgenstrahllithographie und möglicherweise auch die Molekularstrahlepitaxie zur Erzeugung von Übergittern.

Der Einfluß dieser und der konventionellen Verfahren auf das Grundmaterial, das Gatematerial, die Passivierungsschichten und Leitbahnen (z. B. Silizide) unter dem Aspekt der optimalen Bauelementeigenschaften muß untersucht werden.

Das zweite Problem liegt in den Nachweis- und Auflösungsgrenzen der diagnostischen Methoden bzw. der Geräte.

Eine Konzeption für die Diagnostik im Submikrometerbereich ergibt sich aus folgenden Feststellungen [3.58]:

— Die erhöhten Anforderungen an das zu verwendende Halbleitersilizium im Hinblick auf Fremdstoffgehalte und Defekte sowie deren homogene Verteilung können nur erfüllt werden, wenn die Kristallzüchtungsverfahren und die Methoden zum Nachweis elektrisch störender Defekte weiter verbessert werden.
— Die physikalischen Prozesse, die sich im Halbleiter an der Halbleiter-Isolator-Grenzfläche und in der Isolatorschicht abspielen, können nicht getrennt voneinander betrachtet werden.
— Die Weiterentwicklung der Oberflächenanalyseverfahren und anderer geeigneter Diagnosemethoden mit höherem räumlichem Auflösungsvermögen ist von entscheidender Bedeutung. Das sind Verfahren, die durch einen scharf gebündelten Elektronenstrahl als Abtastsonde ein hinreichend hohes laterales Auflösungsvermögen erreichen.

Als physikalischer Untersuchungsgegenstand sind deshalb zunächst folgende Faktoren ins Kalkül zu ziehen:

1. *Halbleiter*

   CZ-Silizium mit hoher homogener Sauerstoffkonzentration, etwa $7 \cdot 10^{17}$ cm^{-3}, und möglichst niedrigem Kohlenstoffgehalt,
   Defekte im Ausgangsmaterial,
   Entstehung neuer prozeßinduzierter Defekte,
   elektronische Eigenschaften der grenzflächennahen Bereiche (Trap-Rekombinations- und Streuprozesse).

2. *Grenzflächen* Isolator/Halbleiter; Metall/Halbleiter/Isolator/Metall

   Interface-Termspektren,

Übergangsschichten,
Phasenanalytik,
Einfluß von Strahlenschäden.

3. *Isolatorschichten* — SiO_2, Si_3N_4, Ta_2O_3, Al_2O_3

Defekte und Isolatorladungen,
Ladungsträgertransport,
Durchbruchsverhalten,
Einfluß von Strahlenschäden.

4. *Gatematerial* — Polysilizium

Struktur,
elektrisches Verhalten.

5. *Leitbahnmaterial* — Aluminium/Silizide

Interdiffusionserscheinungen,
Phasenanalytik,
Gefügeanalyse,
Elektromigration.

Die notwendigen Diagnoseverfahren lassen sich in vier große Gruppen einteilen, in die elektrischen Meßmethoden, die Elektronenmikroskopie, die elektronen- und ionenspektroskopischen und die Röntgenmethoden. Nur mit den wenigsten Verfahren kann man wegen der unzureichenden Lateralauflösung direkt am Schaltkreis messen, vielmehr muß man sich der Hilfe von Teststrukturen bedienen.

Im folgenden sollen nur einige wichtige Meßmethoden zitiert werden.

Zunächst sind fast alle Meßverfahren oberflächenanalytischer Natur. Ausnahmen bilden Röntgenverfahren und die Transmissionselektronenmikroskopie. Zu den wichtigsten elektrischen Methoden zählen das im stationären Betrieb arbeitende CV- (capacity voltage) Verfahren oder die dynamische Mode DLTS (deep level transient spectroscopy). Sie arbeiten nach dem Prinzip, Zentren dadurch zu erfassen, daß sie deren Umladung bei Variation des Fermi-Niveaus registrieren. Mit diesen Methoden lassen sich Zentren mit einer Zustandsdichte von etwa $10^9\ cm^{-2} \cdot eV^{-1}$ oder ein energetisch diskretes Zentrum der Flächendichte von $10^8\ cm^{-2}$ bestimmen [3.59].

Zur Charakterisierung tiefer Störstellen im Isolator und ihre Korrelation zur atomaren Defektstruktur sind Photolumineszenzmessungen mit VUV-Anregung und die Kathodolumineszenz notwendig. Durch Photoinjektionsstrommessung läßt sich die Raumladungsverteilung im Isolator bis nahe (etwa 2 nm) an die Grenzfläche Metall—Isolator bzw. Si—Isolator messen [3.58].

Die zweite Gruppe der Verfahren bilden die elektronen- und die ionenspektroskopischen Methoden. Betrachtet man die Empfindlichkeit, die Strahleindringtiefe (Tiefenauflösung), das laterale Auflösungsvermögen und das Analysevolumen (siehe zum Vergleich Tab. 3.2), so ist zwei Verfahren der absolute Vorzug

Tabelle 3.2. Charakteristische Daten für atomar-chemische Analysenverfahren. Die Daten sind entnommen [3.59, 3.60]

Verfahren	Empfindlichkeit in At.-%	laterale Auflösung	Tiefenauflösung in Atomlagen	Analysenvolumen in cm^{-3}
SAM	10^{-1}	0,1···1 μm	2···20	$2 \cdot 10^{-5}$
XPS (ESCA)	1,0	1 mm	2···20	10^{-9}
SIMS	10^{-4}	200 μm	1···3	$5 \cdot 10^{-10}$
RBS	10^{-2}	3 μm	8···80	

zu geben, der AES (Auger-Elektronen-Spektroskopie) wegen der guten lateralen Auflösung und der SIMS (Sekundär-Ionen-Massenspektroskopie) wegen der hohen Empfindlichkeit. Genau genommen ist nur die Auger-Elektronen-Spektroskopie für Strukturen im Submikrometerbereich anwendbar, weil der Elektronenstrahl exzellent fokussiert werden kann. Da aber die Leistungsdichte des Elektronenstrahls im Extremfall 10^7 W/cm^2 beträgt, muß eine mögliche Änderung der Oberfläche durch den Primärelektronenbeschuß berücksichtigt werden [3.61]. Das kann zu thermischen Zerstörungen, Reduktionen von Oxidschichten und Ionenwanderungen führen. Nachteilig ist noch, daß bei der Verengung des Strahldurchmessers die Elementnachweisempfindlichkeit abnimmt.

XPS (X-ray photoelectron spectroscopy) und auch ESCA (Elektronenspektroskopie für chemische Analysen) sind unter Verzicht auf die laterale Auflösung dann zu bevorzugen, wenn man zerstörungsfrei und quantitativ analysieren möchte und darüber hinaus Informationen über den chemischen Zustand benötigt.

SIMS wird dann angewendet, wenn extrem hohe Empfindlichkeiten angestrebt werden. Die Empfindlichkeit des Verfahrens hängt bei allen Elementen von Matrix-Effekten ab und schwankt um den Faktor 10^6. Dafür ist die Empfindlichkeit für einige Elemente, z. B. Na, extrem hoch (ppm- bzw. ppb-Bereich). Speziell für Implantations- oder Diffusionsprofile ist dieses Verfahren unschlagbar [3.61].

Die RBS (Rutherford backscattering spectroscopy) wird häufig verwendet, um quantitativ Dotierungsprofile in Halbleitern zu bestimmen, in jüngerer Zeit auch zur Dotierungsprofiländerung im Silizium nach einem gepulsten Laser-Annealing [3.62].

Bezüglich der Anwendung der elektronenmikroskopischen Verfahren ist anzumerken, daß allein mit der Transmissionsmode (TEM) und der Transmissions-Rasterelektronenmikroskopie (STEM) Inhomogenitäten im Submikrometerbereich untersucht werden können.

Mit TEM kann eine gute Realstrukturanalyse und eine Identifizierung von Phasen (z. B. Ausscheidungen) durchgeführt werden. STEM dient dazu, die Lage und die Art prozeßinduzierter Baufehler in *pn*-Übergängen und Raumladungszonen zu bestimmen.

Beide Verfahren haben eine Auflösung von etwa 2 nm. Sie arbeiten also nicht zerstörungsfrei, da ein Abdünnen auf 1···10 µm Si erforderlich ist [3.58].

Spitzentypen von Rasterelektronenmikroskopen haben in der Sekundärelektronenmode bei der Abbildung der Oberflächentopographie ein Auflösungsvermögen von 8 nm.

Oberflächenpotentiale lassen sich aus der Energieverlustverteilung der Sekundärelektronen bestimmen, wodurch die Analyse der Funktionsweise von Schaltkreisen und die Auffindung gröberer Defekte möglich wird. Der Strahldurchmesser (0,1 µm im statischen und 0,3 µm im dynamischen Betrieb) begrenzt das Auflösungsvermögen. Wird das Stroboskop-Prinzip angewendet, lassen sich zeitabhängige Vorgänge bis zu 10 GHz verfolgen.

Die einzige Methode, die es gestattet, die Lage und die elektrische Aktivität einzelner Baufehler sowie die Ausbildung und Lokalisierung von *pn*-Übergängen direkt zu bestimmen, ist die EBIC-Mode. Der Durchmesser der Anregungsbirne, der von der Beschleunigungsspannung abhängt, bestimmt das Auflösungsvermögen (z. B. 0,3 µm für Si bei 5 kV; 4 µm bei 25 kV) [3.58].

Welche Probleme bei der Anwendung der Scanning-Elektronenmikroskopie für Messungen an MOS-Kurzkanaltransistoren ($\approx$ 1 µm Gate-Länge) bestehen, berechnete Wilson [3.63]. So wurde eine Teststruktur entwickelt, welche direkte Messungen der Übergangspositionen und EBIC-Abbildungen der Verarmungsregionen ermöglicht. An geätzten Proben konnte eine Auflösung von 0,05 µm erreicht werden. Zur Diagnostik kompletter Schaltkreise sind die Röntgenmethoden aufgrund ihrer unzureichenden örtlichen Auflösung (einige µm) wenig geeignet. Sie sind anwendbar für makroskopische mechanische Spannungen und ausgedehnte Defekte. Zur Charakterisierung einzelner Prozeßschritte können bei Verzicht auf die laterale Auflösung Topographie und Diffraktometrie herangezogen werden.

Über zerstörungsfreie Verfahren wurde von Taruri und Takeishi [3.10] zur Diagnostik von 1-Mbit-Speichern berichtet. Das erste Verfahren, die In-situ-Logikfehleranalyse mittels Laserstrahlung (He/Ne- oder Ar-Laser) benutzt als Meßparameter den Photo-Absorptionsstrom im Chip. Die digitalisierten Videodaten werden zunächst gespeichert und dann über einen Prozeßrechner ausgewertet. Das zweite Verfahren wendet eine Mikroinfrarottemperaturverteilungsmessung der Chipoberfläche an. Gemessen wird die Emissionsintensität.

3.1.10. Das All-Silicon-System

Die Siliziumproblematik soll nicht abgeschlossen werden, ohne noch auf eine Entwicklung einzugehen, die zum Fortschritt der Siliziumtechnologie zählt. Es handelt sich um das sogenannte All-Silicon-System.

In den letzten Jahren haben mehrere Firmen Siliziumrohre, Siliziumkappen und Siliziumformteile (wie Diffusionsboote) auf den internationalen Markt gebracht, so daß es nun möglich geworden ist, alle mit den Siliziumscheiben in Kontakt kommenden Bauteile aus Silizium herzustellen.

Gegenüber dem Quarz hat das Silizium als Gefäßmaterial folgende wesentliche Vorteile [3.64]:

1. Silizium kann im Gegensatz zum Quarzglas nicht rekristallisieren, da es schon in kristalliner Form vorliegt.
2. Quarz unterliegt bei den üblichen hohen Temperaturen einem plastischen Fließen. Die kristalline Form des Siliziums läßt das aber nicht zu, weshalb die mechanische Festigkeit wesentlich höher ist.
3. Die kristalline Form des Siliziums erlaubt höhere Arbeitstemperaturen.
4. Prinzipiell gestatten die physikalischen Eigenschaften des Siliziums ein schnelleres Aufheizen des Rohrs.
5. Man erhält eine gleichmäßige Temperaturzone durch die Tatsache, daß Silizium bei hohen Temperaturen eine gute Wärmeleitfähigkeit besitzt.
6. Die Gefahr von prozeßinduzierten Kristalldefekten, wie Gleitungen, wird aufgrund der gleichen Ausdehnungskoeffizienten von Silizium-Scheiben und Diffusionsbooten stark verringert.

Maximale Maße derartiger Rohre sind z. Z. 3,50 m Länge und 162 mm Innendurchmesser. Auch Kappen für die Rohre können aus Silizium gefertigt werden. Die Hersteller der Rohre weisen auf weitere Vorzüge hin [3.64]:

— Reduzierung der Ausrüstungskosten,
— Reduzierung der Prozeßkosten,
— Erhöhung des Durchsatzes von Scheiben,
— Erhöhung der Ausbeuten,
— Erhöhung der Reinheit.

Es bleibt festzustellen, daß trotz dieser Vorteile die Anwendung von Quarz noch dominiert. Möglicherweise wird die Anwendung des All-Silicon-Systems auf Spezialtechnologien beschränkt bleiben, wenn die Kosten nicht drastisch gesenkt werden können.

3.1.11. Silizide

Die Silizide der Übergangsmetalle haben in den letzten Jahren eine breite Anwendung gefunden. Bei integrierten Schaltkreisen mit hohen Integrationsraten werden sie als SCHOTTKY-Barrieren, ohmsche Kontakte und als Gatematerial mit niedrigem Widerstand sowie als Leitbahnen verwendet. Bei SCHOTTKY-Dioden und SCHOTTKY-Leistungsdioden nutzt man sie zur Einstellung definierter Barrierenhöhen.

Zur Physik der Silizide seien nur einige Bemerkungen gemacht. Silizium bildet mit den meisten Elementen Verbindungen. Seine Verbindungen mit Metallen lassen sich nach dem Typ der chemischen Bindung (ionisch, covalent und metallisch) klassifizieren. Hier interessiert nur die dritte Gruppe. Technisch interessant sind besonders die Silizide der Übergangsmetalle. Silizide besitzen bei Raumtemperatur eine ausreichend hohe Leitfähigkeit, deshalb sind zahlreiche von ihnen als Leitbahnen verwendbar. Beim Kontakt Silizid—Silizium bildet sich beim Silizium wegen der unterschiedlichen Elektronenaustrittsarbeiten und des damit verbundenen Ladungsträgeraustausches eine Raumladungszone aus. Für den Stromfluß stellt die Raumladungsrandschicht eine Barriere dar.

Zu unterscheiden ist nun zwischen einem gleichrichtenden Kontakt und einem ohmschen. Im ersten Fall erfolgt der Stromtransport über die Barriere hinweg durch Thermoemission von Majoritätsladungsträgern. Im ohmschen Fall entsteht die Leitung durch ein feldinduziertes Tunneln durch die Barriere. Die Höhe dieser Barriere Φ_B ist die Differenz zwischen der FERMI-Energie und der maximalen Aufwölbung des Potentials an der Grenzfläche zum Silizid hin. Der wesentlichste physikalische Parameter, der die elektrischen Eigenschaften eines Kontaktes bestimmt, ist die Barrierenhöhe.

Bezüglich der Einzelheiten sei auf die zusammenfassenden Arbeiten zu dieser Thematik verwiesen [3.65, 3.66, 3.67], in denen sich auch ausreichende Daten finden. Deshalb sei im folgenden nur auf die speziellen Probleme bei der Anwendung für die VLSI-Technologie und für SCHOTTKY-Leistungsdioden hingewiesen.

Mit dem Fortschritt der VLSI-Technik wurden und werden Metallsilizide interessant. Die Ursachen liegen in den Begrenzungen durch die hohen Widerstände der Polysilizium-Leitbahnen und der zu hohen Kontaktwiderstände (vgl. 4.1.5., 4.2.1.) bei konventionellen Siliziumgatetechnologien.

Aus diesen Gründen suchte man nach Alternativen. Wegen ihrer niedrigen und metallähnlichen Widerstände sowie ihrer hohen Temperaturstabilität erwiesen sich Silizide als zweckmäßig. Auch die Möglichkeit, Silizide direkt auf dem Polysilizium aufzubringen, wobei die Qualität des Polysilizium-MOS-Gates auf diese Weise erhalten bleibt, während der Widerstand gesenkt wird, macht die Silizide höchst attraktiv.

Ähnlich ermöglicht die Silizidformierung in den Kontaktfenstern durch Reaktion einer dünnen Metallschicht mit dem Silizium die Herstellung von Kontakten mit niedrigen Kontaktwiderständen. Die Variante, direkt Silizide in den Kontaktfenstern aufzubringen, gestattet flache Übergänge zu erhalten, die sonst bei der konventionellen Silizidreaktion (Metall + Silizium) gestört werden würden.

Die herausragenden Eigenschaften der Silizide sind somit

— niedriger Widerstand,
— leichte Herstellbarkeit (Sputtern, Aufdampfen),
— leichte Strukturierbarkeit durch Ätzung,

— Stabilität gegen oxydierende Medien; andererseits auch oxydierbar (Bildung von SiO_2),
— mechanische Stabilität, gute Haftbarkeit, niedrige Verspannungen in ihren Gittern,
— glatte Oberflächen,
— Prozeßstabilität — einschließlich Hochtemperaturbehandlungen (trockene oder nasse Oxydation, Getterung, Phosphorglas, Passivierung),
— keine Reaktion mit der Endmetallisierung (Aluminium),
— die Erzeugung guter Bauelementeigenschaften und -lebensdauer,
— Eignung für Kontaktfenster — niedrige Kontaktwiderstände,
— minimales Eindringen in Übergänge.

Die Herstellung der Silizide im Rahmen der Schaltkreistechnologie kann durch das Tempern einer dünnen Metall-Silizium-Schicht nach einer der folgenden Möglichkeiten erfolgen:

— Metall auf Silizium oder auf Polysilizium; das Metall kann durch Sputtern/Aufdampfen, Elektroplating oder chemische Gasphasen-Abscheidung (CVD) aufgebracht werden.
— Cosputtern von Metall und Silizium auf Silizium; Polysilizium oder Oxid im entsprechenden Verhältnis von zwei unabhängigen Targets oder von einem heiß gepreßten Silizidtarget.
— Coverdampfung der Elemente auf Silizium; Polysilizium oder Oxid von zwei Quellen oder zwei Elektronenkanonen.

Das Cosputtern von Metall und Silizium von zwei getrennten Targets hat sich am besten für Routineprozesse bewährt. Für das Cosputtern sind folgende Vorteile zu nennen:

— Es lassen sich hochreine Elementtargets herstellen.
— Unabhängige Sputterparameter erlauben eine kontrollierte Abscheidungsrate mit hoher Reproduzierbarkeit, so daß das Si-Metall-Verhältnis exakt eingestellt werden kann.
— Die Filme haben eine geringere Spannung.
— Die Filme sind glatter.
— Die Erfahrungen zeigen, daß auf diese Weise hergestellte Silizide relativ sauerstofffrei sind.
— Die Silizide können direkt auf SiO_2 abgeschieden werden.

Murarka [3.68] publizierte Ergebnisse bezüglich typischer Widerstände verschiedener Silizide (s. Tab. 3.3).

Werden zum Vergleich die Ätzraten, das Trockenätzverhalten sowie die Stabilität des Metalloxids herangezogen, so zeigt sich, daß speziell $TiSi_2$, $TaSi_2$, $MoSi_2$ und WSi_2 attraktive Eigenschaften aufweisen. Für Gate- und Leitbahnmetallisierung ist besonders $TaSi_2$ geeignet, weil es am stabilsten ist. Weiterhin kann $TaSi_2$ in trockenem Sauerstoff nicht oxydiert werden, d. h. das Substrat-

Tabelle 3.3. Typische Widerstände von verschiedenen Siliziden nach MURARKA [3.68]

Silizide	Herstellung	erreichter Widerstand in $\mu\Omega$ cm
$TiSi_2$	Metall auf Polysilizium,	13–16
	cogesputterte Legierung	25
$ZrSi_2$	Metall auf Polysilizium	35–40
$HfSi_2$	Metall auf Polysilizium	45–50
VSi_2	Metall auf Polysilizium	50–55
$NbSi_2$	Metall auf Polysilizium	50
$TaSi_2$	Metall auf Polysilizium,	35–40
	cogesputterte Legierung	50–55
$CrSi_2$	Metall auf Polysilizium	600
$MoSi_2$	cogesputterte Legierung	100
WSi_2	cogesputterte Legierung	70
$FeSi_2$	Metall auf Polysilizium	1000
$CoSi_2$	Metall auf Polysilizium,	18–20
	cogesputterte Legierung	25
$NiSi_2$	Metall auf Polysilizium,	50
	cogesputterte Legierung	50–60
PtSi	Metall auf Polysilizium	
Pd_2Si	Metall auf Polysilizium	30–70

silizium oder das Polysilizium kann trocken oxydiert werden, ohne daß das $TaSi_2$ reagiert.

Daß sich das $TaSi_2$ hervorragend für VLSI-Anwendungen bewährt, geht auch aus einer neueren Arbeit von SINHA [3.69] hervor.

Es wird festgestellt, daß die Silizide der hochschmelzenden Metalle das Design der VLSI-Schaltungen sehr erleichtern. Wegen der MOS-Stabilität ist als Schutz gegen die thermische Oxydation ein *n*-Polysilizium als Unterlage wünschenswert.

$TiSi_2$ bietet die höchste elektrische Leitfähigkeit, aber es reagiert stark mit HF-haltigen Ätzlösungen, so daß feine Strukturen kaum hergestellt werden können. $MoSi_2$ und WSi_2 sind dagegen in Verbindung mit Polysiliziumschichten leicht zu ätzen, aber ihre elektrischen Leitfähigkeiten tendieren zu niedrigen Werten, und wegen der Flüchtigkeit ihrer Oxide haben sie ein nichtakzeptierbares Oxydationsverhalten. Das $TaSi_2$ dagegen ist das perfekte Silizid. Es zeigt eine annehmbare Kombination von Gebrauchseigenschaften für eine Gate-Metallisierung.

Die Auswahl des anzuwendenden Silizids wird somit nicht allein vom spezifischen Widerstand bestimmt, sondern es sind auch seine Strukturierbarkeit und Stabilität während der Gesamttechnologie und sein Verhalten beim Betrieb des Bauelements in Rechnung zu ziehen. Deshalb hat die Anwendung der Silizide als Gate- und Leitbahnenmaterial mit $TaSi_2$, WSi_2 und $MoSi_2$ begonnen. Sollte es möglich werden, mit dem Fortschritt der Submikrometertechnologie die Hochtemperaturstabilitätsforderungen zu mindern (900 °C), könnten auch andere Silizide verwendet werden [3.66].

Wie am Beginn dieses Abschnitts bereits erwähnt, finden die Silizide Anwendung bei einem neuen Bauelementprinzip. Konventionelle *pn*-Dioden haben wegen des hohen Durchlaßspannungsabfalls von etwa 1,0 V hohe Durchlaßverluste, die in Form von Wärme abgegeben werden. SCHOTTKY-Dioden liegen günstiger und haben Durchlaßspannungsabfälle je nach Barrierenmetall zwischen 0,5 V und 0,7 V. Die Diode besteht aus einem extrem hoch dotierten Substrat (0,003 Ωcm), worauf eine *n*-Epitaxieschicht von etwa 10 Ωcm aufgebracht ist. Zur Passivierung wird eine SiO_2-Schicht auf die Epitaxieschicht aufgebracht. In diese wird ein Fenster eingeätzt, in welches dann das Barrierenmetall als Anode eingebracht wird. Üblich sind Chrom, Platin oder Molybdän in einer Schicht von mehreren Hundert Pikometern. Das Aufbringen geschieht meist durch Sputtern. Das Barrierenmetall läßt man mit dem Silizium zu Silizid bei mittleren Temperaturen reagieren. Auf das Silizid wird eine diffusionshemmende Schicht aufgebracht (z. B. Ti), ehe eine weitere, lötbare Kontaktschicht (z. B. Ag) aufgedampft wird [3.70].

Die Rückseite wird stark dotiert, um einen guten galvanischen Kontakt mit der Metallisierung zu erreichen. Dieser Aufbau garantiert:

- Die Diode hat einen hohen Sättigungsstrom (verursacht durch die thermoionische Emission), der etwa 10^6mal höher als bei einem *pn*-Übergang ist.
- Die Diode hat eine ultraschnelle Schaltzeit (einige 10 Pikosekunden), bedingt durch die Majoritätsträgerleitung.
- Die Anordnung zeichnet sich durch eine sehr geringe Sperrschichtkapazität aus.

International produziert man bereits derartige Dioden bis zu einem Strombereich von 75 A bei Sperrspannungen bis zu 45 V. Wegen ihrer sehr kleinen Sperrerholzeiten (sie liegen praktisch bei Null) sind diese Dioden für hohe Schaltfrequenzen bis zu 1 GHz verwendbar. Das erlaubt die Konstruktion sehr kleiner, aber leistungsstarker Schaltnetzteile mit HF-Wandlern statt der üblichen 50-Hz-Netztransformatoren. Die physikalische Problematik besteht in der Beherrschung der Einstellung und des Erhalts der Metall-Halbleiterbarriere. Von der Qualität dieses Übergangs hängen die Eigenschaften der Diode ab. Bei den Barrierenmetallen Cr, Pt und Mo erfolgt bei einem Temperprozeß nach dem Aufbringen eine Silizidbildung. Die eigentliche Barriere liegt dann an der Phasengrenze Silizid—Silizium. Durch die Silizidbildung wird im Inneren der Epitaxieschicht gewissermaßen eine neue, saubere, störungsfreie Oberfläche geschaffen. Im Detail wird dieser Prozeß heute noch nicht verstanden. Bildungskinetik und Struktur der Silizide sind ein internationaler Forschungsschwerpunkt.

3.1.12. Epitaxie

Epitaxie ist für die Realisierung mikroelektronischer Schaltkreise, hergestellt auf der Grundlage der Halbleitertechnik, von fundamentaler Bedeutung.

Die Gesetzmäßigkeiten der Epitaxie [3.71, 3.72] — im gegebenen Zusammenhang sind Homo- und Heteroepitaxie von Interesse, soweit Epitaxie im klassischen Sinne (interatomare Wechselwirkungen bewirken den Orientierungseffekt!) verstanden wird — werden zur Erzeugung hochperfekter, hochreiner einkristalliner, reproduzierbar orientierter Halbleiterschichten auf halbleitenden oder isolierenden Substratkristallen technologisch genutzt.

Die außerordentliche Komplexität des Schichtabscheidungs- und Verwachsungsvorganges resultiert in einem äußerst kompliziert zu steuernden Beschichtungs- („Epitaxierungs"-) Prozeß im technologischen Regime. Glücklicherweise stehen uns heute dafür die freiprogrammierbaren VLSI-Mikroprozessorschaltkreise als Herzstück der Mikrorechner- (-steuerungs-) Technik zur Verfügung, die ihrerseits — selbst Kinder der Mikroelektronikentwicklung — in der Lage sind, solche komplizierten Vorgänge, verknüpft mit einer sehr empfindlichen Sensorik, nach dem eingegebenen Programm zu steuern und auf Störungen automatisch zu reagieren.

Neuerdings spielen neben den „klassischen Epitaxieverfahren" auch solche eine Rolle (speziell bei der Abscheidung von Halbleiterschichten auf isolierenden amorphen Substraten), die unter der Bezeichnung Graphoepitaxie bzw. Thermogradientenverfahren [3.75] (Abb. 3.18) bekannt wurden, im Prinzip Rekristallisationsverfahren. Diese Verfahren nutzen einmal den orientierenden Einfluß eines Rasters auf der Substratoberfläche aus. Ein solches Raster wird mit Hilfe mikrolithographischer Methoden in die Substratoberfläche eingeätzt. Die entstehenden Gräben weisen kristallographisch exakte Kantenwinkel auf. Zum anderen müssen diese Verfahren zusätzlich oder allein den Effekt eines thermischen Gradienten bei einer thermischen Nachbehandlung ausnutzen. Dabei ist allerdings zu beachten, daß im Zusammenhang mit dem wachsenden Integrationsgrad und den damit abnehmenden Schaltungsdimensionen der Frage des Reliefs auf dem Substrat besondere Aufmerksamkeit zu widmen ist. Entweder werden die Reliefabmessungen (Steg- und Grabenbreite, -höhe und -tiefe) so verkleinert, daß nur atomare Abmessungen entstehen, oder man kann völlig auf geometrische Muster verzichten. Angestrebt wird beides. Je mehr die Mittel per Mikrolithographie verfeinert werden (siehe dort), wird es auch möglich sein, Steg- bzw. Grabenbreite und Rastergröße solcher Muster so klein zu gestalten, daß man in die Größenbereiche der gittergeometrischen (im kristallographischen

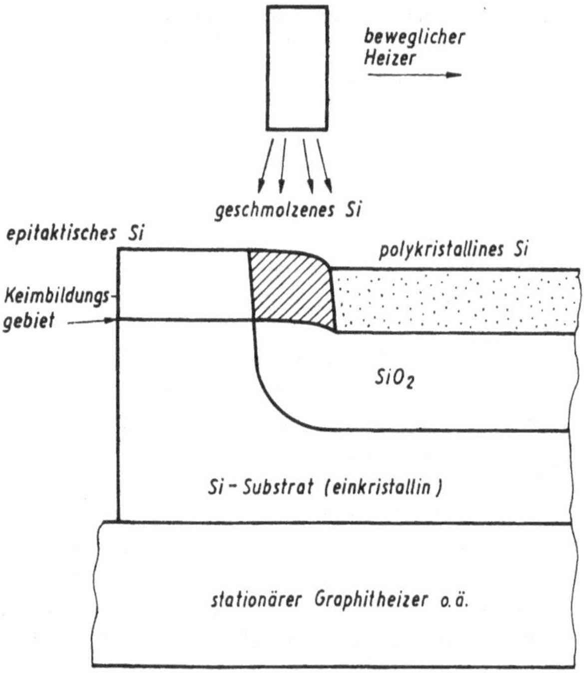

Abb. 3.18. LESS-Verfahren (lateral epitaxy by seeded solidification) (auch mit Blitzlampentechnik realisierbar)

Sinne) Betrachtungsweise vordringen kann. Solche Entwicklungen werden intensiv betrieben, so daß bereits in der zweiten Hälfte der achtziger Jahre mit technologisch tragfähigen Konzepten und Realisierungen zu rechnen ist. Dies wird sich insbesondere ökonomisch auf Projekte auswirken, die von Halbleiterschichten auf isolierendem Substrat ausgehen und somit die hohen anteiligen Kosten der Substratkristallgewinnung zu reduzieren in der Lage sind.

3.1.12.1. Aktuelle Probleme der Silizium-Homoepitaxie

Nach wie vor ist die sogenannte „Bulk-Technik"[1]) das bestimmende Element der Halbleiter-Mikroelektronik. Sie wird es wohl für absehbare Zeit auch noch bleiben, da mit ihr alle LSI- und VLSI-Schaltkreisvarianten des normalen kommerziellen Bereiches realisierbar sind. Ein wesentlicher Bestandteil dieser Technik ist die Abscheidung homoepitaktischer Siliziumschichten für einen großen Teil der Basistechnologien. Im folgenden sollen einige kurze Ausführungen zu aktuellen

[1]) Der Begriff „Bulk-Technik" wird für Technologien verwendet, die Si-Einkristallscheiben (das ist das Bulk-Material) als Substrat verwenden.

Problemen, Stand und Entwicklung hinsichtlich der technologischen Aspekte der Siliziumhomoepitaxie unter Ausklammerung der prinzipiellen Betrachtungsweise kristallographischer, physikalischer, chemischer und physikochemischer Gesichtspunkte gemacht werden. Letztere werden ausführlich in [3.71] erörtert.

Mit Hilfe der Si-Homoepitaxie wird den unterschiedlichsten Anforderungen hinsichtlich Schichtdicke und Dotierung entsprochen. So kann einerseits z. B. für den Aufbau der Grundstrukturen eines Hochspannungsleistungstransistors [3.73] ein 185 μm dickes Schichtpaket einer n^-n-Schichtenfolge mit einer Donatorkonzentration der n^--Bereiche von $N(n^-) \approx 7 \cdot 10^{13}$ cm^{-3} abgeschieden werden, anderseits eine epitaktische p^+nn^+-Schichtenfolge (die Einzelschichten sind jeweils dünner als 1 μm) mit Dotandenkonzentrationen $N(p^+) \approx N(n^+) \approx 10^{20}$ cm^{-3} zum Aufbau der Grundstruktur einer IMPATT-Diode [3.74].

Der größte Anteil der Si-Homoepitaxieschichten wird für die Herstellung der breiten Palette der Bipolarschaltkreise benötigt. Mittlere Schichtdicken von 1…2 μm und Dotierungen um 10^{15} Dotandenatome cm^{-3} sind hier die Regel [3.72]. Für die Abscheidung homoepitaktischer Siliziumschichten werden überwiegend CVD-Verfahren unter Verwendung von vorwiegend SiH_4-Wasserstoffgemischen eingesetzt. Der Partialdruck der Si-Quellensubstanz beträgt in der Regel $10^2 \cdots 10^3$ Pa, der des zugesetzten Dotiermediums ca. $10^{-2} \cdots 10^{-4}$ Pa. Wichtige Dotierquellensubstanzen sind B_2H_6, PH_3, AsH_3 und ähnliche andere. Charakteristisch sind Grundverfahren der CVD bei Atmosphärendruck im Kaltwandreaktor mit flach auf einem Heizer aufliegenden Scheiben. Von äußerster Bedeutung ist die Epitaxie-Reaktor-Hygiene. Vor und nach einem Abscheidungsprozeß wird der Reaktor mit hochreinem Stickstoff gespült. Gegenüber geringsten Spuren von Fremdstoffen in der Gasatmosphäre während des Epitaxieprozesses besteht eine außerordentlich hohe Empfindlichkeit. So können schon wenige ppm bzw. Bruchteile von ppm an Sauerstoff, Stickstoff, Kohlenwasserstoff, Wasserdampf, Kohlenmonoxid, Kohlendioxid nicht toleriert werden. Dabei liegen die Reinheitsanforderungen für die Silanepitaxie um eine Größenordnung über der der Tetrachlorid-Epitaxie. Dieses wirkt sich andererseits positiv auf Qualität und Ausbeute des resultierenden Bikristallsystems als Basis für die darauf zu strukturierenden Schaltkreise aus, insbesondere bei den hohen Anforderungen der VLSI-Technik. Deshalb ist sehr häufig die nicht genügende Beachtung der Halbleiterhygiene, d. h. der extrem hohen Reinheitsanforderungen in allen Bereichen einer Schaltkreisfertigungsstätte, beginnend bei den Roh- und Werkstoffen, schon der alleinige Grund für unerklärliche, oft extrem hohe Ausbeutesenkungen. Neben den Fragen der Reinheit spielen Probleme der Gassteuerung der definierten Strömungsverhältnisse, der Leistungseinspeisung und der Abgasabführung für die Prozeßführung eine entscheidende Rolle.

In eine weitere und tiefergehende Betrachtung des Homoepitaxieprozesses müssen die Gasphasenätzung der Silizium-Substrat-Oberfläche, Einzelheiten des Schichtwachstums, der gezielte Einbau der Dotanden, Probleme der Löslichkeit und Ausscheidung von Präzipitaten bei ungewünschter inhomogener Anreicherung von Dotanden, das Autodoping-Problem, Fragen der Homogenität der Schichtabscheidung, das so wichtige Gebiet der Grenzflächenstruktur Si (Substratkristall)—Si (Epitaxieschicht) und die Realstruktur der Epitaxieschicht einbezogen werden. Zu diesen Aspekten liegen aktuelle und detaillierte Ausführungen in [3.72] vor. Deshalb sollen diese Fragen hier nicht weiter verfolgt werden. Sie sind aber für die weitere Entwicklung von entscheidender Bedeutung. Homogenität der Schichteigenschaften (Dicke; spezifischer Widerstand; definiertes Dotierungsprofil; hohe Kristallperfektion; Freiheit von solchen Defekten, die im Prozeßverlauf weitere und größere Defekte hervorrufen, z. B. nulldimensionale Defekte (hillocks führen zu Oxydationsstapelfehlern, Versetzungen wirken als Diffusionskanäle u. a. m.); extrem hohe Reinheit der Schichten, um ungewünschte Autodoping-Effekte zu vermeiden usw.) sowie die Oberflächeneigenschaften des Substrates sind in dem Maße immer subtiler zu behandeln wie die Schichtdicke reduziert wird, z. B. auf die Größenordnung von 1 µm.

Bei der Verbesserung der Schichtabscheidungsverfahren ist davon auszugehen, daß praktische Fortschritte insbesondere in der Weiterentwicklung von Niederdruck- und Niedertemperatur-CVD-Verfahren zu erwarten sind [3.72]. Das liegt nicht zuletzt in dem Erfordernis einer zu steigernden Produktivität, einer verbesserten Ökonomie und in gleichzeitig verbesserten Schichteigenschaften begründet.

Es fehlt nicht an Versuchen für physikalische Alternativverfahren wie Aufdampfung im UHV (Molekularstrahlepitaxie), Ionenstrahlmethoden, Rekristallisation amorpher Schichten durch Laseraufschmelzen oder Tempern, bis hin zu LPE-Verfahren, die, noch in sehr frühen Stadien der Forschung befindlich, keine gesicherten Prognosen hinsichtlich ihres praktischen Einsatzes gestatten. Sie müßten allerdings erhebliche Vorteile aufweisen, wenn das eine oder andere Verfahren in der Lage sein sollte, das bewährte CVD-Regime abzulösen. Generell ist das wohl nicht zu erwarten, höchstens für Spezialfälle, bei denen der ökonomische Faktor keine umfassende Berücksichtigung zu finden braucht. Eine Ausnahme stellt hierunter die Molekularstrahlepitaxie dar, die bei IBM auch für Si-Präzisionsschichten Eingang in die Produktion gefunden hat. Generell wird die Si-Homoepitaxie künftig wohl nicht allein auf die Anwendung bei der Herstellung von Bipolarschaltkreisen beschränkt bleiben, sondern auch Verwendung für die Herstellung von Substratmaterial für Schaltkreistypen finden, die der Epitaxie für die Realisierung ihrer Funktion nicht bedürfen, d. h. mit polykristallinen Schichten auskommen. Motiv für eine solche Entwicklung ist auch hier die Ökonomie. Die Anforderungen an den Trägerkristall müssen dabei nicht so hoch sein. Dennoch gelingt es, Epitaxieschichten von der Reinheit von Floatingzone-Kristallen zu erzeugen. Das eröffnet neue Möglichkeiten bei der weiteren Entwicklung der MIS-Technik mit verringerten parasitären Kapazitäten und höherohmigem Material (z. B. 200 bis 1800 Ω cm [3.72]. Tatsächlich sind schon entsprechende CMOS-Schaltkreise mit erhöhter Spannungsfestigkeit und dynamische VLSI-Speicher mit erhöhter Refresh-Zeit realisiert worden.

3.1.12.2. Aktuelle Probleme der Silizium-Heteroepitaxie

Eine industriell beherrschte Variante der SOI-Technik (siehe 4.6.2.) ist die SOS-Technik (silicon on sapphire), deren wesentlichste Probleme die Heteroepitaxie des Siliziums auf Saphir und die Saphirsubstratherstellung sind. Bis etwa 1978/79 wurden Saphirkristalle ausschließlich nach dem CZOCHRALSKI-Verfahren gezüchtet. Hochreines Al_2O_3 diente als Ausgangsmaterial. Die gezüchteten Kristalle wiesen 3″-Durchmesser auf.

Saphir kristallisiert mit einer eigenen Struktur, dem Korundgitter, welches zum rhomboedrischen System gehört. Unter Berücksichtigung einer Idealisierung der O-Lagen und damit der Al-Lagen läßt es sich mit dem hexagonalen System beschreiben. Für die Saphirsubstrate wird ⟨0112⟩ als günstige Orientierung bevorzugt. Das hängt damit zusammen, daß für MOS-Strukturen am Kompakt-Silizium wegen der geringen Konzentration der Oberflächenzustände die ⟨100⟩-Orientierung bevorzugt wird. Es wird aber auch berichtet [3.76], daß für (111)-Si auf (0001)-α-Al_2O_3 bessere elektrische Parameter erreichbar sind.

Tabelle 3.4. Physikalische Daten von Silizium und Saphir [3.71]

	Silizium	Saphir
Schmelztemperatur [°C]	1417	2050
MOHS-Härte	7	9
KNOPP-Härte [kg mm^{-2}]	950	1500–1700
Druckfestigkeit [kg mm^{-2}]	—	210
Zugfestigkeit [kg mm^{-2}]	—	25
Dichte [g cm^{-3}]	2,33	4,0
E-Modul [kg mm^{-2}]	$17{,}4 \cdot 10^3$	$37 \cdot 10^3$

Die mit dem CZOCHRALSKI-Verfahren gezogenen Kristalle werden einem Rundschleifprozeß unterzogen, um einen zylindrischen Stab mit einheitlichem Durchmesser zu erhalten [3.77]. Für das exakte Aufwachsen der Siliziumepitaxie-Schicht muß eine sehr genaue Orientierung der Saphirscheibenoberfläche erfolgen (0,5···1°). Wie bei allen Werkstoffen liegt die Züchtungs- und Verarbeitungsproblematik in den physikalischen Daten des α-Al_2O_3 (Tab. 3.4).

Die technologischen Probleme liegen in folgenden Fakten begründet:

- Der hohe Schmelzpunkt erfordert ein nicht reaktives hochwarmfestes Material für die Tiegel der Kristallzüchtung. Quarz und Graphit scheiden aus.
- Die außerordentlich hohe Härte stellt an die mechanische Kristallbearbeitung große Ansprüche, das gilt besonders für das Trennen der Kristalle.

Für das Trennen haben sich ausschließlich Außenboart-Schneidmaschinen [3.77] bewährt. Negativ wirkt sich wegen der dickeren Trennscheiben und des Flatterns der Scheiben der große Materialverlust aus, der mindestens 50% beträgt.

Die Anwendung einer Bandsäge mit diamantbesetztem Draht [3.78] soll eine Schnittfugenbreite von 200 μm bei einer Scheibendicke von 300 μm und 25 mm Kristalldurchmesser garantieren. Für die weitere Bearbeitung wird das Schleifen mit Diamantschleifkörpern [3.79, 3.80] empfohlen.

Das Polieren wird als kritisches Problem bezeichnet. Sinnvoll ist eine Politur mit Diamantpulver (3-μm-Körnung) mit anschließender Feinbearbeitung mit einem Material weicher als Saphir ($\approx$ 0,2-μm-Körnung), z. B. SiO_2 [3.81]. Als Folge des Polierens zeigen die Substrate eine amorphe Oberfläche. Beim Tempern ist ein Ausheilen der Oberfläche möglich [3.82].

Ein Ätzangriff erfolgt nur mit schmelzflüssigen Reagenzien im Bereich von 400···1000 °C, z. B. durch H_3PO_4; $Na_2B_4O_7$ [3.71]. Beim Ätzen entsteht ein amorpher Oberflächenfilm, dessen Entfernung sehr schwierig ist. Bessere Oberflächen lassen sich durch eine Gasphasenätzung erzielen. So liefert eine H_2-Temperung bei 1200···1500 °C reproduzierbare glatte Oberflächen.

Der gesamte Prozeß vom Kristallziehen bis zur polierten Scheibe ist technologisch aufwendig und belastet die Kosten der Gesamttechnologie sehr wesentlich. Es hat deshalb, und das gilt auch für Silizium, in den vergangenen Jahren nicht an Versuchen gefehlt, Kristalle so zu ziehen, daß ihre Form das Trennen, Läppen bzw. Schleifen und Polieren eliminiert.

So lag der Gedanke nahe, das Bändchen-Ziehverfahren anzuwenden. Die im folgenden kurz zu diskutierende Variante geht im Ursprung auf die frühe Arbeit (1966) von Cicinskij, Koptev und Stepanov [3.83] zurück. Diesen Autoren gelang es, einkristalline Germaniumplättchen von mehr als 10 cm Länge, 2,5 cm Breite und Dicken von 0,1···3 mm zu ziehen. Das Wesentliche an dem Verfahren war, daß die Formgebung für die Kristallplättchen durch zwei parallel zueinander im Schmelztiegel stehende Wolframstäbe erfolgte. Das Prinzip wurde zu Beginn der siebziger Jahre neu aufgegriffen und für Silizium und Saphir modifiziert. Zweck der Arbeiten war es, ein ökonomisches Verfahren zur Herstellung von Silizium für Solarzellen [3.84, 3.85], aber auch eine kostengünstige Variante für Saphir [3.86] zu finden. Das Verfahren benutzt bei Silizium eine Graphitform, aus welcher ein Siliziumband herausgezogen wird. Das Verfahren wird als „Edge-Defined-Film-Fed-Growth" (kantenumgrenztes Bandziehverfahren) bezeichnet, weil die Abmessungen des Kristalls durch die enge, schlitzförmige Ausbildung der eingesetzten Ziehform bestimmt werden. Das schmelzflüssige Material steigt infolge der Kapillarwirkung in die Ziehform nach oben. Wenn es den oberen Austrittsspalt erreicht hat, taucht man einen Keimkristall ein. Die Schmelze benetzt den Keim. Wird der Impfkristall langsam nach oben bewegt, hebt sich die Schmelze etwas über die Oberkanten der Ziehform und fließt bis an deren Außenkanten. Die Oberflächenspannung verhindert dabei das Überfließen. Ein sehr steiler Temperaturgradient in Ziehrichtung bewirkt eine sofortige Kristallisation der Schmelze, sobald sie die Ziehform verläßt. Der Vorgang erfolgt so schnell, daß die Oberflächenspannung keine Formänderung mehr bewirken kann. Das Verfahren führt in dieser Weise zu einem bandförmigen Einkristall.

Die von LA BELLE [3.86] hergestellten Bandkristalle besaßen eine Breite von $1^1/_2$ Zoll. Ihre Qualität dürfte, gemessen an den Daten der Orientierungsbestimmung (Genauigkeit $\pm 0{,}02°$), gut sein [3.87].

Von VONDERSCHMITT [3.72] wurde 1979 berichtet, daß RCA mit diesem Verfahren einen technologischen Durchbruch erreicht habe, was sich in der Zwischenzeit offensichtlich in der Praxis nicht bestätigt hat. Saphir-Bänder wurden mit 3″-Breite hergestellt, wobei gleichzeitig drei solcher Bänder aus einem Tiegel gezogen werden. Für die Ziehform hat sich Wolfram oder Molybdän als geeigneter Werkstoff erwiesen. Die etwa 1 mm dicken Bänder arbeitet man durch Eckenentfernen und Schleifen mit Diamanten zu runden Wafern um. Die runden Wafer müssen noch poliert und danach mit Silizium epitaxiert (0,6 μm Schichtdicke) werden. Von [3.88] werden die Kosten für eine Saphirscheibe mit mehreren Hundert Dollar angegeben. Das sagt wohl genügend über die Schwierigkeiten der Materialtechnologie aus.

Die Fragen der Heteroepitaxie von Si auf Saphir sollen nur sehr kurz abgehandelt werden, weil dazu eine ausführliche Monographie existiert [3.89]. Die Anwendung des gebräuchlichen Silizium-Tetrachlorids für die Abscheidung auf dem Saphir hat den Nachteil, daß die erforderliche Temperatur etwa 1200 °C beträgt. Bei diesen Bedingungen tritt eine Reaktion des Siliziums mit dem Saphir ein [3.90]. Niedrigere Temperaturen können jedoch nur mit SiH_4 verwirklicht werden, wenn man vom Aufdampfen und Sputtern zunächst absieht. Zum Verwachsungsprozeß ist zu sagen, daß man annimmt, daß Si-Atome die Punktlagen des Al in der Grenzschicht einnehmen [3.91].

Zwischen Saphir und Silizium kann sich eine Zwischenschicht mit einer Dicke von 1 nm bis zu 40 nm bilden. Bezüglich des Reaktionsmechanismus wird angenommen, daß bis zur Ausbildung einer zusammenhängenden Si-Schicht sich zunächst Al-Silikate bilden, die dann als Diffusionsquelle von Al wirken. Eine gute Schichtperfektion wird bei der Abscheidung von Silizium aus SiH_4-H_2-Gemischen erreicht. Stapelfehlerfreie Schichten mit Versetzungsdichten der verwendeten Substrate lassen sich durch sauerstoff- und kohlenstofffreie Substratoberflächen erzielen [3.92].

Die Stapelfehlerdichte nimmt mit steigender Abscheidungsrate zu [3.93]. Wegen der unterschiedlichen Ausdehungskoeffizienten des Siliziums ($3 \cdot 10^{-6}$ °C^{-1}) und des Saphirs ($6 \cdot 10^{-6}$ °C^{-1}) entstehen bei der Abkühlung von der Epitaxietemperatur auf Raumtemperatur erhebliche Spannungen zwischen Substrat und Schicht. In Abhängigkeit von der Trägertemperatur und Substratorientierung ergibt sich die Al-Konzentration im abgeschiedenen Silizium. Undotierte Siliziumschichten sind somit *p*-leitend.

Baufehler in der Heteroepitaxieschicht sind abhängig von der Grenzfläche, wobei folgende Faktoren von Einfluß sind [3.71]:

- Die Differenz der Gitterkonstanten vom Saphir und vom Silizium,
- der Unterschied der Bindungsverhältnisse,

— die Differenz der thermischen Ausdehnungskoeffizienten und die Anisotropie des thermischen Ausdehnungskoeffizienten beim Saphir.

Von großem Nachteil ist die hohe Stapelfehlerdichte mit Extrinsic-Charakter. In unmittelbarer Nähe der Grenzfläche soll sie $10^6 \cdots 10^7$ cm^{-2} betragen. Nach einer Schichtdicke von $10^3 \cdots 10^4$ nm fällt sie auf Werte unter 10^3 cm^{-2} ab [3.94].

Mit Sicherheit darf angenommen werden, daß durch optimierte Epitaxiebedingungen die hier zitierten Werte zwischenzeitlich verringert werden konnten, da eine Bauelementeproduktion mit solcher Fehlerdichte kaum denkbar ist.

Die bereits zitierte Zwischenschicht soll die elektrischen Parameter in Abhängigkeit von der Schichtdicke beeinflussen. Bei SOS-Bauelementen müssen die Diffusionsparameter sehr kritisch eingestellt und kontrolliert werden. Kommt der p-Kanal einer CMOS-Struktur in die Nähe der Zwischenschicht, dann können derartige Bauelemente ausfallen [3.95].

Zusammenfassend darf man feststellen, daß die Verhältnisse im System Silizium auf Saphir noch sehr wenig geklärt sind.

3.2. III-V-Verbindungshalbleiter

3.2.1. Die Werkstoffeigenschaften von GaAs und InP

Im folgenden sollen die physikalischen Parameter erläutert werden, die den Einsatz von GaAs und InP für künftige VHSI-Technologien nahelegen. Die Anwendung dürfte sich auf Feldeffekttransistor-Strukturen konzentrieren.

Das Hauptkriterium für einen Werkstoff, der für die FET-Technologie geeignet sein soll, besteht darin, daß eine Ladungsträgerart hohe Beweglichkeit und hohe Driftgeschwindigkeit aufweisen muß, da am Stromfluß nur Majoritätsladungsträger beteiligt sind. Wegen der Temperaturbelastbarkeit wird ein hoher Bandabstand gefordert. Die Wärmeleitfähigkeit sollte möglichst groß sein.

Als Grundparameter sind zu betrachten die Ladungsträgerbeweglichkeiten μ_n, μ_p, die Sättigungsdriftgeschwindigkeiten v_{sat}, die dielektrische Konstante ε, die thermische Leitfähigkeit λ und die kritische Durchbruchsfeldstärke E_d.

Diese Parameter sind zu sogenannten HF-Gütefaktoren verknüpft (c Lichtgeschwindigkeit):

JOHNSONscher Gütefaktor $Z_J = \dfrac{E_d^2 v_{sat}^2}{4\pi}$,

KEYESscher Gütefaktor $Z_K = \lambda(c v_{sat}/4\pi\varepsilon)^{1/2}$,

Beweglichkeitsprodukt $\mu_n/\mu_p \sqrt{\varepsilon}$.

In Tab. 3.5 sind Daten für diese Gütefaktoren sowie die wichtigsten halbleiterphysikalischen Daten zusammengefaßt.

Tabelle 3.5. Halbleiterphysikalische Daten für Si, GaAs und InP sowie Gütefaktoren, die das Hochfrequenz- und Leistungsverhalten charakterisieren [3.121, 3.122, 4.107]

Parameter	Einheit	Si	GaAs	InP
Elektronenbeweglichkeit μ_n	$cm^2\ V^{-1}\ s^{-1}$	1350	8800	4600
Defektelektronenbeweglichkeit μ_p	$cm^2\ V^{-1}\ s^{-1}$	480	460	155
Sättigungsdriftgeschwindigkeit v_{sat}	$cm\ s^{-1}$	$1 \cdot 10^7$	$2 \cdot 10^7$	$2{,}5 \cdot 10^7$
Durchbruchsfeldstärke E_d	$V\ cm^{-1}$	$2 \cdot 10^5$	$3{,}5 \cdot 10^5$	—
Dielektrizitätskonstante ε_{rel}	—	12	11,5	11,7
Wärmeleitfähigkeit λ	$W\ cm^{-1}\ °C^{-1}$	1,5	0,5	0,7
Gütefaktor Z_J	$V^2\ s^{-2}$	$3{,}2 \cdot 10^{23}$	$1{,}9 \cdot 10^{24}$	—
Gütefaktor Z_K	$W\ s^{-1}\ °C^{-1}$	$6{,}7 \cdot 10^7$	$3{,}2 \cdot 10^7$	$8 \cdot 10^7$
Beweglichkeitsprodukt $\mu_n/\mu_p \sqrt{\varepsilon}$	—	$2{,}5 \cdot 10^4$	$5{,}3 \cdot 10^5$	$9{,}1 \cdot 10^4$
maximale Betriebstemperatur	°C	250	420	320
Bandabstand	eV	1,12	1,43	1,34

Aus dem Vergleich folgt, daß bezüglich der Hochfrequenzeigenschaften GaAs und InP dem Silizium überlegen sind.

Bei sehr kleinen Gatelängen — die technologische Grenze dürfte bei etwa 0,2···0,3 μm liegen — werden bei Source-Drain-Spannungen im Bereich einiger Volt bereits Feldstärken von mehreren kV/cm erreicht. Aus diesem Grund ist die Abhängigkeit der Elektronendriftgeschwindigkeit von der Feldstärke zu berücksichtigen (Abb. 3.19). Aus den Kurven für GaAs und InP folgt, daß

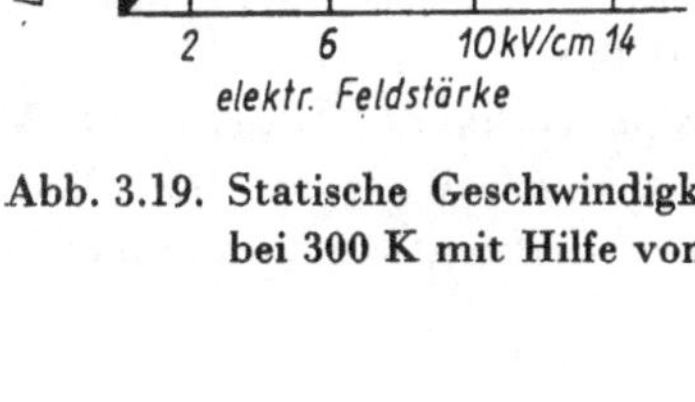

Abb. 3.19. Statische Geschwindigkeits-Feldcharakteristik, erhalten für $N_d = 10^{17}\ cm^{-3}$ bei 300 K mit Hilfe von Monte-Carlo-Rechnungen, nach [3.108]

Tabelle 3.6. Erreichbare Daten beim Einsatz von GaAs, InP und GaInAs für FET [3.96] (τ ist die Transitzeit unter dem Gate)

	Gatelänge = 1 µm		Gatelänge = 0,2 µm	
	Frequenz [in GHz]	τ [in ps]	Frequenz [in GHz]	τ [in ps]
GaAs	28	8,1	100	2,3
InP	34	11,0	120	2,5
GaInAs	36	6,5	190	1,2

letztgenannte Substanz bei Feldstärken im Bereich von 8···18 kV/cm eine höhere Driftgeschwindigkeit aufweist. Dieser Sachverhalt erklärt das eingangs erwähnte bessere Frequenzverhalten.

In jüngster Zeit wurde errechnet, daß InP bei Gatelängen von 0,2 µm ein etwas besseres Höchstfrequenzverhalten bei FET zeigt. Sehr gute Resultate erbringt auch GaInAs (vgl. Tab. 3.6) [3.96].

Es soll nicht unerwähnt bleiben, daß nach theoretischen Rechnungen hinsichtlich des Rauschens MESFET, hergestellt auf der Basis von $Ga_{0,5}In_{0,5}As_{0,96}Sb_{0,4}$ und $Ga_{0,47}In_{0,53}As$, bessere Eigenschaften aufweisen müßten. Für die praktische Anwendung müssen die Technologien noch entwickelt werden [3.97]. Ausgehend von der physikalischen Gesetzmäßigkeit, daß breitbandige Halbleiter u. a. für Hochleistungs-Mikrowellen-Bauelemente geeignet sind, wurde auch SiC als Ausgangsmaterial für MESFET mit 1 µm Gatebreite mit bescheidenen Erfolgen untersucht [3.98].

Der Gunn-Effekt stellt eine an den Halbleiterwerkstoff geknüpfte spezifische Eigenschaft dar, die mit dem Vorhandensein einer spezifischen Bandstruktur zusammenhängt. Der physikalische Effekt, der letztendlich zur Mikrowellenemission führt und die Ausbildung eines negativen differentiellen Widerstands repräsentiert, ist in der Literatur häufig und ausführlich beschrieben worden. Eine gute Zusammenfassung findet sich beispielsweise bei Petzel [3.99]. Die Entstehung des Gunn-Effektes soll deshalb hier nur angedeutet werden. Der Effekt wird von der Ausbildung des Leitungsbands bestimmt. Dieses weist bei GaAs und InP Nebenminima, sogenannte Satellitentäler, auf (vgl. Abb. 3.20). Im feldfreien Kristall besitzen die Elektronen niedrige effektive Massen (m_0 = 0,07 für GaAs und InP) und hohe Beweglichkeiten im zentralen Minimum des Leitungsbandes beim Wellenzahlvektor $\boldsymbol{k} = (0, 0, 0)$.

In den ⟨111⟩-Richtungen sind beim GaAs L-Minima vorhanden, jeweils 0,31 eV über dem Zentralminimum, mit effektiven Massen von 0,2 und Beweglichkeiten von 150 cm²/Vs [3.100]. Über dem zentralen Leitungsbandminimum bei

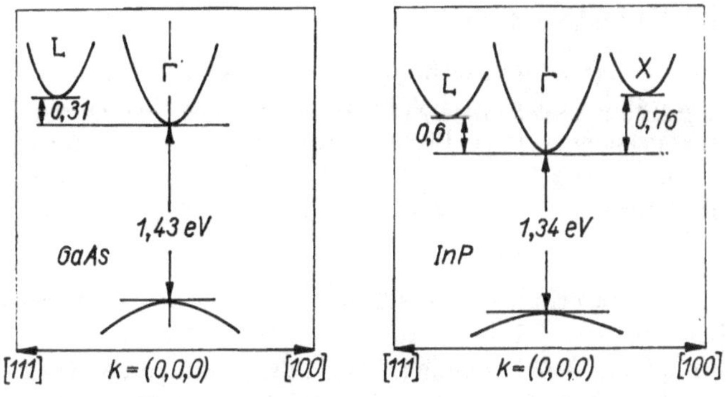

Abb. 3.20. Vereinfachte Bandstrukturen von GaAs und InP

InP liegen X-Minima mit 0,8 eV in der ⟨100⟩- und L-Minima mit 0,6 eV in der ⟨111⟩-Richtung.

Beim Anlegen eines genügend hohen Feldes wechseln Elektronen aus dem Zentralminimum in ein Satellitental hinüber. Dort besitzen die Elektronen eine geringere effektive Masse und eine kleinere Beweglichkeit. Diese Elektronen bewegen sich im elektrischen Feld wesentlich langsamer. Dadurch verringert sich der Stromfluß. Die resultierende Driftgeschwindigkeits-Feldstärke-Kennlinie weist dann einen Bereich negativer differentieller Beweglichkeit über der kritischen Feldstärke auf.

Der gesamte Vorgang hängt einmal von den Streumechanismen der Elektronen und zum anderen von den Kopplungskonstanten für den Übergang zwischen den Tälern ab. InP zeigt mit den beiden Satellitentälern bessere Eigenschaften gegenüber GaAs [3.101, 3.102], deshalb ist die Oszillationsamplitude für InP größer als bei GaAs. Die zur Mikrowellenemission bei InP erforderliche größere Schwellfeldstärke führt zu einer höheren Driftgeschwindigkeit. Die bessere Wärmeleitfähigkeit des InP ermöglicht eine etwas höhere thermische Belastung gegenüber GaAs-Bauelementen.

Daß die physikalischen Vorteile des InP bisher nicht besser genutzt wurden, liegt an der Züchtungsproblematik der Einkristalle.

3.2.2. Kristallzüchtung und Materialqualität

Zunächst ist zu unterscheiden, welche Funktion der Halbleiterwerkstoff zu erfüllen hat. Es ist zu differenzieren zwischen:

— hochisolierendem Substrat,
— aktivem Material,
— übergangsfreiem Material für Elektron-Transistor-Bauelemente.

An das Substrat für FET sind folgende Forderungen zu stellen:

— Semiinsulating, damit die parasitäre Leitfähigkeit Source-Drain niedrig ist,
— hohe thermische Stabilität für niedrige rf-Verluste in passiven Elementen,
— niedrige Verunreinigungskonzentration für eine hohe Ladungsträgerbeweglichkeit in den Channels,
— eine gute Homogenität für die rf-Anpassung von aktiven und passiven Elementen.

Inwieweit diese Forderungen zu erfüllen sind, soll im folgenden bei der kurzen Diskussion der Kristallzüchtungsverfahren diskutiert werden.

Die halbleitende Verbindung GaAs schmilzt bei 1238 °C mit einem Dissoziationsdampfdruck von 0,89 at ($8{,}7 \cdot 10^4$ Pa), der durch einen Dampfdruck im Falle einer stöchiometrischen Schmelze vom Druck eines Arsenbodenkörpers mit 610 °C kompensiert werden kann.

Bei InP beträgt der Dissoziationsdampfdruck am Schmelzpunkt von 1070 °C etwa 25 at ($2{,}45 \cdot 10^6$ Pa).

Zur Einkristallzüchtung sind zur Aufrechterhaltung des Kompensationsdampfdruckes geschlossene Systeme erforderlich.

Die Kristallzüchtung von GaAs und InP geschieht nach zwei Basistechniken:

— dem sogenannten Boat-Grown entweder nach der horizontalen BRIDGMAN- oder nach dem Gradient-Freezing-Verfahren, mit Quarz als Boat-Material,
— einem modifizierten CZOCHRALSKI-Verfahren.

Bei beiden Techniken geht man von einer kongruenten oder nahezu kongruenten Schmelze aus, die mit einem Schiffchen (Boat) oder einem Tiegel in Berührung steht. Dadurch wird die Kristallqualität sehr beeinträchtigt. Zu den Boat-Verfahren wurde festgestellt [3.102], daß die Hauptverunreinigungen Si, O, Cu, Fe und Ca sind, wobei die Kontamination mit Verunreinigungen mit Ausnahme vom Silizium weit unter 1 ppm liegt.

In einigen Fällen soll die resultierende Gesamtverunreinigung kleiner als $5 \cdot 10^{15}$ cm^{-3} und die Beweglichkeit bei 300 °C höher als 5000 cm^2/Vs sein. Die Siliziumkonzentration kann kaum unter $5 \cdot 10^{16}$ cm^{-3} gebracht werden. Ursache für den hohen Siliziumgehalt ist die Reaktion der Schmelze mit dem Quarz:

$$3\,SiO_2 + 4\,Ga \rightarrow 2\,Ga_2O_3 + 3\,Si\,.$$

Außerdem können die sich bildenden dampfförmigen Produkte kondensieren. Nach [3.102] wird vorgeschlagen, entweder zusätzlichen Sauerstoff in die zugeschmolzene Ampulle zu geben oder einen Ofen mit 3 Heizzonen zu verwenden.

Die Versetzungsdichte der Boat-Kristalle beträgt etwa 10000 cm^{-2}. Der Kristalldurchmesser ist wegen der thermischen Spannungen auf ca. 50 mm begrenzt. Um akzeptable Ausbeuten zu erhalten, wird $\langle 111 \rangle$ als Wachstumsrichtung gewählt. Werden aus einem solchen Barren Scheiben senkrecht geschnitten, dann sind sie halbkreisförmig. ⟨110⟩-Scheiben werden aus ⟨111⟩-Kristallen geschnitten, die um 54,74° zur Kristallachse geschwenkt sind.

Wegen der Dissoziation beim Schmelzen des GaAs oder des InP kann das übliche CZOCHRALSKI-Verfahren nicht angewendet werden, es sei denn, man bringt die Gefäßwände der Apparatur auf hohe Temperaturen, was Maschine und Züchtungsprozeß wesentlich komplizierter gestaltet.

Eine technische Lösung wurde von METZ [3.103] zur Vermeidung der Dissoziation beim CZOCHRALSKI-Verfahren, d. h. dem Ausdampfen der leichtflüchtigen Komponente aus der Schmelze, vorgeschlagen. Zur Abdeckung von PbTe- und PbSe-Schmelzen ließ sich schmelzflüssiges B_2O_3 verwenden. Ein stationärer Druck von 1 atm eines Inertgases im Ziehgefäß reduziert die Verdampfung während der Kristallzüchtung.

MULLIN et al. [3.104] modifizierten diese Methode für die Züchtung von GaAs- und InAs-Einkristallen. Dieses Verfahren wurde Liquid-Encapsulated-Czochralski-Technique (LEC-Technik) genannt.

Abb. 3.21 zeigt das Prinzip. Die GaAs-Schmelze wird von einer etwa 1···2 cm dicken flüssigen B_2O_3-Schicht bedeckt. Auf die Salzschmelze bringt man einen stationären Inertgasdruck auf, der größer ist als der Dissoziationsdruck des flüssigen GaAs. Der Ziehvorgang erfolgt dann in analoger Weise zum CZOCHRALSKI-Verfahren.

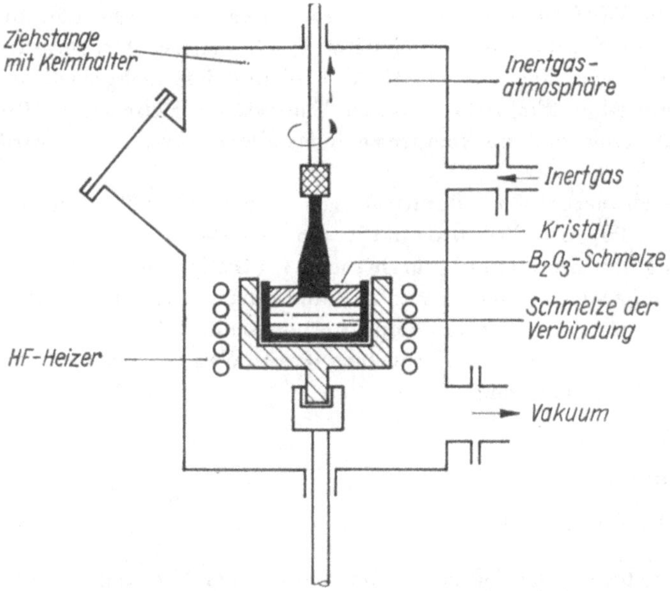

Abb. 3.21. Prinzip der Liquid-Encapsulated-CZOCHRALSKI-Technique (LEC-Technik) für Substanzen, die am Schmelzpunkt einen nennenswerten Dissoziationsdampfdruck aufweisen.

Wegen des zu starken Temperaturgradienten in axialer Richtung, der bei der Überschichtung mit flüssigem Boroxid entsteht, weisen die LEC-Kristalle eine wesentlich höhere Versetzungsdichte von 50000 cm^{-2} auf. Auch bei Anwendung der versetzungsfreien Ziehtechnik von Dash können die Kristalle nicht versetzungsfrei erhalten werden. Ursache ist die niedrige kritische Spannung von etwa $7 \cdot 10^{-2}$ N/mm^2 für die Erzeugung von Versetzungen. Bei Silizium liegt dieser Wert um den Faktor 8···12mal höher.

Kristalle mit kreisförmigem Querschnitt können sowohl in der ⟨111⟩- als auch in der ⟨100⟩-Richtung gezogen werden. Unter Vernachlässigung der Versetzungsdichte können Kristalle bis 75 mm gezogen werden. Als Standarddurchmesser wird 50 mm angegeben [3.102].

Die klassische Technologie für die Züchtung von GaAs-Einkristallen besteht aus zwei getrennten Verfahren: der Synthese und der Züchtung nach dem LEC-Verfahren. Bei der Synthese des GaAs, die im Quarzschiffchen in verschmolzenen Ampullen durchgeführt wird, erfolgt eine erhebliche Aufnahme von Silizium.

Es wurde deshalb versucht, beide Prozesse als sogenannte in-situ-Kristallzüchtung unter hohem Druck zu vereinen [3.105]. Auf den stöchiometrischen Ga- und As-Einsatz im Tiegel werden Pellets aus im Hochvakuum entwässertem B_2O_3 gelegt. Die verschlossene Ziehkammer wird evakuiert und dann mit 40···50 bar mit einem Inertgas unter Druck gesetzt. Zum Schmelzen des Boroxids wird die Temperatur im Tiegel zunächst auf 470 °C gebracht. Durch weitere Temperaturerhöhung schmilzt bei 830 °C unter einem Druck von 35 bar das Arsen, und die chemische Reaktion zur Synthese wird eingeleitet. Nach weiterer Temperatursteigerung auf die Schmelztemperatur des GaAs wird mit dem Ziehprozeß begonnen. Die so hergestellten Einkristalle weisen Widerstände zwischen $5 \cdot 10^{17}$ und $1 \cdot 10^{18}$ Ωcm auf, ohne daß ein kompensierendes Element zugegeben wird [1.106].

Werden pyrolithisch hergestellte Bornitridtiegel eingesetzt, läßt sich der Si-Pegel reduzieren [3.100]. Aus diesem Grund ist eine Kombination der in-situ-LEC-Kristallzüchtung mit Bornitridtiegeln besonders günstig. Diese Variante scheint, wenn auch apparativ aufwendig und materialseitig teuer, der zukunftsträchtigste Weg zur Herstellung von unkompensiertem semiinsulating-GaAs zu sein. Die Ergebnisse von Swiggard et al. scheinen diesen Weg zu bestätigen. So wurden als typische Werte gemessen:

$$\varrho = 8{,}77 \cdot 10^7\ \Omega\text{cm},$$

$$n = 1{,}7 \cdot 10^7\ \text{cm}^{-3},$$

$$\mu = 4{,}17 \cdot 10^3\ \text{cm}^2\ \text{V}^{-1}\ \text{s}^{-1}.$$

Der Bornitridtiegel reduziert die Aufnahme der amphoteren Verunreinigungen wie Si und auch C. Die Siliziumkonzentration wird auf Werte unter 10^{15} cm^{-3} reduziert. Die kompensierenden Akzeptor-Verunreinigungen wurden zu 10^{16} cm^{-3} bestimmt [3.100].

Der bisher konventionelle Weg, durch Zugabe von Chrom oder Sauerstoff den Semiinsulating-Zustand zu erreichen, soll im folgenden noch kurz diskutiert werden, wobei zunächst die Problematik dieses Materials umrissen werden soll.

— Bei einer Wärmebehandlung wird eine Oberflächenschicht von $3 \cdots 5\,\mu m$ p-leitend ($6 \cdot 10^{16}\,cm^{-3}$).
— Die Elektronenbeweglichkeit ist niedrig (bis zu $3000\,cm^2\,V^{-1}\,s^{-1}$). Die Verunreinigung mit Ionen beträgt bis zu $5 \cdot 10^{17}\,cm^{-3}$.
— Die Elektronentrapdichte ist hoch, sie erreicht Werte bis zu $2 \cdot 10^{17}\,cm^{-3}$, wobei zwei Arten von Traps sehr schnell diffundieren ($4 \cdot 10^{-8}\,cm^2\,s^{-1}$ bei 800 °C).

Durch die Aufnahme von Verunreinigungen (Silizium, Schwefel, Tellur), die als flache Donatoren wirken, sowie von tiefem Donator-Sauerstoff ist das normale GaAs n-leitend. Um dieses Material semiinsulating zu machen, müssen Akzeptoren eingebracht werden, die tiefe Energieniveaus in der verbotenen Zone aufweisen. Gewöhnlich gibt man Cr zu, wobei angenommen wird, daß der hohe Widerstand bis zu $10^8\,\Omega cm$ durch einen Kompensationsprozeß entsteht. Das tiefe Akzeptorniveau soll als ein Rekombinationszentrum für die freien Ladungsträger wirken, die von den Donator-Verunreinigungen herstammen. Die Cr-Menge darf aber $10^{16}\,cm^{-3}$ nicht überschreiten, da sonst Präzipitate und eine Ionenstreuung die Elektronenbeweglichkeit reduzieren. ZUCCA [3.107] hat ein 3-Niveau-Schema vorgeschlagen, das aus flachen Donatoren, einem tiefen Akzeptor-Cr-Niveau bei 0,84 eV unter dem Leitungsband und einem tiefen O-Donatorniveau (0,64···0,72 eV) unter dem Leitungsband des GaAs besteht. Man darf annehmen, daß die Kompensation ein komplexer Prozeß ist.

Aus der Literatur [z. B. 3.108] ist bekannt, daß während des Epitaxieprozesses die Substratoberfläche bei Cr-dotiertem GaAs eine Umwandlung erfährt. Man beobachtete schnelldiffundierende Deep-level-Akzeptoren, Kohlenstoff-Arsen-Leerstellenkomplexe sowie diffundierende Deep-level-Verunreinigungen. Nach TUCKER et al. [3.109] ist anzunehmen, daß das Cr bis zu einer Tiefe von $20\,\mu m$ mit bis zu 50% der Konzentration des Substrats möglicherweise mit einem Interstitialdiffusionsprozeß in die Epitaxieschicht eindringt.

Der Fachliteratur [3.105] kann entnommen werden, daß offensichtlich wegen der schwierigen Qualitätsprobleme beim GaAs zahlreiche Bauelementehersteller die Kristalle selbst ziehen. Das erinnert an die Siliziumsituation vor etwa 20 Jahren.

Fakt ist aber auch, daß bereits 3″-Kristalle mit 3 kg Gewicht industriell gefertigt werden [3.110].

Neben dem Gradient-freezing-Verfahren wird die LEC-Methode auch für InP angewendet [3.111, 3.112, 3.113]. Wegen des höheren Dampfdruckes sind die Schwierigkeiten jedoch sehr erheblich. Eingesetzt wird polykristallines InP. Um die Donatoren (hauptsächlich Si) zu kompensieren, wird Cr als Dotierung hinzugefügt. Cr hat aber in InP einen Verteilungskoeffizienten von $3 \cdot 10^{-4}\,cm^{-3}$. So können sich bei Erreichen der maximalen Löslichkeit Chromphosphid-Präzipitate bilden. Bei Zugabe von etwa 0,15 Gewichts-% zum polykristallinen InP wird ein maximaler Widerstand von $10^3 \cdots 10^5$ Ωcm erreicht. Wird anstelle des Chroms mit Eisen dotiert, dann sind Werte von 10^7 Ωcm und größer möglich. Bei einem ϱ-Wert von $7{,}6 \cdot 10^7$ Ωcm betrug die Ladungsträgerkonzentration $n = 2{,}3 \cdot 10^7\,\mathrm{cm}^{-3}$ und die Beweglichkeit der Elektronen $\mu_n = 2{,}9 \cdot 10^3\,\mathrm{cm}^2\,\mathrm{V}^{-1}\,\mathrm{s}^{-1}$. Sowohl Cr als auch Fe diffundieren aus dem Substrat und sammeln sich an der Grenzfläche Substrat/Epitaxieschicht an.

Fe-dotiertes InP, einmal gezogen in Quarztiegeln nach der LEC-Methode und zum anderen in Bornitridtiegeln oder Graphit, hat gleiche elektronische Eigenschaften. Die drastische Reduktion der Elektronenkonzentration, wie sie beim in Bornitridtiegeln gezogenen GaAs beobachtet wird, konnte bei InP nicht gefunden werden [3.108].

Die Versetzungsdichte der Kristalle nach der LEC-Methode liegt bei 10^4 bis $10^5\,\mathrm{cm}^{-2}$, je nach dem Kristalldurchmesser.

Von SHINOYAMA et al. [3.114] wird berichtet, daß es gelungen ist, versetzungsfreie Kristalle mit einem Durchmesser von 15 mm herzustellen.

Diese kurze Übersicht über die Kristallproblematik zeigt, daß noch zahlreiche Probleme forschungsmäßig zu lösen sind, bevor ein befriedigendes technisches Niveau erreicht sein wird, wobei die Schwerpunkte die Verunreinigungs- bzw. die Kompensationsproblematik und die Kristallperfektion darstellen.

3.2.3. Ausblick

In einer abschließenden Diskussion soll versucht werden, über das zu GaAs, InP, einigen ternären und quaternären III-V-Mischkristallen auf der Basis der genannten binären Verbindungen Gesagte hinausgehend, anhand einer beispielhaften Betrachtung der Problematik der Elektronenbeweglichkeit und damit verbunden einiger interessanter Effekte einen Blick in die weitere Zukunft der Entwicklung der III-V-Mikroelektronik zu werfen.

In diesem Zusammenhang ist ein nochmaliger, aber weitergehender Vergleich mit Si angezeigt. Es sei hier betont, daß Si aus technologischer, werkstoffphysikalischer, werkstoffchemischer und werkstofftechnischer Sicht der dominierende Halbleiterwerkstoff der Mikroelektronik der Gegenwart ist und für die meisten Applikationen auch in nächster Zukunft und darüber hinaus bleiben wird. Dennoch kann Si kein universeller Werkstoff für die Mikroelektronik kommender Bauelemente- und Gerätegenerationen sein und wird in einigen spezifischen Fällen weichen müssen. Das soll in der folgenden Zusammenstellung deutlich werden (Tab. 3.7).

Während die Elektronenbeweglichkeit des Si bei Raumtemperatur etwas mehr als $10^3\,\mathrm{cm}^2/\mathrm{Vs}$ erreicht, kann dieser Wert unter gleichen Bedingungen in einem n-GaAs-Kristall bis fast an $10^5\,\mathrm{cm}^2/\mathrm{Vs}$ heranreichen. Bis nahezu $3 \cdot 10^6\,\mathrm{cm}^2/\mathrm{Vs}$

Tabelle 3.7. Spezifische Eigenschaftsunterschiede zwischen Si und den im Abschn. 3.2. behandelten III-V-Verbindungshalbleitern

Eigenschaft	Si	GaAs, InP und verwandte ternäre und quaternäre Mischkristalle
Elektronenbeweglichkeit	relativ niedrig	stärkere Krümmung des Leitungsbandes an seinem Hauptminimum → *höhere Elektronenbeweglichkeit* → niedrigere Gatterverzögerungszeit, höhere Arbeitsfrequenz → wichtig z. B. für MES, FET, HJFET usw.
Bandstruktur	indirekter Halbleiter	flaches Satellitental in höherer Lage → negative differentielle Beweglichkeit (dynamischer negativer Widerstand) → Elektronentransferprozesse → wichtig z. B. für GUNN-Elemente, *direkter Halbleiter*, günstig bezüglich optoelektronischer Anwendungen. Damit ist es nun möglich, Optoelektronik, spezielle Sensoren, Speichern und Verarbeitungslogik auf einem Chip zu integrieren.
Gitterparameter	konstant	Im Gegensatz zu Si ist hier die Erzeugung von Heteroübergängen (HJFET z. B.) zwischen verschiedenen Verbindungen mit unterschiedlichen Gapbreiten, aber gleichen oder ähnlichen Gitterparametern möglich (technologisch bedeutend).
Gapbreite	konstant	

Tabelle 3.8. Einige wichtige Daten von ausgewählten III-V-Verbindungen

Material	Ladungsträgerbeweglichkeit		effektive Masse		Gapbreite	Gitterkonstante
	μ_n [cm²/Vs]	μ_p [cm²/Vs]	$\frac{m_n}{m_0}$	$\frac{m_p}{m_0}$	E_g [eV]	A_0 [pm]
GaAs	8800	450	0,067	0,54	1,43	565,31
InP	4600	150	0,075	0,24	1,27	586,88
InSb	100000	1700	0,013	0,18	0,18	647,94
$Ga_{47}In_{53}As$	12000	300	0,04	0,4	0,8	575,45
$Al_{32}Ga_{68}As$	3000				1,90	565,81
Si	1350	480	1,1	0,59	1,12	543,1

Tabelle 3.9. Ladungsträgerbeweglichkeiten in ausgewählten Strukturen

Material	Ladungsträgerbeweglichkeit μ_e	
$Ga_{47}In_{53}As$ (*n*) (Se-dotiert, $10^{16} \cdots 10^{18}$ cm^{-3})	bei 300 K 11000 cm²/Vs bei 77 K 27000 cm²/Vs	
Fe-dotiertes InP- (semi-isolierend) Substrat*) *) scharfer n^+n-Übergang	(Die besten 77-K-Werte lagen bei 35000 cm²/Vs, ähnliche Werte wurden auch für GaInAsP erreicht). Nach [3.119]	
Heteroübergänge:		
1. n-Al_3Ga_7As (d = 50 nm)	bei 300 K 10000 cm²/Vs	
intrinsisches GaAs (MBE präpariert, Flächen-e-Konzentration $5 \cdot 10^{11}$ cm^{-2})	bei 77 K 60000 cm²/Vs	mit ähnlicher Struktur:
2. n-Al_3Ga_7As (d = 150 nm)	bei 300 K 7500 cm²/Vs	9000 cm²/Vs
intrinsisches AlGaAs (d = 7,5 nm)	bei 78 K 100000 cm²/Vs	136000 cm²/Vs
intrinsisches GaAs (d = 100 nm) (MBE präpariert, Flächen-e-Konzentration $1{,}3 \cdot 10^{12} \cdots 7{,}8 \cdot 10^{11}$ cm^{-2})	bei 10 K 200000 cm²/Vs	286000 cm²/Vs nach [3.120]

können an modifizierten Materialien erreicht werden, wenn diese auf 4,2 K herunter gekühlt werden und superdünne Schichten und damit verbundene Heteroübergänge Verwendung finden (Tabellen 3.8, 3.9, Abb. 3.19). Die Sättigungselektronengeschwindigkeit beträgt im massiven Si ungefähr 10^7 cm s^{-1}. Das ist ein Wert, der nur wenig geringer ist als der gleiche für GaAs. Daraus kann man schließen, daß prinzipiell nur ein geringer Unterschied zwischen Kurzkanal-Si- und GaAs-FET besteht, wenn ein Betrieb weit über der Schwellspannung ins Auge gefaßt wird. Dies ist aber wenig wünschenswert.

Für LSI/VLSI-Schaltkreise werden geringe Spannungsaussteuerung und reduzierte Verlustleistung gefordert. Die höhere Elektronenbeweglichkeit des GaAs ermöglicht einen gesättigten Transport mit vierfach geringeren elektrischen Feldern, als das mit Si erreicht werden kann. Ein anderer Vorteil des GaAs und der anderen hier zur Diskussion stehenden III-V-Verbindungen und Mischkristalle ist ihr Temperaturwiderstandsvermögen ($10^7 \cdots 10^9$ Ωcm, z. B. GaAs). Das empfiehlt sie als semi-isolierende Substrate und vereinfacht die Bauelementeisolierung bei gleichzeitiger Reduzierung parasitärer Kapazitäten. Es sei auch darauf hingewiesen, daß Schaltkreise auf dieser Basis bis über 350 °C thermisch belastbar sind.

In Verbindung mit der Möglichkeit, technologisch die laterale Submikrometertechnik und dünne Schichten im unteren nm-Bereich zu beherrschen, gelangt die Nutzung solcher Aspekte — wie in einer neuen Qualität von Heteroübergängen in Verbindung mit ballistischem Elektronentransport für die Realisierung einer hochgradigen VHSI-Technik — in den Mittelpunkt technischen Interesses, und dies in Verbindung mit einer Reihe bereits genannter hervorragender Eigenschaften ausgewählter III-V-Halbleiter.

Mit Hilfe der o. g. Heteroübergänge zwischen alternierenden Schichten unterschiedlicher Gapbreiten, aber ähnlicher bis gleicher Gitterparameter kann ein Confinement elektromagnetischer Felder und Ladungsträger, resultierend aus Diskontinuitäten der dielektrischen Konstanten und dem Auftreten elektrischer Potentialschwellen, erzielt werden [3.115].

Im gegebenen Zusammenhang interessiert natürlich vorrangig das elektrische Confinement. Dieses resultiert aus den unterschiedlichen Gaps der aneinandergrenzenden Substanzen und unterschiedlichen Elektronenaffinitäten. Auf diese Weise können injizierte Bündel von Ladungsträgern eingeengt und so zu höheren Dichten angereichert werden, als das sonst der Fall hätte sein können ohne das Vorhandensein der Barrieren.

Ein äußerst interessanter Aspekt dieser Heteroübergänge ist durch die Form der Bandkanten direkt an der Grenzfläche der aneinandergrenzenden dünnen Schichten unterschiedlichen Materials gegeben [3.116]. Ist der Übergang superdünn, existiert hier ein Spike (Abb. 3.22). Dieser verflacht mit zunehmender Breite des Übergangs. Diese Spikes erzeugen eine extrem hohe Elektronenbeweglichkeit. Die Elektronen verhalten sich hier entlang der Potentialmulde

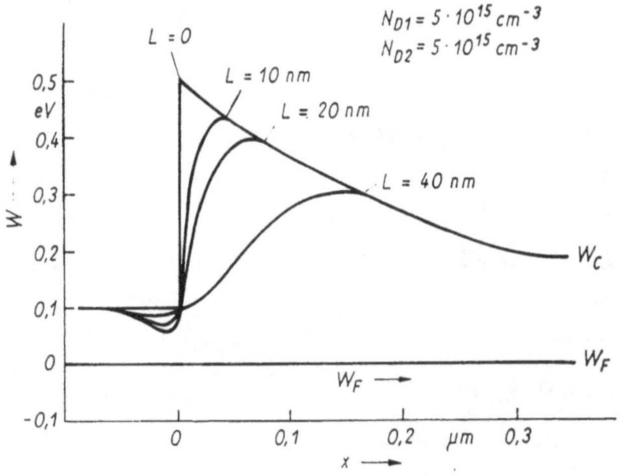

Abb. 3.22. Einfluß der Form der Bandkanten an der Grenzfläche von Heteroübergängen auf die Elektronenbeweglichkeit (nach [3.116]); L — Breite des Übergangs zwischen den Dotierungen N_{D1} und N_{D2}

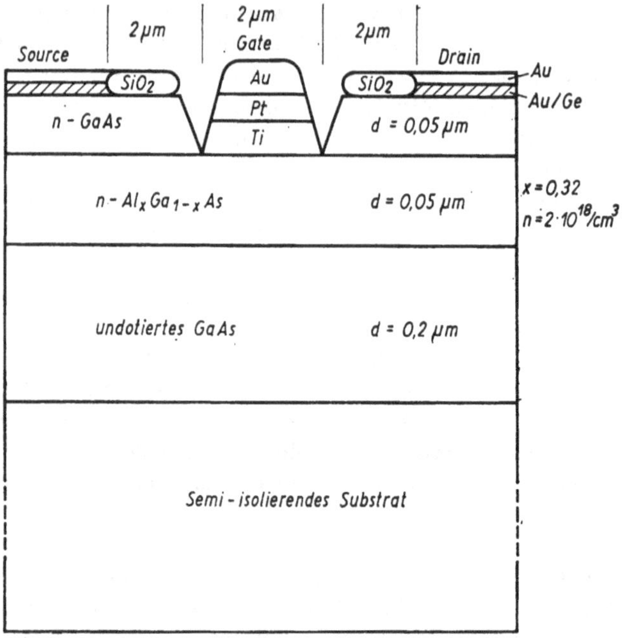

Abb. 3.23. DINGLE-FET-Struktur, nach [3.117]

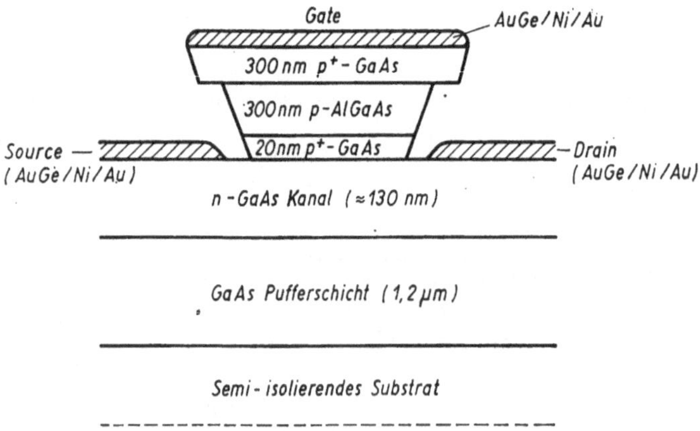

Abb. 3.24. HEMT-Struktur, nach [3.118]

wie ein zweidimensionales Elektronengas. Der technologische Trick besteht darin, die Donatoren neben dem Leitungskanal anzuordnen. Eine technische Lösung dieses Problems zeigt Abb. 3.23 mit der nach R. DINGLE genannten Bauelementestruktur (FET). Donatoren aus dem Wide-Gap-Material AlGaAs werden in den intrinsischen GaAs-Kanal injiziert. Die Schwachfeld-Elektronenbeweglichkeit dieses Heteroübergangs wurde aus HALL-Messungen zu ca. 10000 cm^2/Vs bei 300 K und zu ca. 60000 cm^2/Vs bei 77 K bestimmt, wenn die AlGaAs-Schichtdicke um 50 nm und die Flächenelektronenkonzentration ca. $5{,}5 \cdot 10^{11}\ cm^{-2}$ betragen (s. Tab. 3.9). Ebenfalls in Tab. 3.9 sind weitere Elektronenbeweglichkeitswerte in anderen Heteroübergängen aufgeführt. Sie sind überzeugend.

Eine andere technische Version einer auf dem Heteroübergangseffekt beruhenden Bauelementestruktur eines HEMT (high electron mobility transistor) ohne SCHOTTKY-Kontakt zeigt Abb. 3.24. Der Sättigungsstrom wurde hier zu 50 $\mu A/\mu m\ V^2$ gemessen und lag damit ähnlich dem des DINGLE-FET.

Derartige Elemente werden in Dünnstschicht- und Kurzkanalsystemen durch Majoritätensteuerung über Potentialbarrieren betrieben. Daher werden Elektronenstreuprozesse weitgehend minimiert.

Wenn es in der nächsten Zukunft gelingt, die Bauelementestrukturabmessungen auf 0,05 μm Stegbreite und die Überlagerungsgenauigkeit auf 2 nm zu reduzieren, rückt die Nutzungsmöglichkeit des ballistischen Elektronentransportes in den Bereich der technischen Realität. In einem solchen Fall wird tatsächlich mit einer „Handvoll" Atome in einer Bauelementestruktureinheit umgegangen. Wenn die entsprechenden Strukturgrößen eines Bauelementes kleiner werden als die mittlere freie Weglänge eines Elektrons, bzw. wenn Elektronen in einer kürzeren Zeit durch einen kurzen Kanal laufen, als die Energierelaxationszeit beträgt, also in weniger als 2 ps, dann kann das ballistische Transportphänomen mit dem sogenannten resultierenden „velocity overshoot" auftreten [3.115]. Der Grund für diese faszinierende Erscheinung ist die Tatsache, daß die Elektronen unter diesen Umständen unmittelbar nach ihrer Beschleunigung keinerlei Wechselwirkung mit dem Gitter erleiden, sich so wie freie Elektronen im Vakuum, also ballistisch verhalten. Die erforderliche kritische Distanz liegt bei den hier diskutierten III-V-Halbleitern, die, wie wir wissen, Elektronen geringer Masse und hoher Beweglichkeit besitzen, zwischen 0,2 und etwas mehr als 0,5 μm, bei Si dagegen unter 0,05 μm. Das heißt, bei den III-V-Halbleitern liegt diese kritische Distanz in technologisch realisierbaren Größenordnungen. Dieses, verbunden mit den Heteroübergangsaspekten, dürfte eine wesentliche Triebfeder bei VHSI-Aktivitäten werden und künftige Entwicklungen für Echtzeitverarbeitungen wesentlich bestimmen.

Wenn man z. B. annehmen wollte, daß ein GaAs-Chip mit 10^5 Gatter mit je 1 ps Verzögerungszeit gefertigt würde, dann läge unter Beachtung des Gesagten eine echte Alternative zur JOSEPHSON-Kryotechnik vor, die technologisch günstiger wäre und zu noch größeren Verarbeitungsgeschwindigkeiten zu bringen ist.

Gewisse Probleme bei der Schaltkreisfertigung auf der Grundlage von III-V-Halbleitern werden international mit äußerster Intensität bearbeitet. Das sind z. B. die metallorganische CVD (von ähnlicher Leistungsfähigkeit wie die MBE) zur Herstellung hochpräziser Epitaxieschichten, die Ätztechniken und die Abscheidung von Passivierungsschichten (die arteigenen haben offensichtlich die größten Aussichten zur erfolgreichen Lösung des Problems: native oxides, native nitrides).

4. Technologische Aspekte

Die Technologie mikroelektronischer Schaltkreise hat trotz ihrer historisch kurzen Entwicklungszeit von nur reichlich zwei Jahrzehnten bereits ein so hohes Niveau erreicht, daß es möglich ist, ganze elektronische Systeme mit einem Umfang an Bauelementefunktionen bis zu ca. 10^6 auf einem Chip von wenigen Quadratmillimetern zu integrieren. Damit sind jedoch die physikalischen Grenzen bei weitem noch nicht erreicht. In allen entscheidenden Parametern, wie Integrationsdichte, Schaltgeschwindigkeit und Verzögerungszeit-Leistungs-Produkt, sind Verbesserungen gegenüber dem gegenwärtigen Stand um 1···3 Größenordnungen theoretisch möglich [4.1, 4.2]. An der Ausschöpfung dieser Möglichkeiten wird international mit großem Nachdruck gearbeitet, da hierzu einige technologische Probleme grundsätzlich neu gelöst werden müssen [4.3]. Kennzeichnend ist dabei das Bemühen, ausgehend von der empirischen Beherrschung der technologischen Grundverfahren, den gesamten technologischen Prozeß immer ausgeprägter mathematisch zu durchdringen und zu simulieren. Ziel dieser Entwicklung ist die vollständig rechnergestützte Technologieentwicklung und -steuerung.

Im Mittelpunkt des Interesses technologischer Vervollkommnungen stehen die weitere Erhöhung des Integrationsgrades (Packungsdichte und Chipfläche), die Verbesserung der Schaltgeschwindigkeit und die Senkung der Fertigungskosten durch Effektivitätssteigerung im gesamten Herstellungsprozeß.

4.1. Integrationsdichte

Die Erhöhung der Integrationsdichte (Anzahl der Transistoren oder BE pro Flächeneinheit) ist die entscheidende Stoßrichtung der aktuellen technologischen Entwicklung, die im allgemeinen zur gleichzeitigen Verbesserung auch anderer wichtiger Schaltkreiseigenschaften wie Erweiterung des Funktionsumfanges, Senkung der Systemkosten, Erhöhung der Signalverarbeitungsgeschwindigkeit und Verbesserung der Systemzuverlässigkeit führt. Zur Erhöhung des Integrationsgrades, die natürlich eine Steigerung der Integrationsdichte einschließt, werden mehrere Wege beschritten.

4.1.1. Technologisch optimale Schaltungstechniken

Die erste umfassend angewandte Technologie der Mikroelektronik, die bipolare SBC-Technologie (s. Kap. 2), war wegen des großen Flächenbedarfes der damit realisierbaren TTL-Schaltungen nicht für hochintegrierte Schaltkreise geeignet. Gründe dafür sind nicht nur Unzulänglichkeiten der Technologie selbst, z. B. die *p-n*-Isolation (Abb. 4.1), sondern auch die ungünstige Schaltungstechnik, die u. a. durch die notwendigen Widerstände sehr flächenintensiv ausfällt. Radikale Verbesserungen sind durch flächenoptimale Grundstrukturen möglich. So brachte die Einführung des MOS-Transistors Ende der 60er Jahre allein eine Reduzierung des Flächenbedarfes gegenüber TTL-Schaltungen um den Faktor 10. Auf der Basis des bipolaren Wirkprinzips ist eine drastische Flächeneinsparung durch Anwendung der Injektionslogik (I^2L) möglich, die ohne Widerstände auskommt und ein günstiges Layout ermöglicht (Kap. 2).

In MOS-Schaltungen kann durch die dynamische Schaltungstechnik erheblich Platz gespart werden: bei sequentiellen Schaltungen durch den Verzicht auf das in statischer Technik zu beachtende minimale Verhältnis der Transistorkonstanten von Steuer- und Lasttransistor, bei Speichern durch weniger

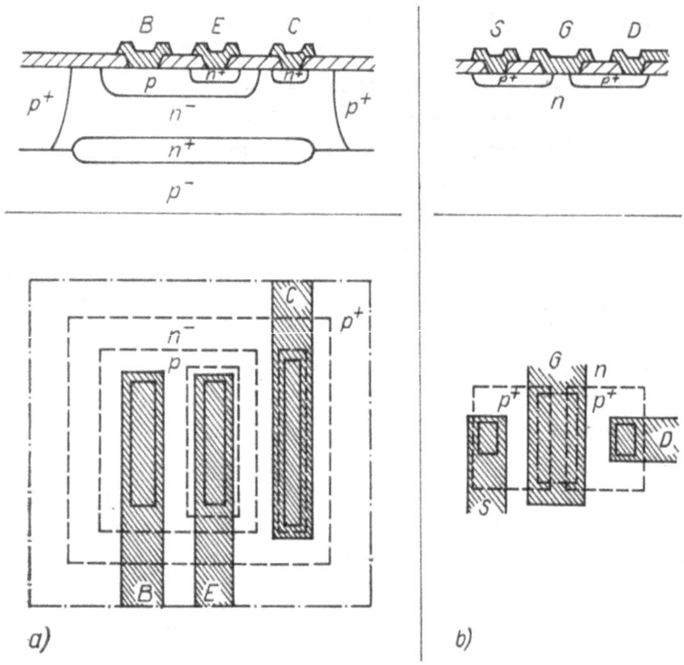

Abb. 4.1. Querschnitt und Draufsicht eines integrierten Bipolartransistors (a) und eines *p*-Kanal-Metallgate-MOS-Transistors (b) bei gleichem technologischem Niveau

aufwendige Zellenstruktur (dynamische 1-Transistorzelle anstatt statischer 6-Transistorzelle). Noch kompakter können die ebenfalls dynamisch betriebenen Ladungstransferstrukturen (CCD) ausgeführt werden, die gegenwärtig schon eine vorteilhafte Realisierung komplizierter Filter ermöglichen [4.4, 4.5] und auch für Logikschaltungen der Zukunft, insbesondere im Falle mehrwertiger Logiken, interessant sind.

Die Arbeiten zur Entwicklung neuer, noch flächengünstigerer Schaltungstechniken erfordert eine intensive Zusammenarbeit von Technologen und Schaltungstechnikern. Dabei kommt dem weiteren Vordringen funktionalelektronischer Prinzipien, wie sie in Anfängen bei den I^2L-, CCD- und bestimmten CMOS-Techniken bereits verwirklicht werden, wachsende Bedeutung zu.

4.1.2. Minimale Strukturmaße

Bei vorgegebenen Grundstrukturen einer integrierten Schaltung hängt der Flächenbedarf entscheidend von den minimal realisierbaren Strukturbreiten ab. Diese minimalen Strukturbreiten (Stege und Abstände) haben sich seit einigen Jahren dramatisch verringert. Lagen sie um 1970 noch bei ca. 10 μm, so wurden 1980 bereits 2 μm, z. B. für die Herstellung von 64-Kbit-dynamischen Lese-Schreib-Speichern, industriell beherrscht [4.6]. Für 256-Kbit-Speicher (RAM) werden schon 1,5-μm-Entwurfsregeln angewandt [4.7]. Das liegt bereits hart an der physikalischen Auflösungsgrenze für das in der Fotolithografie verwendete sichtbare Licht (einschließlich UV), das gerade noch kleinste Strukturen von ca. 1 μm abzubilden gestattet [4.8]. Eine weitere Verkleinerung ist durch den Einsatz wesentlich kürzerer Wellenlängen der für die Resistbelichtung erforderlichen Strahlung möglich. In Entwicklung befinden sich deshalb Lithografieverfahren unter Verwendung von Röntgen-, Elektronen- und Ionenstrahlen [4.9, 4.10, 4.11]. Am weitesten fortgeschritten ist der Einsatz der Elektronenstrahllithografie, die für die Schablonenherstellung bereits allgemeine Anwendung findet und auch für die Scheibendirektbelichtung praktisch genutzt wird. Infolge der extrem kurzen Wellenlänge der Elektronenstrahlen ($<$ 0,01 nm für übliche Beschleunigungsspannungen im Kilovoltbereich) spielen Beugungseffekte keine Rolle. Die Auflösung wird durch elektronenoptische Aberrationen und Elektronenstreuung im Resist (proximity effect) begrenzt. Gegenwärtig werden minimale Strukturmaße von ca. 0,2 μm erreicht. Nachteile der heute in der Praxis ausschließlich angewandten Verfahren mit schreibendem Strahl (im Gegensatz zu den in Untersuchung befindlichen Projektions- und Proximity-Verfahren) sind die geringe Produktivität und hohen Kosten.

Mit Röntgenstrahlen, deren Wellenlänge in der Größenordnung von Nanometern liegt (praktisch genutzt werden Wellenlängen von 0,4 bis 0,8 nm), sind ebenfalls keine Beugungsprobleme zu erwarten. Die Auflösung wird hier begrenzt durch die Verwaschungen infolge der verwendeten Röntgenpunktquellen endlicher

Größe, durch das reale Profil der Schablonenstrukturkanten und durch den Resist. Kleinste Abmessungen von 0,1 μm sind damit aber bereits strukturiert worden [4.12]. Wegen der zur optischen Lithografie analogen Ganzscheiben- oder wenigstens Ganzchipbelichtung (bei Anwendung eines Steppers) ist die Produktivität potentiell höher als bei der Elektronenstrahllithografie. Hauptproblem der gegenwärtigen Entwicklung ist die Lösung der Schablonenfrage, da gleichzeitig eine große Transparenz des Schablonensubstrates und eine hohe Absorption der Strukturträger gesichert werden muß. Während mit Gold ein gut beherrschter Absorber vorliegt, sind die Probleme der organischen oder anorganischen (z. B.: Si) Membranen noch nicht befriedigend gelöst.

Prinzipiell die höchste Auflösung kann mit Ionenstrahlen erreicht werden, wobei auch hier ähnlich den Elektronenstrahlverfahren neben dem fokussierten Schreibstrahl Projektions- und Proximityverfahren untersucht werden. Gegenüber dem Elektronenstrahl ist eine geringere Ausbreitung der Ionen im Resist (damit kein proximity effect) und eine um Größenordnungen höhere Empfindlichkeit des Resists anzumerken [4.11]. Die praktische Anwendung der Ionenstrahllithografie ist jedoch gegenüber der Elektronen- und Röntgenstrahllithografie noch am weitesten zurück, insbesondere wegen anlagentechnischer Probleme, die sich u. a. aus den wesentlich komplizierteren Ionenoptiken ergeben.

Unabhängig vom einzusetzenden Belichtungsverfahren sind für minimale Strukturabmessungen die Resisttechnologien entscheidend zu verbessern. Neben der erfolgversprechenden Erprobung anorganischer Resiste [4.13] ist vor allem die Einführung von Mehrlagensystemen, bei denen ein möglichst dünner Resistfilm auf einer das Relief des Schaltkreises ausgleichenden dicken Schicht liegt [4.14], ein wichtiger Schritt auf dem Wege zu einer industriell genutzten Submikrometer-Technologie.

Insgesamt bieten die zur Auswahl stehenden Mikrolithografieverfahren bereits jetzt die grundsätzliche Möglichkeit, Strukturbreiten bis zu 0,1 μm herab zu realisieren und damit die geometrischen Grenzen der maximalen Packungsdichte zu erreichen. Große Anstrengungen auf den Gebieten der Anlagentechnik, Schablonen, Resiste und Technologie sind jedoch vor einer möglichen breiten industriellen Nutzung noch erforderlich.

Mit der Möglichkeit der Formierung hinreichend kleiner Strukturmaße im Resist gewinnt die Strukturierungstechnik zur Übertragung der Resiststruktur auf die darunterliegenden Schichten wachsende Bedeutung. Die bis Ende der siebziger Jahre dominierenden naßchemischen Ätzverfahren eignen sich wegen der in der Größenordnung der Schichtdicke liegenden Unterätzung dafür nicht. Trockenätzverfahren, die in einer gasförmigen Umgebung unterschiedlichen Druckes durchgeführt werden, ermöglichen eine weitaus exaktere Übertragung des Strukturbildes vom Resist auf die Unterlage. Die Vorteile der Trockenätzverfahren bestehen vor allem in der Vermeidung stochastischer Kantenverschiebungen durch Wegfall lackhaftungsbedingter Unterätzungen, der Verringerung der Kantenrauhigkeit, der höheren Auflösung durch Einsatz anisotroper Ätzmethoden und der prinzipiell möglichen Anwendbarkeit auf alle Materialien (ohne Hilfsmasken). Die Anisotropie nimmt für die verschiedenen Verfahren in folgender Reihenfolge zu: plasmachemisches Ätzen im Rohrreaktor, plasmachemisches Ätzen im Planarreaktor, ionenchemisches und Ionenstrahlätzen [4.10, 4.15]. Die Probleme des Trockenätzens — speziell der Verfahren mit hoher Anisotropie — liegen in der geringen Ätzratenselektivität und damit zusammenhängenden Fragen wie: Endpunktkontrolle, Redeposition und Strukturabhängigkeit der Ätzrate. Mit der schrittweisen Lösung der verfahrenstechnischen und Anlagenprobleme des Trockenätzens werden ausreichende Methoden für eine 1:1-Strukturübertragung im Submikrometerbereich zur Verfügung stehen.

Die sinnvolle Realisierung minimaler Strukturbreiten im Schaltkreis erfordert auch neue Dotierungsverfahren. Die bei Diffusionsdotierung unvermeidliche Unterdiffusion, die in der Größenordnung der Eindringtiefe liegt, würde der angestrebten Strukturverkleinerung bis herab zu 0,1 μm entgegenstehen. Deshalb ist der durchgängige Einsatz der Ionenimplantation, die eine scharfe Begrenzung des dotierten Gebietes in den Konturen der Implantationsmaske ermöglicht, zwingend erforderlich. Im Rahmen der Gesamttechnologie ist darauf zu achten, daß kein „Auseinanderlaufen" des Dotierungsprofils durch die anschließenden Prozeßschritte erfolgt. Hieraus leitet sich die Forderung nach dem Einsatz schwerbeweglicher Dotanden (z. B. As statt P für n-leitende Gebiete) sowie nach niedrigen Prozeßtemperaturen und kurzen Bearbeitungszeiten bei allen thermischen Prozessen ab. Für die Aktivierung und Ausheilung implantierter Gebiete wird deshalb intensiv an nichtkonventionellen Methoden gearbeitet, bei denen durch Strahlung hoher Energiedichte (bis zu einigen J/cm^2), z. B. mittels Laser [4.16] oder Elektronenkanone [4.17], eine kurzzeitige (einige Nanosekunden) Aufheizung des Substrates erfolgt. Entwicklungen wie die Hochdruckoxydation von Silizium, chemische Niedertemperaturabscheidungsverfahren aus der Gasphase für Halbleiter- und Isolatorschichten sowie physikalische Abscheidungsverfahren werden dadurch ebenfalls vorangebracht.

Die Verringerung der Strukturmaße hat noch weitere Konsequenzen auf die Schichtherstellungsprozesse. So muß das Gateoxid in MOS-Schaltkreisen proportional zur Verringerung der Kanallänge verkleinert werden (vgl. 4.1.4.), was z. B. in naher Zukunft zu der Forderung nach stabiler Beherrschung von 10 bis 20 nm dickem SiO_2-Isolator führt. Bereits heute ist zur Realisierung von 256-Kbit-dynamischen RAM ein Gateoxid in Dicken zwischen 20 nm [4.18] und 30 nm [4.19] notwendig.

Der Einsatz polykristalliner Siliziumschichten in integrierten Schaltkreisen, der heute zu den tragenden Säulen einer modernen MOS-Technik gehört, wird zugunsten von Schwermetallschichten (Pt, W, Mo, Ti, Ta) und deren Siliziden (WSi_2, $MoSi_2$, $TiSi_2$, $TaSi_2$) zurückgehen. Ausschlaggebend ist dabei der niedrigere spezifische Widerstand der Metalle ($10^{-6} \dots 10^{-5}\,\Omega$cm) und Silizide ($10^{-5}$ bis $10^{-4}\,\Omega$cm) gegenüber polykristallinem Silizium ($10^{-3} \dots 10^{-2}\,\Omega$cm), da bei den angestrebten geringen Strukturbreiten (< 1 μm) und notwendigen Schichtdicken (< 0,5 μm) unakzeptable Spannungsabfälle und Signalverzögerungszeiten in hochintegrierten Schaltkreisen auftreten würden.

4.1.3. Minimale Toleranzen

Mit Verringerung der absoluten Strukturmaße erlangt die Reduzierung der Maß- und Überdeckungstoleranzen grundlegende Bedeutung. Bereits heute könnte z. B. der Flächenbedarf eines mittleren CMOS-Schaltkreises in Aluminiumgatetechnologie bis zu 80% verringert werden, wenn keine Maßtoleranzen zu beachten wären. Mit abnehmenden Absolutmaßen der Schaltkreisstrukturen verringert sich dieses Verhältnis noch weiter zuungunsten der aktiven Fläche, wenn nicht die Toleranzen aller strukturmaßbeeinflussenden technologischen Teilschritte drastisch reduziert werden. Verbessert werden konnten in den letzten Jahren die Schablonenmaßtoleranzen durch Übergang von Fotoschablonen zu Chromschablonen. Weitere Verbesserungen sind in der Schablonentechnologie analog zur Zyklus-I-Technologie erforderlich, um die notwendige Reproduzierbarkeit der Absolutmaße zu sichern. Für höchste Ansprüche im Submikrometerbereich kommt allerdings vorerst ohnehin nur die Elektronenstrahldirektbelichtung in Betracht, bei der das Schablonenproblem entfällt.

Einen großen Beitrag zur Unsicherheit der Strukturmaße im Schaltkreis leistet die Justiergenauigkeit, mit der die lithografischen Ebenen einander zugeordnet werden. Das ist sowohl ein anlagentechnisches Problem als auch ein technologisches Problem, da über die entsprechende Justiermarkentechnologie die Zuordnungsgenauigkeit wesentlich mitbestimmt wird. Allein durch die geeignete Reihenfolge und Zuordnung der Justiermarken in Abhängigkeit von der gewählten Technologie kann der Flächenbedarf für eine Transistorstruktur bis um den Faktor 2 schwanken [4.20].

Der Trend zu kleineren Strukturen mit geringeren zulässigen Toleranzen bei gleichzeitiger Vergrößerung des Scheibendurchmessers zwingt dazu, bei anspruchsvollen Schaltkreisen zur Belichtung mit dem Wafer-stepper überzugehen, d. h., jedes einzelne Chip individuell zu positionieren, um Globallängendifferenzen und Ausdehnungseffekte zu umgehen.

In der Elektronenstrahllithografie stellt die Strahlpositionierung mit der für künftige Technologien zu fordernden Zuordnungsgenauigkeit von 0,01 μm das wohl größte noch ungelöste Problem dar.

Maßschwankungen im Strukturierungsprozeß entstehen jedoch nicht nur durch Schablonentoleranzen und beim Justieren. Auch durch den Belichtungs- und Entwicklungsprozeß sowie beim Ätzen werden die Maßtoleranzen wesentlich mitbestimmt. Geringere Toleranzen im Lack erfordern dünnere Lackschichten, die auf Grund von Bedeckungs- und Reflexionsproblemen des reliefartigen Untergrundes im allgemeinen nicht angewandt werden können. Hier zeichnet sich die

Notwendigkeit des Überganges zu Mehrschichtsystemen ab, bei denen der Untergrund durch eine dickere Schicht zunächst eingeebnet wird und auf die dann (ggf. durch eine dünne Zwischenschicht getrennt) die strukturmaßbestimmende dünne Resistschicht aufgebracht wird. Zum Ätzen macht sich der Einsatz anisotrop wirkender Verfahren mit Endpunktkontrolle erforderlich, um die Toleranzen zu senken.

Eine entscheidende Verringerung der Toleranzen und damit Flächeneinsparung auf dem Schaltkreis ist mit Anwendung der Selbstpositionierung verschiedener technologischer Ebenen zueinander erreichbar. Mit der Einführung der selbstpositionierenden Source- und Draindiffusion durch Einsatz von polykristallinem Silizium als Gateelektrode wurde in den MOS-Techniken (pSGT, nSGT, cSGT) ein großer Fortschritt erzielt. Mit der Erweiterung des selbstpositionierenden Prinzips, z. B. auf die Kontaktfenster, können in bipolaren und unipolaren Technologien weitere Flächeneinsparungen erreicht werden. Die Entwicklung der Selbstpositionierung zu einem durchgängigen Prinzip wird für die weitere Erhöhung des Integrationsgrades zu einer unabdingbaren Notwendigkeit.

Gemeinsam mit den Strukturierungstechniken müssen die anderen technologischen Teilschritte ebenfalls auf die geringeren zulässigen Maßtoleranzen eingestellt werden. Schichtdicken, Eindringtiefen und Widerstandswerte müssen in engeren Grenzen reproduziert werden, wozu die neueren Verfahren, die auch zur Erzielung geringerer Absolutmaße erforderlich sind, wie etwa Ionenimplantation, Hochdruckoxydation, Niedertemperatur- und Niederdruck-CVD usw., heranzuziehen sind.

4.1.4. Minimale Bauelementeabmessungen

Die minimalen Abmessungen der in einem integrierten Schaltkreis zu realisierenden Einzelbauelemente hängen natürlich nicht nur von den minimalen Strukturbreiten und Toleranzen ab, sondern unterliegen auch einschränkenden elektrischen Bedingungen.

Der Flächenbedarf bipolarer Schaltkreise wird hauptsächlich von der Emitterfläche bestimmt. Unter Beachtung der aus elektrischen Gründen minimalen Emitterbreite und Emitterlänge [4.21] erhält man als minimale Fläche A_E für den Emitter:

$$A_E = \frac{q I_E R_{SB_i} \cdot W_B^2}{kT}.$$

Neben der offensichtlichen Abhängigkeit vom Emitterstrom I_E und den nicht zu beeinflussenden Größen q (Elementarladung), k (Boltzmann-Konstante) und T (Temperatur) ist der Einfluß des Basiswiderstandes R_{SB_i}, vor allem aber der Basisweite W_B zu erkennen. Minimale Abmessungen bipolarer Transistoren erfordern also minimale Basisweiten. Basisweiten von 1 μm und darunter (theoretische Grenze bei ca. 0,1 μm) setzen die Beherrschung extrem dünner Epitaxieschichten voraus. Hierzu müssen Silanverfahren eingesetzt werden. Die Herstellung extrem dünner Epitaxieschichten für die Basis bipolarer Transistoren bringt zugleich Vorteile für die Schaltgeschwindigkeit (s. 4.2.1.) und für die Anwendung flächensparender dielektrischer Isolationsverfahren (vgl. 4.1.5.). Für die Realisierung derartig geringer Basisweiten sind gleichzeitig auch neue Dotierungsprobleme zu lösen. So muß die Reproduzierbarkeit der Basisdotierung drastisch verbessert werden (z. B. durch Einsatz der Ionenimplantation), denn bei einer Basisweite von 0,1 μm und einer Dotierung von 10^{16} cm^{-3} befände sich dann im Mittel nur noch 1 Dotierungsatom auf dem Wege eines Ladungsträgers vom Emitter zum Kollektor. Die Streuung der Transistorparameter hängt aber entscheidend von der Schwankung der Dotierungskonzentration in der Basis ab.

Bei Verringerung der Basisweite sind allerdings dem Betriebsspannungsbereich solcher Schaltungen enge Grenzen gezogen (vgl. 4.3.1.). Durchbruchserscheinungen verschiedener Art üben einen Zwang zu niedrigeren Spannungsbereichen für integrierte Schaltkreise aus.

Die aktive Fläche von MOS-Transistoren wird entscheidend von der Kanallänge l und Kanalbreite b bestimmt. Da eine minimale Transistorkonstante K für die vorgesehene Funktionsweise der integrierten Schaltung (z. B. Geschwindigkeitsforderungen, Pegel) zu sichern ist und diese Konstante gemäß

$$K = \frac{\mu\varepsilon\varepsilon_0}{d} \cdot \frac{b}{l}$$

neben der Dielektrizitäts- und Influenzkonstante ε bzw. ε_0, der Ladungsträgerbeweglichkeit μ und der Isolatordicke d vor allem vom Verhältnis b/l abhängt, kann durch Verkürzung der Kanallänge ohne Einbußen an den elektrischen Kennwerten erhebliche Fläche gewonnen werden. Dabei gilt zunächst, daß bei einer maßstäblichen Änderung aller wichtigen Parameter um den Faktor S gemäß Tabelle 4.1 alle klassischen Beziehungen des MOS-Transistors ihre Gültigkeit behalten [4.22]. Zu beachten ist dabei allerdings auch hier — wie in bipolaren Schaltkreisen — die Notwendigkeit der Verringerung der Spannung um den angegebenen Faktor S. Kann die Betriebsspannung jedoch nicht in gleichem Maße wie die anderen Größen reduziert werden (wegen des „Industriestandards" von 5 V), ergeben sich eine Reihe von Effekten, die mit den veränderten geometrischen Verhältnissen im Kurzkanaltransistor zusammenhängen und z. B. zur Absenkung der Schwellspannung mit Verringerung der Kanallänge unter 5 μm und zu deren Anstieg bei Verringerung der Kanalbreite unter 10 μm führen [4.9]. Bis zu einer gewissen Grenze, die durch die Durchbruchsspannung gegeben ist (vgl. 4.3.1.), lassen sich die Probleme durch technologische Optimierung lösen. Soll die theoretische Grenze des MOST-Prinzips, die bei ca. 0,1 μm Kanallänge liegt, ausgeschöpft werden, muß die Betriebsspannung auf Werte unter 1 V gesenkt werden.

Tabelle 4.1. Änderungen wichtiger Transistorparameter bei maßstäblicher Verkleinerung (scaling down) nach [4.22]

Parameter	Maßstabsfaktor
Kanallänge	$1/S$
Oxiddicke	$1/S$
Eindringtiefe, Unterdiffusion	$1/S$
Substratdotierung	S
Betriebsspannung	$1/S$
parasitäre Kapazitäten	$1/S$
Gatterverzögerungszeit	$1/S$
Verlustleistung	$1/S^2$
Verzögerungszeit-Leistungs-Produkt	$1/S^3$

Weitere Möglichkeiten der Verringerung des Flächenbedarfs bestehen in der Erhöhung der Dielektrizitätskonstante des Gateisolators. Substitution des SiO_2 ($\varepsilon \approx 4$) durch Al_2O_3 ($\varepsilon \approx 8$) würde z. B. eine Halbierung des Flächenbedarfs bei sonst gleichen Anforderungen (d. h. Transistorkonstante) bringen. Wegen der günstigen Dotierungsverhältnisse beim MAS-Transistor kann der Gewinn bei der Transistorkonstante (und damit der Fläche) sogar mehr als das 10fache betragen [4.23]. Ausgezeichnete Ergebnisse wurden mit thermisch formiertem Si_3N_4 als Gateisolator mit einer Dicke von 7 nm erreicht [4.24]. Geringe Möglichkeiten liegen bei der Si-Technik auch noch in der Verbesserung der Ladungsträgerbeweglichkeit μ. Hatte der Übergang von der *p*- zur *n*-Kanaltechnik bereits allein wegen der höheren Trägerbeweglichkeit Flächen- (oder Geschwindigkeits-) gewinne um den Faktor 2 gebracht, so können heute durch aufwendige technologische Maßnahmen (Dotierungsprofil, Gateisolator) bestenfalls Verbesserungen um ca. 50% erreicht werden. Einen Durchbruch kann hier die Verwendung neuer Halbleitermaterialien, z. B. von GaAs bringen, dessen Elektronenbeweglichkeit wesentlich über der des Si liegt (s. Kap. 3).

Neben den Möglichkeiten, die Transistorflächen auf ein Minimum zu reduzieren, gibt es auch Möglichkeiten, die MOS-Lasttransistoren in bestimmten Fällen durch Widerstände zu substituieren. Durch hochohmige polykristalline Si-Widerstände sind dabei Flächeneinsparungen pro Gatter bis zu 40% möglich.

4.1.5. Isolations- und Verbindungsverfahren

Einen hohen Flächenbedarf weisen die zur Isolation der aktiven Elemente voneinander erforderlichen Gebiete auf.

In der bipolaren SBC-Technologie erfolgt die Isolation durch in Sperrichtung gepolte *pn*-Übergänge. Der Flächenbedarf ist groß wegen der großen Epitaxieschichtdicke (ca. 10 μm) und der Ausbreitung der Raumladungszone. Einen Fortschritt brachte die CDI-Technik, die zwar Epitaxieschichtdicken von 1 bis 2 μm Dicke voraussetzt, aber eine Flächeneinsparung um den Faktor 3 bis 4 ermöglicht. Die höchste Packungsdichte (geringster Flächenbedarf) wird mit der dielektrischen Isolation erreicht, die eine weitere Verdopplung der Integrationsdichte zuläßt, aber wegen der Notwendigkeit, die Epitaxieschicht durchzuoxydieren, ebenfalls nur für sehr dünne Epitaxieschichten (1 μm) geeignet ist.

Generell ist die MOS-Technik nicht an die Realisierung spezieller Isolationsgebiete zwischen den Transistoren gebunden, da sie selbstisolierend ist. Dies ist einer der entscheidenden Vorteile der MOS-Technik gegenüber der Bipolartechnik. Allerdings erfordert die Sicherung einer entsprechenden Spannungsfestigkeit gegenüber der Ausbildung parasitärer Feldtransistoren (vgl. 4.3.2.) in *n*-Kanal- und CMOS-Schaltkreisen allgemein das Einbringen von Kanalstoppern, die sehr flächenaufwendig sind. Abhilfe ist ebenfalls durch Oxidisolation möglich.

Neben der für die Realisierung der aktiven Bauelemente einschließlich Isolation erforderlichen Fläche wird ein mit wachsendem Integrationsgrad zunehmender, hoher Anteil der Chipfläche für die Ausführung von Verbindungen benötigt. In unregelmäßigen Strukturen (Logikschaltkreisen) werden dafür heute bereits bis zu 80% der Chipfläche in Anspruch genommen [4.25]. Hier ist eine Flächenreduzierung durch Verwendung mehrerer Leitbahnebenen möglich. In die MOS-Technik wurde bereits Anfang der 70er Jahre mit dem polykristallinen Silizium als Gateelektrode eine solche zusätzliche Ebene eingeführt, die erhebliche Vereinfachungen (Kreuzungsmöglichkeiten mit den Aluminiumleitbahnen) in die Leitungsführung und Flächeneinsparungen in beachtlichen Dimensionen (Faktor 2) gebracht hat.

Die Verwendung diffundierter Gebiete als weitere Leitbahnebene ist auf wenige Sonderfälle beschränkt, da allgemein der hohe Flächenwiderstand und die große parasitäre Kapazität hinsichtlich der Pegel- und Signalverzögerungszeiten zu unbefriedigenden Ergebnissen führen. In der Bipolartechnik bietet darüber hinaus lediglich die CDI-Technologie eine vernünftige Möglichkeit, derartige Leitbahnen zu realisieren.

Aus funktionellen Gründen (z. B. Master-Slice-Schaltkreise) und aus Gründen der Flächennutzung des Siliziums machen sich mit zunehmendem Integrationsgrad jedoch weitere Leitbahnebenen notwendig. Neben der Verwendung des traditionellen Aluminiums, das wegen seines geringen spezifischen Widerstandes von $2{,}7 \cdot 10^{-6}\ \Omega\text{cm}$ nach wie vor interessant, aber wegen seines niedrigen Schmelzpunktes von 660 °C technologisch ungünstig ist, wird intensiv an der Einführung von Schwermetallsiliziden und Schwermetallschichten als Leitbahnmaterial gearbeitet. Silizide bieten den Vorteil der einfacheren Verarbeitbarkeit, da sie sich weitgehend ähnlich dem gut beherrschten polykristallinen Silizium verhalten [4.26], während die Schwermetallschichten die niedrigeren Widerstände aufzuweisen haben. Beide Materialgruppen werden auch als Gatematerial für MOS-

Schaltkreise untersucht und sicher in künftigen höchstintegrierten Schaltkreisen das polykristalline Silizium ablösen.

Die weitere Verkleinerung aller Strukturmaße zwingt auch zu neuen Lösungen für die Realisierung zuverlässiger und niederohmiger Kontakte. Hatte bereits die mit der Strukturverkleinerung einhergehende Verringerung der Eindringtiefen von Source-Drain-Gebieten in MOS-Schaltungen den Einsatz von Al-Si-Legierungen als Kontaktmaterial erfordert, um ein Durchlegieren zu vermeiden, so machen sich für extrem flache *pn*-Übergänge Mehrschichtsysteme (z. B. Au/Cr, Au/Mo, Ag/Ti) notwendig.

4.1.6. Stapelanordnungen

In steigendem Maße gelingt es, die dritte Dimension in Schaltkreisen zur Erhöhung der Packungsdichte auszunutzen. Erfolgreichstes Konzept bisher waren Stapelanordnungen für unterschiedliche Elemente von Schaltkreisen.

Während in älteren EPROM-Schaltkreisen die Speicherzelle aus einem Auswahltransistor und einem dazu in Reihe geschalteten Speichertransistor mit floating gate bestand, gelang es durch das SAMOST-Prinzip (stacked gate avalanche injection MOST), den Flächenbedarf rund auf die Hälfte zu reduzieren, indem Speicher- und Auswahlgate in einer Transistorstruktur übereinander „gestapelt“ angeordnet wurden.

Für höchstintegrierte dynamische RAM werden Stapelkondensatoranordnungen vorgeschlagen [4.27, 4.23], die durch eine Verlagerung des Speicherkondensators auf die Leitbahnebene des Chips zu einem ca. fünffachen Flächengewinn gegenüber der konventionellen 1-Transistorzelle führen.

Dank der Erfolge bei der Ausheilung polykristalliner Schichten mittels Laseraufschmelzung ist zu erwarten, daß nun auch ganze Transistoren gestapelt werden können, wie dies für MOS-Transistoren [4.28, 4.29] und für MESFET [4.30] auf amorphen Isolatoren bereits demonstriert wurde. Besonders große Gewinne in bezug auf die Packungsdichte sind bei Anwendung dieses Prinzips auf die CMOS-Technik zu erwarten, da dann die flächenaufwendige Wanne gänzlich entfallen kann [4.31].

4.2. Schaltgeschwindigkeit

Durch das schnelle Vordringen der Mikroelektronik in nahezu alle Bereiche der modernen Technik wachsen auch die Anforderungen an die Leistungsfähigkeit mikroelektronischer Schaltkreise. Ein Großteil dieser Forderungen leitet sich aus Einsatzfällen mit Echtzeitverarbeitung ab, wo die Signalverarbeitung im Schaltkreis natürlich viel schneller erfolgen muß, als die zu steuernden oder zu verfolgenden Prozesse ablaufen. Insbesondere die beträchtliche Verbreitung der Mikroprozessoren in allen Einsatzgebieten elektronischer Steuerungen erfordert eine drastische Verkürzung der Verarbeitungsgeschwindigkeit. Glücklicherweise münden nahezu alle Forderungen an die Technologie zur Steigerung der Schaltgeschwindigkeit in die gleichen Problemstellungen wie die entsprechenden Forderungen zur Erhöhung des Integrationsgrades. Damit sind günstige Voraussetzungen gegeben, die weitere Erhöhung des Interationsgrades wie bisher mit einer ständigen Steigerung der Verarbeitungsgeschwindigkeit zu verbinden (s. Abb. 5.3).

Die technologischen Möglichkeiten zur Senkung der Signalverzögerungszeiten in integrierten Schaltkreisen ergeben sich hauptsächlich über die Beeinflussung zweier Faktoren, die die Schaltzeiten entscheidend bestimmen: die Realisierung verzögerungsarmer Schaltelemente hoher Stromergiebigkeit und die Minimierung sämtlicher parasitärer Kapazitäten.

4.2.1. Schaltelemente

Die eigene Trägheit der Schaltelemente in integrierten Schaltungen und deren Fähigkeit, die über diesen Schalter angeschlossenen Kapazitäten möglichst schnell umladen zu können, werden durch eine Reihe technologisch beeinflußbarer Parameter bestimmt. Dabei sind die Forderungen an die Technologie in einigen wesentlichen Punkten unabhängig vom Wirkungsprinzip des Schalters (bipolarer Transistor, unipolarer Transistor, JOSEPHSON-Übergang), wie etwa die Forderung nach minimalen Abmessungen geschwindigkeitsbestimmender Strukturelemente. Andere Anforderungen an Technologie und Konstruktion ergeben sich aus den spezifischen Eigenheiten jedes Schaltelementes.

4.2.1.1. Bipolartransistoren

Eine Analyse der Beiträge zur Schaltzeit eines integrierten Transistors (Abb. 4.2) ermöglicht es, die Forderungen an eine Technologie für schnelle Bipolarschaltkreise abzuleiten.

Unter Zugrundelegung eines vereinfachten Ladungssteuermodells [4.32] gelangt man zu folgenden Näherungen für die einzelnen Zeitanteile der Ein- und Ausschaltzeit (t_e bzw. t_a).

t_{ev} — Die Einschaltverzögerung ist bedingt durch das Aufladen der Emitter- und Kollektorsperrschichtkapazitäten bis zur Erreichung der Schaltschwelle U_{F0}, bei der ein merklicher Injektionsstrom in die Basis zu fließen beginnt, und die Zeit, in der die Träger die Basis W_B durchlaufen:

$$t_{ev} = (C_E + C_C) \frac{U_{F0}}{I_B} + \frac{W_B^2}{2D_{nB}}.$$

C_E und C_C sind die Emitter- bzw. Kollektorkapazitäten, D_{nB} ist der Diffusionskoeffizient der Elektronen in der Basis.

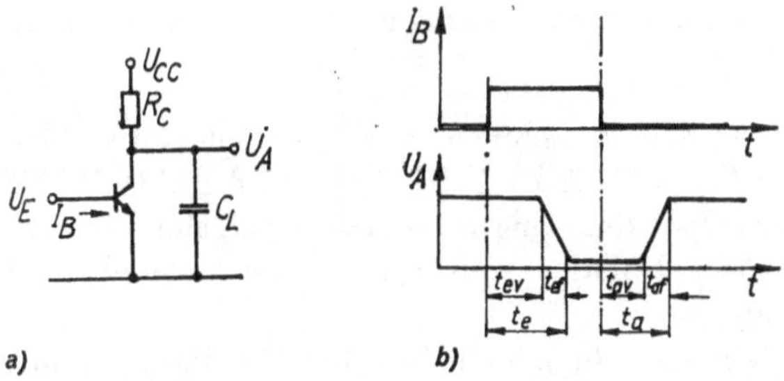

Abb. 4.2. a) Bipolare Verstärkerstufe;
b) Verzögerungszeiten für ein als ideal angenommenes Eingangssignal

t_{ef} — Die Einschaltflanke wird von der Dauer der Trägerakkumulation in der Basis bestimmt:

$$t_{ef} = [\tau_B + (B + 1) R_C C_C + R_C C_L] \ln \left(\frac{M}{M - 0{,}9} \right).$$

Dabei ist τ_B die Minoritätsträgerlebensdauer in der Basis, B die Stromverstärkung in Emitterschaltung, R_C der Gesamtwiderstand im Kollektorstromkreis, C_L die Lastkapazität und M der Übersteuerungsfaktor, der das Verhältnis von eingespeistem Basisstrom zu dem Basisstrom, der den Transistor an der Sättigungsgrenze hält, angibt.

t_{av} — Die Speicherzeit ist durch den Abbau der Überschußladungsträger (bei schmaler Basis vor allem im Kollektor) bestimmt:

$$t_{av} = \tau_A \ln M.$$

τ_A gibt die Aufenthaltsdauer der Minoritätsträger in der Kollektorschicht an und beträgt deshalb $\tau_A = \tau_C$ (Lebensdauer der Minoritätsträger im Kollektor) im Falle einer dicken Kollektorschicht oder ist gleich der Laufzeit durch den Kollektor $\tau_A = \frac{W_C}{2D_{pC}}$ bei schmaler Kollektorschicht (d. h., die Diffusionslänge ist sehr viel kleiner als die Tiefe der Kollektorschicht).

t_{af} — Die Ausschaltflanke hängt davon ab, ob die Zeitkonstante der äußeren Beschaltung (einschließlich der parasitären Kapazitäten und Widerstände) oder die Zeitkonstanten des Transistors dominieren:

Bei $R_C C_L \ll B C_C R_C + \tau_B$ gilt:

$$t_{af} = (\tau_B + B R_C C_C) \ln \left(\frac{M - 1}{M} \right),$$

bei $R_C C_L \gg B C_C R_C + \tau_B$ gilt:

$$t_{af} \approx 2{,}3 R_C C_L.$$

Hieraus ergeben sich folgende technologische Ansatzpunkte für eine Erhöhung der Schaltgeschwindigkeit:

— Die Kapazitäten C_E, C_C und C_L sind zu minimieren, was vor allem über eine Flächenreduzierung zu erreichen ist; bei C_L ist es möglich, den Anteil, der als parasitäre Kapazität der Isolation eingeht, durch Übergang von der *pn*-Isolation zur dielektrischen Isolation von typisch 100···300 pF/mm² auf ca. 10 pF/mm² zu senken.
— Die Basis- und Kollektordicke sind zu minimieren. Für die Basis ist mit 0,05 μm allerdings eine absolute untere Grenze gegeben. Dielektrisch isolierte Transistoren mit schmaler Kollektorschicht haben gegenüber sperrschichtisolierten eine längere Speicherzeit, da die Zeit τ_A nur im Falle einer unendlich großen Rekombinationsgeschwindigkeit an der Si/SiO_2-Grenzfläche gleich der Laufzeit durch die Kollektorschicht ist. Es müssen deshalb zusätzliche Rekombinationszentren eingebracht werden (z. B. Au-Diffusion).
— Die Minoritätsträgerlebensdauer ist durch Einbau von Rekombinationszentren zu minimieren, obwohl sich dadurch keine beliebige Verkürzung der Ein- und Abschaltflanke erreichen läßt; bei zu hoher Au-Dotierung ergeben sich darüber hinaus technologische Probleme (mangelnde Reproduzierbarkeit, Anstieg des Kollektorreststromes u. a.).
— Die Übersteuerung *M* muß durch schaltungstechnische Maßnahmen verhindert werden. Von Bedeutung für die Technologie ist dabei das Verfahren, durch eine SCHOTTKY-Diode, die parallel zum Kollektorübergang liegt, den Eintritt in die Sättigung zu verhindern. Die Realisierung dieser SCHOTTKY-Diode kann in der einfachsten Weise mit der Aluminiummetallisierung des Schaltkreises erfolgen. Verschiedene technologische Probleme (Reproduzierbarkeit) lassen andere Materialien (z. B. PtSi) hierfür in Zukunft an Bedeutung gewinnen.
— Die Stromverstärkung *B* darf aus Gründen der Schaltzeiten nicht zu groß gewählt werden.
— Der Widerstand der Kollektorschicht ist zu minimieren, obgleich die Spannungsfestigkeit mit zunehmender Kollektordotierung abnimmt.

Die Möglichkeiten zur Verkürzung der Schaltzeiten sind allerdings mit dem Material Silizium begrenzt. Unter der Annahme theoretischer Grenzwerte für die einzelnen Anteile der Schaltzeit erhält man einige Pikosekunden [4.1, 4.33] als unteren Wert.

Noch höhere Schaltgeschwindigkeiten sind nur mit anderen Halbleitermaterialien, die eine höhere Trägerbeweglichkeit aufweisen (z. B. GaAs, Ge), prinzipiell möglich. Für die Realisierung hochintegrierter bipolarer Schaltkreise mit diesen Halbleitern fehlen allerdings bisher alle technologischen Voraussetzungen. Die Realisierung von Feldeffekttransistorschaltkreisen ist prinzipiell einfacher und deshalb für derartige Materialien aussichtsreicher (s. Abschn. 4.6.2.).

4.2.1.2. MOS-Transistoren

Die innere Elektronik des Schaltverhaltens von MOS-Transistoren ist überschaubarer, nicht zuletzt deshalb, weil nur eine Trägerart den Strom im Bauelement trägt. Es genügt im Grunde, die Zeit für die Umladung (Aufbau, Abbau) des Kanals zu bestimmen, um die wichtigsten Einflußfaktoren des Transistors auf die Schaltzeit zu ermitteln. Als Richtwert für die Zeitkonstante dieser Kanalumladung kann gesetzt werden [4.34]:

$$\tau_U = \frac{l^2}{\mu(U_G - U_T)}.$$

Technologische Einflußfaktoren sind:

— die Verkürzung der Kanallänge l, wobei 0,05 μm (analog zur Basisweite von Bipolartransistoren) eine absolute untere Grenze darstellt,

— die Erhöhung der Ladungsträgerbeweglichkeit μ, für die jedoch im Rahmen der Siliziumtechnik kaum noch größere Steigerungen über die bereits erreichten 600 cm^2/Vs in n-Kanaltransistoren hinaus möglich sind. Hier bietet der Übergang zu GaAs mit Elektronenbeweglichkeiten von 8000 cm^2/Vs allerdings eine interessante Perspektive (s. Abschn. 3.2.1. und 4.6.2.),

— die Verringerung der Schwellspannung U_T, die jedoch merklich über der Temperaturspannung kT/q liegen muß und damit kaum unter 100 mV liegen darf.

Eine Erhöhung der Steuerspannung U_G verbietet sich aus Gründen der Einhaltung minimaler Abmessungen und der Sicherung eines minimalen Leistungsumsatzes in höchstintegrierten Schaltkreisen.

Eine Abschätzung mit $l = 0{,}1$ μm, $\mu = 600$ cm^2/Vs und $U_G - U_T = 300$ mV ergibt eine Zeitkonstante für die Kanalumladung von etwa 0,1 ps. Damit liegt dieser Wert etwas günstiger als für bipolare Transistoren (vgl. 4.2.1.1.). Es ist dabei aber zu beachten, daß heute schon in integrierten MOS-Schaltkreisen die Kanalumladung nicht schaltzeitbestimmend ist, sondern die Zeitkonstanten, die mit dem Umladen der Schaltungskapazitäten über die recht beachtlichen Widerstände der Transistoren verbunden sind, ausschlaggebend sind.

Allgemein kann man für alle Typen integrierter MOS-Schaltungen für die mit dem Umladen der Lastkapazitäten verbundene Zeitkonstante τ unter Vernachlässigung parasitärer Widerstände setzen [4.35]:

$$\tau \sim \frac{C_L}{K}.$$

Die Transistorkonstante

$$K = \frac{\varepsilon\varepsilon_0\mu}{d} \cdot \frac{b}{l}$$

kann unter Beachtung eines minimalen Flächenbedarfes, der eine Erhöhung von b ausschließt, durch die folgenden, bereits unter dem Gesichtspunkt der Flächeneinsparung diskutierten Maßnahmen (vgl. 4.1.4.) erhöht werden:

— Verringerung der Kanallänge; damit wird zweifellos der größte Effekt erreicht. Im Interesse der Schaltgeschwindigkeit kann die Verkürzung der Kanallänge auch ohne besonders ausgeprägte Flächeneinsparung mit einem geringeren Grade der Beherrschung kleinster Strukturen auf indirektem Wege erfolgen. Beispiele hierfür sind die DMOS- und VMOS-Technik, bei denen unter Beibehaltung konventioneller Strukturierungsverfahren durch Doppeldiffusion (DMOS) oder vertikale Geometrie (VMOS) extrem kurze Kanäle realisiert werden können [4.36]. Für höchstintegrierte Bauelemente sind diese Verfahren weniger aussichtsreich, eher für Leistungsbauelemente.
— Verringerung der Isolatordicke; ergibt sich bereits als Forderung aus der Verkürzung der Kanallänge, ist aber mit großen technologischen Problemen verbunden, da bei den angestrebten Oxiddicken von 10···20 nm extreme elektrische Anforderungen mit nur einigen 10 Atomlagen des Gateisolators zu erfüllen sind.
— Erhöhung der Dielektrizitätskonstante z. B. durch Einsatz von Si_3N_4, Al_2O_3 u. a.
— Erhöhung der Ladungsträgerbeweglichkeit, die — wie bereits erwähnt — nur über den Einsatz neuer Halbleitermaterialien um Größenordnungen zu erreichen ist.

Für ein CMOS-Netzwerk mit 0,1 μm Kanallänge, $U_G - U_T = 300$ mV, 20 nm Gateoxiddicke, 600 cm²/Vs Elektronenbeweglichkeit, $C_L = 1$ fF und 10 μm Kanalbreite erhält man mit

$$t = \frac{2{,}3 C_L}{K(U_{DD} - U_T)}$$

eine Schaltzeit von ca. 1 ps.

Überwiegen die parasitären Widerstände, insbesondere der Drainwiderstand und die Widerstände der Verbindungsleitungen, dann ergibt sich die Umladezeitkonstante in erster Näherung aus dem von diesen Widerständen und den parasitären Kapazitäten gebildeten RC-Glied. Um also die angegebenen Schaltzeiten in der Größenordnung von 1 ps zu ermöglichen, dürfen bei den minimal möglichen Knotenpunktkapazitäten von 1 fF [4.1] die parasitären Widerstände nicht mehr als 1 kΩ betragen. Daraus folgt z. B., daß das polykristalline Silizium mit einem kleinstmöglichen spezifischen Widerstand von 10^{-3} Ωcm und den für höchstintegrierte Schaltkreise nicht zu überschreitenden Querschnitt von ca. $0{,}5 \times 0{,}25$ μm² (bei Gates von 0,1 μm Kanallänge sogar noch kleiner) bereits auf einer Länge von 12,5 μm diesen Wert übersteigt. Die Substitution des polykristallinen Siliziums durch Silizide und Schwermetalle ist also zwingend erforderlich. Andererseits ergeben sich auch härtere Forderungen an die Kontaktwiderstände, die bei den gegenwärtigen Verfahren auf der Basis von Aluminium im günstigsten Falle $10^{-7}\ \Omega\text{cm}^2$ betragen und folglich zur Realisierung eines Widerstandes von z. B. $100\ \Omega$ eine Fläche von $1\ \mu\text{m}^2$ beanspruchen. Dieser Flächenbedarf ist gegenüber der angestrebten Transistorgröße von ca. $1\ \mu\text{m}^2$ natürlich viel zu groß. Auch aus dieser Sicht ist die Einführung von Mehrschichtsystemen für Kontakte [4.37] erforderlich. Aus dem bekannten Zusammenhang zwischen Halbleiterdotierung und Kontaktwiderstand [4.38] folgt darüber hinaus die Forderung nach extrem hoher Dotierung des Halbleiterkontaktes ($> 10^{20}\ \text{cm}^{-3}$).

4.2.1.3. Sperrschicht-FET

In Sperrschichtfeldeffekttransistoren sind die Schaltzeiten auf Grund des sehr einfachen Wirkprinzips leicht abzuschätzen. Da es sich bei einem solchen Transistor um einen Volumenhalbleiter handelt, dessen Querschnitt durch die Ausbreitung einer Raumladungszone moduliert wird — wobei es zunächst gleichgültig ist, ob diese Raumladungszone von einem diffundierten *pn*-Übergang oder einem SCHOTTKY-Kontakt herrührt — ist die Transitzeit τ der Ladungsträger, die sie benötigen, um die Source-Drain-Strecke zu überwinden, für zwei Fälle zu unterscheiden [4.39]:

a) bei konstanter Beweglichkeit μ (kleine Feldstärken E_x)

$$\tau = \frac{l}{\mu E_x} \approx \frac{l^2}{\mu U_D}$$

mit l als Kanallänge und U_D als Drainspannung,

b) im Hochfeldfall (Sättigungsgeschwindigkeit V_S)

$$\tau = \frac{l}{V_S}.$$

Erwartungsgemäß ergeben sich daraus die gleichen Schlußfolgerungen für die Technologie wie im Falle der MOS-Transistoren. Die Kanallänge sollte möglichst kurz, die Trägerbeweglichkeit und maximale Driftgeschwindigkeit möglichst hoch sein. Bei einer maximalen Driftgeschwinndigkeit der Elektronen im Silizium von 10^7 cm/s und einer Kanallänge von $0{,}1\ \mu\text{m}$ erhält man für die Transitzeit mit 1 ps auch wieder die gleiche Größenordnung wie für den Bipolar- und MOS-Transistor.

Reserven bei der Verbesserung der Schaltgeschwindigkeit der Sperrschichtfeldeffekttransistoren liegen noch in der Wahl des Materials. Speziell bei GaAs und InP sind sowohl die Beweglichkeit der Elektronen als auch die Sättigungsgeschwindigkeiten höher (vgl. Tab. 3.5) als im Silizium, wobei für den extremen Hochfrequenzfall InP infolge der bei hohen Feldstärken höheren Driftgeschwindigkeit (Abb. 3.19) Vorteile gegenüber GaAs besitzt.

4.2.1.4. JOSEPHSON-Tunnelelemente

Die derzeit geringsten Schaltzeiten in logischen Grundgattern werden mit JOSEPHSON-Tunnelelementen erzielt. Grundlage moderner Schaltkreiskonzeptionen ist die Anwendung des Prinzips des supraleitenden Quanteninterferometers (s. [4.40]) in integrierten Anordnungen. Damit werden Gatterverzögerungszeiten von einigen Pikosekunden bei einem Verzögerungszeit-Leistungs-Produkt weit unter einem Femtojoule erreicht [4.41].

Weitere Verbesserungen sind wie bei den Halbleiterelementen durch Verkleinerung der Strukturabmessungen zu erreichen. Aber bei aller Attraktivität der JOSEPHSON-Schaltkreise für die künftige Realisierung superschneller Großcomputer — Prozessorzykluszeiten bis herab zu 500 ps und Zugriffszeiten zum Hauptspeicher von 10 ns sollen erreicht werden [4.42] — ist ihr absehbares Einsatzgebiet allein schon wegen der aufwendigen Kryotechnik sehr begrenzt. Eine Verdrängung der Siliziumschaltkreise ist durch diese Bauelemente in keiner Weise zu erwarten.

4.2.2. Kapazitäten

Wie aus den vorangegangenen Abschnitten hervorgeht, bestimmen die Lastkapazitäten, bestehend aus den Eingangskapazitäten der angesteuerten Stufen und den parasitären Kapazitäten insbesondere in MOS-Schaltkreisen entscheidend die Schaltgeschwindigkeit der Gatter.

Zur Reduzierung dieser Kapazitäten werden folgende Wege beschritten:

— Reduzierung aller Abmessungen; dies ist die wirksamste Maßnahme, da damit alle parasitären Kapazitäten reduziert werden und auch die Lastkapazität der nachfolgenden Stufen teilweise verringert wird. Möglichkeiten der Strukturverkleinerung wurden bereits im Abschn. 4.1. diskutiert.

— Verringerung der Leitbahnkapazitäten, die zwar im Mittel flächenbezogen um etwa eine Größenordnung kleiner sind als andere parasitäre Kapazitäten, aber auf Grund ihrer großen Länge (bis zu mehreren Metern auf einem Schaltkreis) einen hohen Absolutwert erreichen; hier sind Maßnahmen des Schaltkreisentwurfes (rechnergestützte Trassierung) und der Technologie (Mehrebenenverdrahtung mit maximalen Kreuzungsmöglichkeiten) erforderlich. Darüber hinaus kann der Betrag der Substratkapazitäten durch Verwendung isolierender (Glas, Saphir) oder halbisolierender (GaAs) Substrate entschieden verringert werden (von gegenwärtig $2 \cdots 6 \cdot 10^{-5}$ pF/μm auf vernachlässigbare Werte), sofern nicht seitliche kapazitive Kopplungen, die durch den jeweiligen konkreten Entwurf bestimmt werden, zu beachten sind.

- Verringerung der Sperrschichtkapazitäten, die mit etwa $1 \cdots 4 \cdot 10^{-4}$ pF/μm einen hohen Anteil an den gesamten parasitären Kapazitäten aufweisen. Eine drastische Reduzierung ist durch dielektrische Isolationsverfahren (vgl. 4.1. und 4.2.1.) möglich. Insbesondere in der MOS-Technik kann durch Verwendung von isolierenden Substraten ihr Beitrag absolut um eine Größenordnung reduziert werden, da dann nur noch die vergleichsweise kleinen vertikalen *pn*-Übergänge der Source-Drain-Gebiete verbleiben.
- Reduzierung der Überlappungskapazitäten durch selbstjustierende Techniken (z. B. Gate: $5 \cdots 10 \cdot 10^{-4}$ pF/μm, Kontaktfenster: $2 \cdots 6 \cdot 10^{-4}$ pF/μm) um ebenfalls mindestens eine Größenordnung gegenüber dem Fall einer nicht selbstjustierenden Technologie.

4.2.3. Laufzeiten

Angesichts der bereits jetzt erreichten sehr hohen und künftig noch höher werdenden Signalausbreitungsgeschwindigkeit in integrierten Schaltkreisen spielen die Laufzeiten der Träger zunehmend eine entscheidende Rolle bei der Begrenzung der maximalen Arbeitsgeschwindigkeit.

So wird im Halbleiter die maximale Elektronengeschwindigkeit durch die material- und feldstärkeabhängige Sättigungsgeschwindigkeit begrenzt. Diese liegt für Si bei 10^7 cm/s und für GaAs und InP etwa beim Doppelten (Abschn. 3.3.4.). Damit benötigen die Elektronen zur Überwindung einer Entfernung von 1 μm mindestens 5 bis 10 ps, wenn keine anderen Faktoren die Signalausbreitung dämpfen. Technologische Einflußmöglichkeiten bestehen nur über die Wahl eines geeigneten Materials mit hoher Sättigungsgeschwindigkeit der Träger bei hohen Feldstärken (z. B. InP, GaInAs).

Aber auch die Ausbreitung des Signals längs der Verbindungsleitungen als Streifenleitung auf dem Chip ist bei den angestrebten extrem hohen Arbeitsfrequenzen künftiger VLSI-Schaltkreise zu beachten. Im allgemeinen ist dafür der Wellenwiderstand zu berechnen [4.43]. An die konkreten Bedingungen der Halbleiterchips angepaßte, vereinfachende Rechnungen sind in [4.44] angeführt. Für den künftig interessanten Spezialfall sehr hochohmiger Substrate (> 50 Ωcm), dünner Isolatorschichten (< 1 μm) und höchster Frequenzen (> 10 GHz) gilt danach vereinfachend für die Signalfortpflanzungsgeschwindigkeit v

$$v \approx \frac{c}{\sqrt{\varepsilon_s}}.$$

Mit der Lichtgeschwindigkeit $c \approx 3 \cdot 10^{14}\,\mu m/s$ und $\varepsilon = 12$ (Dielektrizitätskonstante für Si) erhält man nach dieser Abschätzung $v \approx 88\,\mu m/ps$. Unter Beachtung der ständig wachsenden Chipabmessungen ergeben sich daraus merkliche Verzögerungen, da so z. B. zur Überwindung einer Strecke von 1 mm immerhin etwa 11 ps benötigt werden. Technologische Möglichkeiten zur Verkürzung der Signallaufzeiten auf den Leitungen bestehen unter diesen Bedingungen so gut wie nicht. Haupteinflußgröße ist die Leitungslänge, die auch aus anderen Gründen minimal zu halten ist.

4.2.4. Leistungsumsatz

Maximale Integrationsdichte und maximale Schaltgeschwindigkeit der Gatter eines Schaltkreises sind, obwohl beide weitgehend die gleichen Forderungen an die Technologie haben, nicht ohne weiteres miteinander vereinbar, da bei sehr schnellen und dicht gepackten Schaltkreisen u. U. die umgesetzte Leistung nicht mehr abgeführt werden kann. Die maximale Leistung pro Quadratzentimeter beträgt für Silizium 2 W bei Luftkühlung und 20 W bei Wasserkühlung [4.1].

Der Zusammenhang zwischen Leistungsumsatz und Verzögerungszeit ergibt sich für ein einzelnes Gatter aus dem Verzögerungszeit-Leistungs-Produkt K:

$$K = P_v t_d.$$

Schalten alle Gatter einer Schaltung gleichzeitig, dann ergibt sich die maximale Gatterzahl pro Quadratzentimeter N aus dem zulässigen Gesamtleistungsumsatz. Mit einer theoretisch möglichen Gatterverzögerungszeit von minimal 1 ps ergibt sich dann in Abhängigkeit von K folgende maximale Packungsdichte:

K in J	10^{-12}	10^{-15}	10^{-19}
N in cm^{-2}	2	$2 \cdot 10^3$	$2 \cdot 10^7$

Hieraus ist ersichtlich, welche fundamentale Bedeutung der Verbesserung des Verzögerungszeit-Leistungs-Produktes zukommt, da nur bei $K = 10^{-19}$ J (zugleich die theoretische Grenze, erreichbar mit CMOS-Schaltungen [4.45]) die geometrisch maximale Packungsdichte von $2 \cdot 10^7$ Gatter/cm^2 [4.1] thermisch überhaupt erreicht werden kann, wenn man von Wasserkühlung absehen will.

Diese Rechnung ist allerdings insofern zu korrigieren, als in einem so hoch integrierten Schaltkreis nicht alle $2 \cdot 10^7$ Gatter auf einem Quadratzentimeter gleichzeitig schalten. Für den Leistungsumsatz gewinnt dann die statische Verlustleistung erheblich an Bedeutung, da die nichtschaltenden Gatter nur Ruheleistung verbrauchen. Hier ist die CMOS-Technik mit ihrer zu vernachlässigenden Ruheverlustleistung allen anderen Technologien eindeutig überlegen. Da die CMOS-Technik in ihrer Variante auf isolierendem Substrat (SOS oder SOI) ohnehin hinsichtlich Schaltgeschwindigkeit gegenüber anderen Techniken im

Vorteil ist, kann man dieser Technologie für extrem hochintegrierte und extrem schnelle Schaltkreise eine berechtigte Chance für die weitere Zukunft einräumen.

4.3. Spannungsbereiche

Neben den bereits diskutierten Hauptrichtungen der Weiterentwicklung integrierter Schaltkreise (Integrationsgrad, Schaltgeschwindigkeit) erfordert die Einstellung eines bestimmten Spannungsbereiches, in dem die Schaltungen zuverlässig funktionieren, besondere technologische Anstrengungen. Dabei wirft sowohl die Realisierung von Schaltkreisen mit besonders niedrigen Betriebsspannungen, wie sie sich aus speziellen Anwendungsgebieten ergeben (z. B. Uhrenschaltkreise mit 1 V Batteriespannung) oder zur drastischen Erhöhung des Integrationsgrades erforderlich sind (vgl. 4.1.4.), als auch die von Schaltkreisen mit erhöhter Spannungsfestigkeit komplizierte Probleme in der Technologie auf.

4.3.1. Minimale Betriebsspannung

Für bipolare Transistoren gibt es eine untere Betriebsspannungsgrenze, die sich aus der Tatsache ergibt, daß der Diffusionsstrom über einen pn-Übergang wesentlich größer sein muß als der Rekombinationsstrom (Emitterwirkungsgrad). Nach [4.46] ergibt sich für das Verhältnis von Rekombinations- zu Diffusionsstrom:

$$\frac{I_r}{I_{\text{diff}}} = \frac{n_i W_{EB} kT}{2qn_B \sqrt{D\tau}\,(U_D - U_{BE})} \exp\left(-\frac{qU_{BE}}{2kT}\right).$$

Neben den Konstanten q (Elementarladung) und k (Boltzmann-Konstante), der Temperatur T, den materialabhängigen Größen n_i (Eigenträgerdichte), U_D (Diffusionsspannung) und Diffusionskonstante D gehen die Trägerdichte in der Basis n_B, die Minoritätsträgerlebensdauer τ sowie die Breite der Emitter-Basis-Raumladungszone W_{EB} in diese Beziehung ein. Den dominierenden Einfluß hat wegen der exponentiellen Abhängigkeit die Emitter-Basis-Spannung U_{BE}. Hieraus resultiert für alle Arten bipolarer Schaltkreise eine untere theoretische Grenze für die Betriebsspannung von ca. $8\,\frac{kT}{q}$. Praktisch ist damit bei Zimmertemperatur eine effektive Funktion unterhalb 0,5 V Betriebsspannung nicht mehr gegeben.

Als technologische Maßnahmen bieten sich nur Methoden zur Verringerung der Sperrschichtbreite an:

— Erhöhung der Basisdotierung, der aber enge Grenzen gezogen sind (max. 10^{18} cm^{-3}),

— Substitution des Siliziums durch ein Halbleitermaterial mit geringerem Bandabstand (z. B. Ge), wofür allerdings keine technologische Basis existiert.

In MOS-Schaltkreisen ergibt sich die untere Betriebsspannungsgrenze aus der Forderung, daß diese größer als die Schwellspannung der Enhancement-transistoren sein muß. Strenggenommen ist dies nur eine ausreichende Bedingung für die minimale Betriebsspannung in CMOS-Schaltkreisen. In Einkanaltechniken muß zudem noch auf die Einhaltung der statischen Pegel geachtet werden, was zu weiteren Einschränkungen führt: so muß in konventionellen Schaltungen mit Enhancement-Lasttransistoren die Betriebsspannung mindestens das Achtfache der Schwellspannung betragen.

Allgemein gilt für die Schwellspannung:

$$U_T = -2\Phi_F + \Phi_{MS} - \frac{Q_I}{C_I} - \frac{Q_B}{C_I}.$$

Die Isolatorkapazität C_I kann über die Dicke des Dielektrikums (allgemein SiO_2) festgelegt werden, da außerdem die Austrittsarbeitsdifferenz Φ_{MS} und die Isolatorladungen Q_I nach Betrag und Vorzeichen in gewissen Grenzen technologisch einstellbar sind und auch der Betrag des Fermi-Potentials Φ_F und der ortsfesten Raumladung im Halbleiter Q_B durch die Substratdotierung variiert werden können, läßt sich im Prinzip jede technisch relevante Schwellspannung einstellen. Allerdings liegen die Verhältnisse technologisch nicht so einfach. Es hat viele Jahre angestrengter Forschungs- und Entwicklungsarbeit bedurft, um von der unvorteilhaft hohen Schwellspannung der ersten *p*-Kanal-Aluminiumgate-Schaltkreise ($U_T \approx -3$ V) zunächst auf $U_T \approx -2$ V (*p*-Kanal-Siliziumgate-Schaltkreise) und später auf Werte unter 1 V (*n*-Kanal-Siliziumgate- und CMOS-Schaltkreise) zu gelangen. Die Verringerung der Schwellspannung in *p*-Kanal-transistoren von —3 V auf —2 V wurde durch Änderung der Austrittsarbeitsdifferenz Φ_{MS} von —0,3 V auf +0,8 V erreicht, indem das Aluminiumgate durch hochdotiertes p^+-Siliziumgate ersetzt wurde. Anderen technologischen Versuchen (Erhöhung der Kapazität C_I durch Einsatz von Si_3N_4, Verringerung von Q_I durch Verwendung (100)-orientierten Siliziumsubstrates) war weniger Erfolg beschieden. Die Ursache dafür liegt in den großen Vorzügen der mit dem Siliziumgate gleichzeitig eingeführten Selbstpositionierung (vgl. 4.1.3., 4.2.2.).

Durch die positive Ladung Q_I in Si/SiO_2-Anordnungen ist es in *n*-Kanal-Schaltkreisen eher problematisch, ausreichend hohe (positive) Schwellspannungen zu sichern, als einen niedrigen Absolutwert zu erreichen. Gegenwärtig werden Schwellspannungswerte im Bereich zwischen 0,5 V und 1 V durch Kanalimplantation auf den gewünschten Wert hinreichend sicher eingestellt. Nachteilig wirkt sich dabei die niedrige Beweglichkeit der Ladungsträger im Kanal aus. Außerdem erlangt mit sinkendem Absolutwert der Schwellspannung, der sich mit der künftig notwendigen Reduzierung der Betriebsspannung auf etwa 100 mV zu bewegen dürfte, die Streuung dieses Wertes wachsende Bedeutung.

Hierzu muß die Schwankung der Dotierung im Ausgangsmaterial sowohl lateral als auch von Scheibe zu Scheibe auf Werte deutlich unter 5% gesenkt werden (s. Abschn. 3.1.). Weiter muß die Reproduzierbarkeit der Einstellung von Dotantenkonzentrationen, die sich im technologischen Prozeß bei jedem Hochtemperaturschritt ändern, und von Isolatorladungen bedeutend erhöht werden. Dazu gehören neben hochpräzisen, rechnergesteuerten technologischen Ausrüstungen und einer äußersten Sauberkeit des Prozesses (die Isolatorladungsdichte reagiert bekanntlich sehr empfindlich auf geringste Verunreinigungen) umfassende theoretische Kenntnisse der Grenzflächenphysik. Insbesondere bei weiterer Verringerung der Oxiddicke und dem Einsatz anderer Isolatormaterialien sind die thermodynamischen Nichtgleichgewichtsprozesse des Halbleiter-Isolator-Heteroüberganges [4.47] zu berücksichtigen. Unter anderem wegen der noch ungenügenden theoretischen und praktischen Beherrschung der Isolator-Halbleiter-Grenzfläche wird der industrielle Einsatz solcher attraktiver Isolatormaterialien wie Al_2O_3 und Halbleiter wie GaAs in hochintegrierten MIS-Schaltkreisen verzögert.

Aus den bisherigen Ausführungen folgt, daß sowohl bipolare als auch unipolare Siliziumschaltkreise mit Betriebsspannungen bis herab zu etwa 0,5 V betrieben werden können. Unberücksichtigt sind dabei jedoch dynamische Anforderungen geblieben. Wie aus Abschn. 4.2. hervorgeht, nimmt die Schaltgeschwindigkeit mit sinkender Betriebsspannung (die in direkter Beziehung zu den Steuergrößen I_B, U_G steht) ab. Ein kleinstmöglicher Betriebsspannungswert kann also im konkreten Fall von den dynamischen Anforderungen bestimmt werden. Immer ist jedoch auf einen möglichst großen Abstand der Betriebsspannung von der jeweiligen Schaltschwelle U_{F0} bzw. U_T zu achten. Bei bipolaren Schaltkreisen ist diese Spannung nur durch Einsatz eines anderen Halbleitermaterials mit geringerer Diffusionsspannung, z. B. Germanium, zu verringern.

4.3.2. Aktive parasitäre Elemente

Neben den konstruktiv bedingten passiven parasitären Elementen wie Widerstände, Kapazitäten, Dioden (vgl. Kap. 1), die für die Diskussion der Betriebsspannungsbereiche von untergeordneter Bedeutung sind, treten in mikroelektronischen Schaltkreisen auch aktive parasitäre Elemente (Transistoren, Thyristoren) auf, die den zuverlässigen Betrieb einer Schaltung erheblich stören können.

In sperrschichtisolierten bipolaren Schaltkreisen ist grundsätzlich die Ausbildung parasitärer *pnp*-Transistoren und Thyristoren der Schichtfolge *npnp* nicht zu vermeiden (Abb. 2.5). Gegenmaßnahmen der Technologie richten sich auf die Reduzierung des Stromverstärkungsfaktors für den parasitären Transistor. Mit sinkenden Vertikal- und Lateralabmessungen wird dies allerdings immer schwieriger. Auch aus dieser Sicht ist die dielektrische Isolation (4.1., 4.2.)

von zunehmender Bedeutung für hochintegrierte bipolare Schaltkreise, da sich nur auf diese Weise derartige die Spannungsfestigkeit begrenzende parasitäre Schaltelemente vermeiden lassen.

In MOS-Schaltkreisen treten ebenso grundsätzlich parasitäre Feldeffekttransistoren zwischen benachbarten diffundierten Gebieten, deren Zwischenraum von einer Leitbahn gekreuzt wird, auf. Es muß gesichert werden, daß die Schwellspannung dieses parasitären Feldtransistors größer als die Betriebsspannung ist. Der aus der *p*-Kanal-Technik bekannte Weg, dies durch eine hinreichende Dicke der Isolatorschicht zu erreichen, genügt in *n*-Kanal- und CMOS-Schaltkreisen nicht mehr, da die in SiO_2 stets vorhandenen positiven Oxidladungen bereits zur Inversion der Halbleiteroberfläche führen können. Als Gegenmaßnahme wird üblicherweise das Substrat unter dem Feldoxid lokal begrenzt oder ganzflächig so hoch dotiert, daß die nötige Schwellspannung erreicht wird. Nachteilig wirkt sich dabei der durch diese Dotierungsmethode bedingte höhere Flächenbedarf aus, selbst wenn heute die flächenaufwendige Lösung über Kanalstopper (hochdotierte Diffusionsgebiete der gleichen Leitfähigkeit wie das Substrat) durch die elegantere Implantation des gesamten Feldgebietes ersetzt worden ist. Perspektivisch sind hier Isolatormaterialien interessant, die durch negative Ladungen bereits ohne erhöhte Substratdotierung die erforderliche Feldschwellspannung sichern, wie dies mit Al_2O_3 möglich ist [4.48].

In MOS-Schaltkreisen kann es darüber hinaus durch kapazitive Spannungserhöhung zur Ausbildung parasitärer Bipolartransistoren kommen [4.49], die nur durch sorgfältige Dimensionierung des Schaltkreises unwirksam gemacht werden können.

Besondere Probleme entstehen in CMOS-Schaltkreisen durch die Möglichkeit der Ausbildung parasitärer Thyristoren der Schichtfolge *npnp*. Mit den ständig kleiner werdenden Abmessungen der Schaltkreisstrukturen ergeben sich schon heute Abstände zwischen den *pn*-Übergängen, die in die Nähe von gewollten Bipolartransistoren kommen. Damit wird die Spannungsfestigkeit von hochintegrierten CMOS-Schaltkreisen grundsätzlich eingeschränkt. Der prinzipielle Ausweg besteht auch hier in einer konsequenten dielektrischer Isolation, deren optimale Variante die Verwendung isolierender Substrate ist. Auch aus diesen Gründen kommt der CMOS-Technik auf isolierenden Substraten eine perspektivische Bedeutung zu.

4.3.3. Durchbruchsspannungen

Grundvoraussetzung für die Spannungsfestigkeit der bipolaren und MOS-Schaltkreise ist eine ausreichende Spannungsfestigkeit der *pn*-Übergänge. Diese ist mit der in Gang gekommenen radikalen Verkleinerung aller Lateral- und Vertikalabmessungen nicht mehr ohne weiteres gegeben. So tritt der Durchbruch in Silizium bei einer Feldstärke von ca. $3 \cdot 10^5$ V/cm ein. Im Zuge der Strukturverkleinerung erhöht sich aber die Feldstärke bei gleicher Betriebsspannung infolge:

- der Anhebung der Dotierung zur Erreichung minimaler Abmessungen und Widerstände (vgl. 4.1.),
- der Verringerung der Eindringtiefen hochdotierter Gebiete und damit des Krümmungsradius.

Beide Maßnahmen führen erwartungsgemäß zur Verringerung der Durchbruchsspannung in diesen Strukturen [4.50]. Dabei ist noch unberücksichtigt, daß die Durchbruchsspannung in realen Strukturen infolge von Inhomogenitäten [4.51] und Oberflächeneinflüssen [4.52] geringer als im ideal angenommenen Volumen des Siliziums ist. Daraus ergeben sich hohe Anforderungen der Mikroelektronik an die Defektfreiheit des Ausgangsmaterials (Kap. 3) und an die Führung des technologischen Prozesses.

Unter Beachtung eines minimalen Sicherheitsabstandes zwischen Betriebsspannung und Durchbruchsspannung ergibt sich für die hohen Dotierungen, wie sie für die Erreichung geometrisch minimaler Transistorabmessungen (vgl. 4.1.) erforderlich sind ($10^{18} \ldots 10^{19}$ cm^{-3}), eine zulässige Betriebsspannung von ca. 1 V.

In MOS-Schaltkreisen ist darüber hinaus vor allem der Oxiddurchbruch kritisch. Immerhin würde der Isolator bei 5 V Betriebsspannung und einer Dicke von 25 nm mit einer Feldstärke von $2 \cdot 10^6$ V/cm belastet, was nur wenig unter der maximalen Durchbruchsfeldstärke des SiO_2 von ca. 10^7 V/cm liegt. Zwar steigt im SiO_2 die Durchbruchsfeldstärke mit sinkender Oxiddicke an [4.53], dennoch ist auch unter diesem Gesichtspunkt die Verringerung der Betriebsspannung auf Werte unter 5 V angezeigt.

Eine noch größere Rolle als die Durchbruchsspannungen der Sperrschichten spielen die Spannungsbegrenzungen, die durch den Kurzschluß zwischen zwei gleichartig dotierten Gebieten infolge Berührung der Raumladungszonen entstehen (Durchgreifspannung). Schätzt man diese Spannung U_{BR} stark vereinfachend für einen einseitigen abrupten pn-Übergang nach folgender Gleichung ab:

$$U_{BR} = \frac{W_B{}^2 q N_B}{2\varepsilon\varepsilon_0},$$

dann erhält man z. B. für eine Basisweite W_B eines Bipolartransistors von 0,1 µm und einer Basisdotierung von 10^{17} cm^{-3} eine maximale Kollektor-Emitter-Spannung von 0,75 V. Eine wesentlich höhere Basisdotierung ist problematisch, da ja dann auch die Emitterdotierung entsprechend angehoben werden müßte, um einen ausreichenden Emitterwirkungsgrad zu sichern. Als äußerste Grenze für die Basisdotierung wird allgemein 10^{18} cm^{-3} angesehen [4.1].

Ähnlich wie in Bipolartransistoren kann in MOS-Transistoren natürlich ein Durchgriff der Drainsperrschicht zur Sourceelektrode erfolgen, da die entsprechenden Abmessungen dem gleichen Grenzwert (0,1 μm) zustreben. Bereits vorher tritt in MOS-Transistoren jedoch eine als „second-gate effect“ bezeichnete Erscheinung auf, die durch die Ausbreitung des elektrischen Feldes von der Drainelektrode zur Si/SiO_2-Grenzfläche und der damit verbundenen Ladungsinfluenz verursacht wird [4.22]. Dadurch verringert sich die Durchbruchsspannung derartiger Transistoren mit Verkürzung der Kanallänge ganz drastisch. Auch hieraus folgt die Notwendigkeit der Reduzierung der Betriebsspannung von MOS-Schaltkreisen im Verlaufe der weiteren Entwicklung, da es keine technologischen Möglichkeiten gibt, diesen Effekt generell zu eliminieren.

4.4. Zuverlässigkeit

Die Realisierung komplexer elektronischer Systeme mit einigen Hunderttausend Transistorfunktionen ist aus Sicht eines akzeptablen Abstandes zwischen zwei Ausfällen (MTBF) nur mit hochintegrierten Schaltkreisen möglich. Die Ausfallraten von Röhren ($10^{-4} \cdots 10^{-5}\,h^{-1}$) oder selbst von diskreten Transistoren ($10^{-7} \cdots 10^{-8}\,h^{-1}$) würden bei einem elektronischen Gerät mit 10^8 Transistoren (z. B. Großrechner mit Halbleiterspeicher) lediglich einen fehlerfreien Betrieb der Anlage von wenigen Sekunden bis zu einigen Minuten gewährleisten. Bezogen auf den Einzeltransistor, zeichnen sich jedoch integrierte Schaltkreise durch eine gegenüber diskreten Bauelementen um mehrere Größenordnungen geringere Ausfallrate aus. Da die Ausfallrate eines Schaltkreises mit steigendem Integrationsgrad nur geringfügig ansteigt, nimmt die Zuverlässigkeit einer vorgegebenen Schaltung mit wachsender Komplexität der zu ihrer Realisierung eingesetzten Schaltkreise zu. Auf dieser Grundlage hat sich die Ausfallrate elektronischer Schaltungen pro Gatter in den letzten 30 Jahren um ca. 6 Größenordnungen verringert [4.54]. Dieser Zusammenhang hat sich zu einem ebenso bedeutenden Stimulus für die weitere Entwicklung des Integrationsgrades mikroelektronischer Schaltkreise entwickelt wie die erweiterten funktionellen Möglichkeiten und die höhere Ökonomie hochintegrierter Schaltkreise. Die weitere Verbesserung der Zuverlässigkeit mikroelektronischer Schaltkreise ist deshalb eine ständige Forschungs- und Entwicklungsaufgabe, die mit dem umfassenden Vordringen elektronischer Geräte in alle Lebensbereiche zunehmende Bedeutung erlangt. Es sei hier nur an die selbstverständlich hohen Zuverlässigkeitsforderungen erinnert, die sich aus dem Einsatz integrierter Schaltkreise in der Raumfahrt, Medizin (z. B. Herzschrittmacher) und Prozeßsteuerung (z. B. in der chemischen Industrie) ergeben.

Die entscheidenden Voraussetzungen für zuverlässige Schaltkreise sind durch die Technologie zu erbringen. Aber gerade am Beispiel der Zuverlässigkeitssicherung wird auch die enge Wechselwirkung zum Schaltkreisentwurf und zur Meßtechnik offenkundig.

4.4.1. Technologisch bedingte Ausfallursachen

Eine richtige Dimensionierung der Schaltkreise vorausgesetzt, sind Zuverlässigkeitsausfälle allgemein technologischen Ursachen zuzuschreiben. Eine von vornherein begrenzte Lebensdauer, wie dies auf Grund der physikalischen Prozesse in Röhren der Fall ist, gibt es bei Halbleiterbauelementen nicht. Zumeist sind es die gleichen Schwachstellen der Technologie, die die Ausbeute bei der Schaltkreisproduktion begrenzen, die auch die Zuverlässigkeit begrenzen. Mit dem Trend zu entschieden kleineren Strukturen verschärfen sich die Anforderungen an den technologischen Prozeß auch aus Gründen der Zuverlässigkeitssicherung außerordentlich.

Leitbahndefekte tragen durch Kurzschlüsse und Unterbrechungen wesentlich zu den Ausfällen insbesondere in bipolaren Schaltkreisen [4.55] bei. Hauptursachen sind Leitbahnabrisse an Kanten, fehlerhafte Kontakte und Elektromigration. Die mit der Verkleinerung der Strukturmaße besonders dringenden Gegenmaßnahmen sind

— die Verbesserung der Prozeßhygiene (Partikelfreiheit des technologischen Prozesses), um Strukturierungsdefekten und Kontaktproblemen vorzubeugen,
— der Einsatz neuer Leitbahnsysteme mit gegenüber Aluminium höherer Aktivierungsenergie der Elektromigration (Al/Si/Cu, Au),
— die Anwendung neuer Materialkombinationen mit besseren Kontakteigenschaften (z. B. Cr—Au, PtSi),
— Kantenverrundung und Verringerung der Stufenhöhen durch Anwendung des Isoplanarprinzips,
— Übergang zu Schichtabscheidungsverfahren, die eine gute Kantenbedeckung auch bei ungünstigem Profil sichern (Sputtern mit gleichzeitigem Ätzen, CVD).

Isolatordefekte sind besonders in MOS-Schaltkreisen eine wesentliche Ausfallursache (nach [4.56] mit einem Anteil von 66%), die mit der weiteren Verringerung der Gateoxiddicke ganz besondere Aktualität erlangen werden. Erschwerend kommen mit kleiner werdenden Strukturen die durch Injektion heißer Elektronen hervorgerufenen Schwellspannungsdriften hinzu. Die Sicherung einer ausreichenden Zuverlässigkeit ist hier nur über eine extreme Sauberkeit im technologischen Prozeß zu erreichen.

Volumendefekte haben bis Ende der 70er Jahre keine dominierende Rolle gespielt. Mit wachsenden Ansprüchen an die Kristallparameter bei Schaltkreisen mit dynamischen Schaltungsprinzipien und bei integrierten Schaltkreisen mit höherem Spannungsbereich und geringen Restströmen (CMOS) haben sich technologisch bedingte Volumendefekte auch auf die Zuverlässigkeit zunehmend negativ ausgewirkt. Die Rolle der Volumendefekte wird mit der Einführung versetzungsfreier Siliziumkristalle, größerer Scheibendurchmesser und kleinerer

Strukturen wachsen. Gegenmaßnahmen wurden in Abschn. 3.1. ausführlich dargelegt.

Parameterdriften sind auf unterschiedlichste Ursachen im Volumen (Abschn. 3.1.) und an der Oberfläche zurückzuführen. Herausragenden Einfluß auf die wichtigsten Transistorparameter hat die Isolatorqualität sowohl auf bipolare als auch MOS-Schaltkreise. Ladungen, durch ionische Verunreinigungen oder Löcher- bzw. Elektroneninjektion in das Oxid gelangt, können über Änderung der Restströme und Schwellspannungen zu allmählichen Schaltkreisausfällen führen [4.57]. Neben vorsorglichen Maßnahmen einer alle Materialien und Medien umfassenden extremen Reinheit des technologischen Prozesses ist auch hier der Einsatz alternativer Isolatormaterialien wie Si_3N_4 und Al_2O_3, die eine wesentlich höhere Stabilität z. B. gegenüber ionischen Verunreinigungen aufweisen, in die Betrachtungen einzubeziehen.

Die von der Montage- und Verpackungstechnologie bestimmten Ausfälle nehmen mit steigender Anschlußzahl zu. Eine nur für Sonderfälle geeignete, weil ökonomisch nicht vertretbare Möglichkeit der Zuverlässigkeitserhöhung von Bondverbindungen (als der Hauptausfallursache) ist das doppelte Drahtbonden. Generell ist mit Simultanbondverfahren (Beam-Lead, Filmträgerbonden) eine höhere Zuverlässigkeit der Verbindungen zu erreichen [4.58].

4.4.2. Umwelteinflüsse

Mit steigender Temperatur nimmt die Ausfallrate gemäß einer ARRHENIUS-Gleichung für die Zeit bis zum Ausfall $t = t_0 \exp(-W_A/kT)$ zu. Die Aktivierungsenergie W_A ist für die unterschiedlichen Ausfallmechanismen verschieden. Technologische Maßnahmen können nur darauf gerichtet sein, die Entstehung der entsprechenden Ausfallursachen zu verhindern (4.4.1.) und in Einzelfällen durch Einsatz von Materialien mit einer höheren Aktivierungsenergie für bestimmte Defektmechanismen (z. B. Au mit $W_A = 1{,}8$ eV statt Al mit $W_A = 1{,}1$ eV für Elektromigration) eine größere Temperaturbeständigkeit zu sichern. Zu bevorzugen sind Technologien, die wie die CMOS-Technik auf Grund ihres geringen Leistungsumsatzes eine geringere Aufheizung des Chips als andere (z. B. Bipolartechnologien) bewirken.

Feuchtigkeit führt zu Ausfällen infolge von Korrosionserscheinungen an Kontakten und Änderung der Ladungsverhältnisse an der Halbleiteroberfläche. Ein ausreichender Schutz ist durch hermetische Kapselung, wie sie mit Keramikgehäusen erreicht wird, möglich. Allerdings sind auch die Möglichkeiten der Passivierung von plastverkappten Chips noch nicht ausgeschöpft.

Durch Strahlung unterschiedlicher Wellenlänge können ebenfalls Ausfälle von Schaltkreisen verursacht werden. Bei dynamischen MOS-Schaltkreisen genügt bereits das durch helle Keramikgehäuse einfallende Licht, um durch Generation von Ladungsträgern in der Raumladungszone der Speicherkapazitäten die eingeschriebene Information zu stören. Ein einfacher Schutz ist hier durch Verwendung lichtundurchlässiger Gehäuse möglich. Schwieriger ist es, mit den von α-Teilchen, die aus dem Gehäuse oder der anderen Umgebung des Chips emittiert werden, verursachten temporären Ausfällen von Speicherschaltkreisen fertig zu werden. Diese Ausfallursache hat erst durch die Entwicklung zu sehr kleinen Speicherkapazitäten, wie sie in 16-K- und 64-K-dynamischen RAM-Schaltkreisen Anwendung finden, Bedeutung erlangt. Die Anzahl der unter einer solchen Elektrode gespeicherten Elektronen (logischer Zustand „1") beträgt $2 \cdot 10^6$. Das ist auch etwa die Menge an freien Elektronen, die durch die ionisierenden Stöße eines einzelnen α-Teilchens im Silizium generiert wird. Diffundieren diese Elektronen unter die mit dem logischen Zustand „0" belegte Speicherelektrode, ändert sich der Informationsinhalt dieser Zelle bis zum nächsten Einschreiben („soft error"). Mit den noch kleineren Speicherzellenflächen der 256-K- und 1-M-dRAM-Speicherschaltkreise wird dieses Problem noch kritischer und kann zu einer prinzipiellen Beschränkung für die Strukturverkleinerung herkömmlicher dynamischer Halbleiterbauelemente werden. Eine Entschärfung dieses Problems kann erreicht werden, wenn die Fangfläche für die generierten Elektronen durch Verlegen des Speicherkondensators auf die Chipoberfläche (vgl. 4.1.6.) spürbar reduziert wird. Auch durch geeignete Passivierungsschichten auf dem Chip (z. B. Polyimid) kann die Empfindlichkeit der Schaltkreise gegenüber α-Strahlung verringert werden. Allerdings bilden α-Teilchen nicht die einzige Ursache für die Generation von Ladungsträgerpaaren in Halbleitern. Eine Abschätzung für einen 64-Kbit-Speicher zeigt, daß die kosmische Strahlung auf Meeresniveau ausreicht, um einen solchen Speicher zum permanenten Ausfall zu bringen, wenn weniger als 10^5 Elektronen pro Speicherplatz gespeichert werden [4.59].

Unempfindlich gegen derartige Strahlenausfälle sind CMOS-Schaltkreise [4.60]. Allerdings kann man prinzipiell jeden Schaltkreis durch eine hinreichend hohe Dosis ionisierender Strahlung (γ-Strahlen, Röntgenstrahlen u. a.) zum Ausfall bringen. Dabei sind die Einsatzschwellen und Ausfallursachen für die verschiedenen Technologien unterschiedlich. Ursachen sind die Degradation der Minoritätsträgerlebensdauer im Volumen und Oberflächendefekte (Oxidladungen, Grenzflächenzustände) in bipolaren Schaltkreisen und die Schwellspannungsverschiebung in MOS-Schaltungen. Dabei setzen die Volumendefekte später als die Oberflächendefekte, deren Bildung bereits bei 10 bis 10^4 Gy erfolgt [4.61], ein. Die Anstrengungen zur Herstellung strahlungsfester Bauelemente richten sich in erster Linie auf die Grenzflächen- und Isolatoreigenschaften, die durch geeignete Dotierung des SiO_2 (z. B. mit Cr oder Al) verbessert werden können. Eine höhere Strahlungsresistenz weisen solche Isolatormaterialien wie Al_2O_3 und Si_3N_4 auf. Darüber hinaus kann die Strahlungsempfindlichkeit durch Verringerung des aktiven Halbleitervolumens (Basisweite, Kollektorschicht u. a.) und der Fläche von *pn*-Übergängen herabgesetzt werden. Hierdurch zeichnen sich CMOS-SOS-Schaltkreise als besonders zuverlässig unter Strahlungsbedingungen aus.

4.4.3. Zuverlässigkeitssicherung und -nachweis

Um eine maximale Zuverlässigkeit elektronischer Schaltkreise zu sichern, genügt es nicht, die bereits genannten konstruktiven und technologischen Maßnahmen zu ergreifen. Natürlich ist ein streng kontrollierter Fertigungsprozeß mit stabil hoher Ausbeute eine notwendige Voraussetzung für die Sicherung einer hohen Zuverlässigkeit der produzierten Schaltkreise. Aber infolge stochastischer Defekte, die im Fertigungsprozeß entstehen, fällt immer ein bestimmter Anteil von Schaltkreisen mit potentiellen Schwachstellen an, was sich dann in Frühausfällen äußert. Diese Frühausfälle können durch geeignete Screeningmethoden eliminiert werden. Hierzu gehören:

— Sichtkontrollen, die vor allem Schwachstellen im Leitbahnkomplex offenbaren und mit zunehmendem Integrationsgrad nur noch automatisch durchführbar sind,
— elektrische Belastung unter Worst-case-Bedingungen (maximale Spannung, höchste Frequenz usw.) bei erhöhter Umgebungstemperatur (Voralterung), um vor allem Ausfallmechanismen mit hoher Aktivierungsenergie (Drift von Ionen im Oxid, Elektromigration) zu forcieren,
— Spannungstests mit einer bis zu 100% höheren Betriebsspannung, um die Oxiddefekte, die eine niedrige Aktivierungsenergie besitzen (0,3 eV) und folglich durch erhöhte Temperatur kaum beschleunigt werden, herauszufinden.

Sind die Schaltkreise mit Frühausfällen dank geeigneter Selektionsmaßnahmen entfernt, stellt sich in der „Badewannenkurve" (Abb. 4.3), die allgemein für technische und biologische Objekte gültig ist, eine nahezu konstante Ausfallrate ein. Diese charakterisiert den technologischen Prozeß und konkreten Schaltkreisentwurf. Um hier weitere Verbesserungen zu erreichen, sind sorgfältige Fehleranalysen an den Ausfallbauelementen mit entsprechenden Schlußfolgerungen

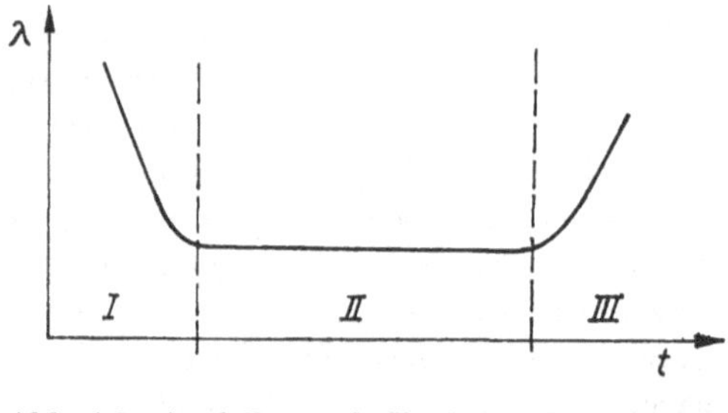

Abb. 4.3. Ausfallrate als Funktion der Zeit mit den typischen Bereichen: I — Frühausfälle infolge technologiebedingter Schwachstellen, II — stochastische Fehler, charakteristisch für ein gegebenes technologisches Niveau, III — Verschleißausfälle infolge Korrosion, Elektromigration, Diffusion usw.

für den Entwurf und die Technologie erforderlich [4.57]. Diese zeitaufwendige Rückkopplung erfordert in der Regel Jahre, um das Zuverlässigkeitsniveau um 1 bis 2 Größenordnungen zu verbessern [4.62].

Ein prinzipielles Problem ergibt sich aus den Nachweismethoden für die jetzt bereits erreichten sehr niedrigen Ausfallraten mikroelektronischer Schaltkreise. Um z. B. mit einem Konfidenzniveau von 60% eine Ausfallrate von 10^{-8} h^{-1} in einem 1000-h-Test nachzuweisen, ist eine Mindeststichprobe von $3 \cdot 10^5$ Bauelementen erforderlich [4.63]. Dies ist bereits mehr, als von manchen Schaltkreistypen pro Jahr produziert wird. Bei geringerer Probenmenge erhöht sich dafür der zeitliche Prüfaufwand unvertretbar, insbesondere während der Entwicklungszeit neuer Schaltkreise und Technologien. Hier sind künftig neue Wege zu beschreiten, die z. B. eine stärkere Bewertung von Parameterdriften auch innerhalb der zulässigen Toleranzen einschließen.

Eine solche Forderung ergibt sich auch aus perspektivischer Sicht auf die notwendigerweise sehr hohe Zuverlässigkeit kommender höchstintegrierter Schaltkreise. So ergibt zum Beispiel die Forderung nach einer Ausfallrate von 10^{-8} h^{-1} bei einem Schaltkreis mit 10^6 Transistoren eine geforderte Ausfallrate pro integriertes Bauelement von 10^{-14} h^{-1}. Das bedeutet für einen solchen Einzeltransistor im integrierten Schaltkreis eine mittlere Lebensdauer von ca. 10^{10} Jahren (vgl. Erdalter: ca. $5 \cdot 10^9$ Jahre). Solche astronomisch hohen Zuverlässigkeitswerte können nicht mehr durch die konventionellen Maßnahmen einer besonderen Umsicht und Sorgfalt in der Technologie gesichert werden. Es wird hierfür unumgänglich sein, aber dank der erreichbaren hohen Integrationsdichten auch möglich werden, in die Schaltkreise Redundanz einzubauen, um eine neue Qualität in der Zuverlässigkeitssicherung zu gewährleisten.

4.5. Fertigungskosten

Die Entwicklung der Mikroelektronik ist zu ihren heutigen volkswirtschaftlichen Dimensionen vor allem deshalb vorangetrieben worden, weil sie ökonomischere Lösungen für eine ständig wachsende Anzahl von Geräten und Anlagen ermöglicht. Die Ursache liegt in den vergleichsweise sehr niedrigen Fertigungskosten, bezogen auf eine Bauelementefunktion. Für einen integrierten Transistor hat sich der Preis bisher alle 2 Jahre um eine Größenordnung reduziert [4.64, 4.65]. Dadurch sind z. B. auch die Kosten pro Bit bei Speicherschaltkreisen in den letzten 10 Jahren in gleichem Maße gefallen [4.66]. Die weitere Senkung der Kosten ist technisch möglich und wird entscheidend das Tempo der allgemeinen Verbreitung der Mikroelektronik in der Volkswirtschaft bestimmen.

4.5.1. Kostenstruktur

Die Kosten für die Herstellung integrierter Schaltkreise setzen sich aus folgenden Anteilen zusammen [4.67]:

$$K_{IS} = K_I + K_M + K_{II} + \frac{K_E}{S} + \frac{K_L}{S_{\text{ges}}}.$$

Darin sind K_I die Kosten des Scheibenprozesses, K_M die Siliziumkosten, K_{II} die Montage- und Endmeßkosten, K_E die Entwurfskosten, K_L die Entwicklungskosten einer Basistechnologie, S die Anzahl der Schaltkreise eines Typs und S_{ges} die Anzahl aller mit der betreffenden Basistechnologie hergestellten Schaltkreise.

Es ist leicht zu erkennen, daß die Zahl der mit einer einmal beherrschten Basistechnologie herzustellenden Schaltkreise S_{ges} aus Kostengründen möglichst hoch sein sollte.

Ebenso muß der mit zunehmendem Integrationsgrad überproportional ansteigende Aufwand für die Schaltkreisentwicklung (Entwurf, Meßtechnik, Optimierung) durch eine hohe Stückzahl pro Schaltkreis S aufgefangen werden. Hieraus ist der Trend zu standardisierten, universellen Schaltkreisen hoher Komplexität (Mikroprozessoren, Speicher, Master-Slice) zu erklären.

Die dann noch verbleibenden Kosten teilen sich in die für jeden Schaltkreis eines Typs relativ festen Kosten für Montage und Messung sowie in die vom Scheibenprozeß verursachten Kosten. Während erstere durch Optimierung des Bearbeitungsprozesses selbst (z. B. automatisches Bonden, Verschließen, Messen) ohne allzu feste Bindung an das konkrete Objekt gesenkt werden können, ist bei den Scheibenprozessen ein komplexes Optimierungsproblem zu lösen, das weit in die technologischen Grundlagen der jeweiligen Schaltkreise hineinreicht. Nach [4.68] ergibt sich für diesen Kostenanteil:

$$K_I + K_M = \left(\frac{P}{d_S^2} + k_M\right) \exp\,(D_f A_C),$$

wobei P die Prozeßkosten, d_S der Scheibendurchmesser, K_M die Siliziumkosten pro Quadratzentimeter, D_f die Fehlerdichte auf der bearbeiteten Scheibe und A_C die Chipfläche angeben. Erwartungsgemäß steigen diese Kosten mit der Chipfläche stark an. Gleichzeitig fallen mit steigendem Integrationsgrad die Kosten pro integrierten Transistor infolge der festen Kostenanteile pro fertigen Schaltkreis. Es existiert also ein Kostenoptimum für eine integrierte Transistorfunktion, das sich mit sinkender Defektdichte zu höheren Chipflächen verschiebt [4.69].

Für die weitere Technologieentwicklung lassen sich daraus allgemein folgende Schlußfolgerungen ableiten:

- Die Verringerung der Chipfläche, die zur Realisierung einer gegebenen Bauelementefunktion benötigt wird, ist die entscheidende Möglichkeit der Kostensenkung (s. 4.1.).
- Die Senkung der Defektdichte als ein wesentlicher Bestandteil der Fehlerdichte D_f hat vor allem mit wachsender Chipfläche entscheidenden Einfluß auf die Kostenreduktion.
- Eine Erhöhung des Scheibendurchmessers bei sonst konstanten Kostenanteilen führt unmittelbar zur Kostendegression. Es ist deshalb mit einer weiteren Erhöhung des Scheibendurchmessers auf mindestens 150 mm in den nächsten Jahren zu rechnen, wobei allerdings die Defektdichte auf Werte unter 1 cm^{-2} zu senken ist [4.67].
- Die Siliziumkosten sind in gleichem Maße zu senken [4.67].
- Die höheren Aufwendungen für Ausrüstungen, Materialien und Umgebungsbedingungen, die zur Durchsetzung der vorgenannten Aufgaben gemacht werden müssen, dürfen die Prozeßkosten nicht zu stark steigen lassen.

4.5.2. Ausbeute

Der als Ausbeuteanteil in die Kostenstruktur eingehende Anteil $Y = \exp(-D_f A_c)$ zeigt an, daß die Ausbeute für ein bestimmtes Defektniveau exponentiell mit der Fläche abfällt (Abb. 4.4). Die Defektdichte muß also drastisch verringert werden,

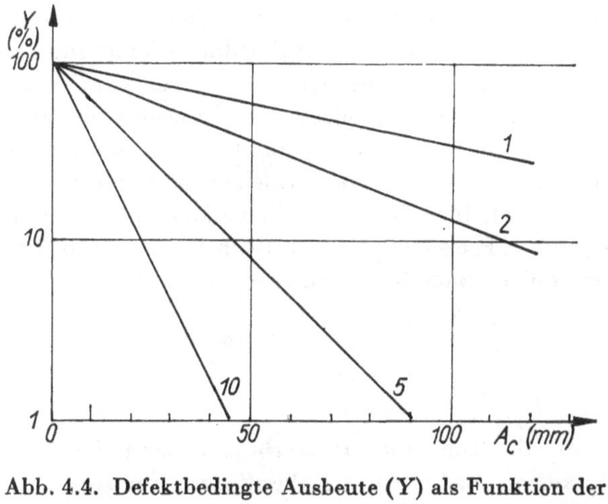

Abb. 4.4. Defektbedingte Ausbeute (Y) als Funktion der Chipfläche (A_c) mit der Defektdichte D_f (in cm^{-2}) als Parameter

um auch Schaltkreise mit großer Chipfläche (Einchiprechner, Speicher u. a.) ökonomisch fertigen zu können.

Wege zur Verringerung der Defektdichte sind:

— Verbesserung der Medienreinheit (Wasser, Luft, Chemikalien) durch verbesserte Filtermethoden und Entwicklung neuer Reinigungsverfahren sowie Erhöhung der Halbleiterhygiene im Fertigungsprozeß ganz allgemein,
— Einsatz defektfreier Schablonen in projektionslithografischen Verfahren bzw. Übergang zur Elektronenstrahllithografie,
— durchgängige Automatisierung des Fertigungsprozesses.

Die Automatisierung des Fertigungsprozesses hilft auch, einen schwer zu quantifizierenden Einflußfaktor auf die Ausbeute weitgehend zu eliminieren: Das subjektive Fehlverhalten der Arbeitskräfte im Prozeß. Nach [4.70] ist mit einer automatischen Fertigungslinie eine Ausbeutesteigerung um das 3- bis 4fache zu erreichen.

Um bei gegebener Defektdichte auch große Chips ($> 40\ mm^2$) ökonomisch fertigen zu können, kann insbesondere bei Speicherschaltkreisen durch Redundanz von Schaltungsteilen (Zeilen, Spalten, Blöcke) die Wirkung von Punktdefekten aufgehoben werden. Das Abtrennen der defekten und das Hinzuschalten der redundanten Schaltungsteile erfolgt durch Auftrennen entsprechender Verbindungen mittels Stromimpuls oder Laser. Ausbeutesteigerungen bei 64-K-Speichern in der Entwicklungsphase um den Faktor 30 und in der Produktion um den Faktor 5 bis 8 werden für die Effektivität dieser Maßnahme angegeben [4.71].

Außerdem ist aber nebem dem stochastischen Defektanteil ein systematischer, parametrischer Fehleranteil zu beachten, der infolge von Abweichungen bei bestimmten Maßen (Strukturbreiten, Eindringtiefen u. a.) oder elektrischen Parametern (Schichtwiderstand, Schwellspannungen usw.) zur Ausbeuteminderung führt. Neben Fragen einer ausreichend sicheren Schaltkreisdimensionierung im Entwurf spielen hier die Qualität der Ausgangsmaterialien, der technische Stand der Ausrüstungen und die Beherrschung des technologischen Prozesses eine entscheidende Rolle. Der Verbesserung der Reproduzierbarkeit dienen die bereits in Abschn. 4.1. unter dem Gesichtspunkt der Strukturverkleinerung vorgestellten neuen Verfahrensschritte sowie eine auf einem leistungsfähigen Modell beruhende Rechnersteuerung des technologischen Prozesses. An derartigen Rechnermodellen des Scheibenprozesses wird mit großem Nachdruck gearbeitet [4.72].

4.5.3. Prozeßkosten

In den festen Prozeßkosten, die die Konstante P bestimmen, sind die Ausrüstungs-, Material- und Lohnkosten enthalten. Da die Kosten für die Ausrüstungen und Materialien infolge der stark steigenden Anforderungen an deren

Qualität eher steigen als fallen, kann eine Senkung der Prozeßkosten nur erreicht werden durch:

- eine höhere Produktivität der Anlagen (z. B. kontinuierliche Prozesse oder zumindest Vergrößerung der Chargen),
- Verringerung des spezifischen Materialverbrauches (z. B. durch Niederdruckverfahren bei der CVD, durch Erhöhung der Schablonennutzungshäufigkeit mittels Projektionslithografie),
- Vereinfachung des technologischen Prozesses (z. B. weniger Hochtemperaturschritte, weniger Strukturierungsebenen),
- niedrigere Lohnkosten durch vollständige Automatisierung.

Die Ausrüstungsentwicklung wird aus den genannten Gründen international zunehmend auf komplette rechnergesteuerte Fertigungslinien hoher Produktivität orientiert [4.70].

Die technologische Entwicklung ringt um einen Kompromiß zwischen dem wachsenden Kompliziertheitsgrad, der sich aus den Forderungen nach schnelleren und höher integrierten Schaltkreisen mit besseren Zuverlässigkeitswerten ergibt, und den ökonomischen Belangen des Fertigungsprozesses, die eine Vereinfachung der Technologie erfordern. Beispiele für Prozeßvereinfachungen, die jedoch nicht zu Lasten der Schaltkreisparameter eingeführt wurden, sind:

- die gleichzeitige Diffusion der n^+- und p^+-Gebiete aus dotierten Gläsern in CMOS-Schaltkreisen (Einsparung eines Hochtemperaturschrittes),
- CDI-Technologie, die gegenüber der SBC-Technologie eine Strukturierungsebene weniger benötigt (s. 4.1.).

Hier existiert noch ein weites Feld für Innovationen, die insbesondere mit wachsendem Reifegrad der Technologien zu hohen ökonomischen Ergebnissen führen können.

4.6. Basistechnologien und Verfahren

Aus Gründen der Ökonomie (s. 4.5.1.) ist es sinnvoll, mit einer bestimmten Technologie — gekennzeichnet durch die in einer festgelegten Reihenfolge auf die Halbleiterscheibe anzuwendenden technologischen Bearbeitungsschritte — ein Maximum an Schaltkreistypen zu fertigen. Dies gelingt mit den bisher entwickelten Technologien nur in sehr bescheidenen Grenzen, da die Anforderungen an die in der Geräteindustrie benötigten Schaltkreistypen einen außerordentlich großen Parameterbereich überstreichen. Bestimmte Variationen in den durch die Schaltkreistechnologie festgelegten Parametern sind jedoch durch relativ geringfügige Modifikationen einer gegebenen Technologie (z. B. Hinzufügen oder Weglassen eines Bearbeitungsschrittes, Änderung der Einstellwerte technologischer Ausrüstungen im Rahmen der zulässigen Steuerkurven u. ä.) möglich. Die Gesamtheit derartiger Technologiemodifikationen, die ein bestimmtes Bauelementeprinzip realisieren und durch ein mehr oder weniger scharf definiertes Niveau der für die jeweiligen Bearbeitungsschritte eingesetzten technologischen Grundverfahren (Schichtabscheidungsverfahren, Dotierungsverfahren, Strukturierungsverfahren u. a.) charakterisiert werden, wird als Basistechnologie bezeichnet.

Die bisherige Geschichte der Technologie der Mikroelektronik ist durch eine rasche Folge von Basistechnologie-Entwicklungen gekennzeichnet. Das hat sich aus dem großen Bedarf an leistungsfähigen Schaltkreisen einerseits und dem zur Befriedigung dieses Bedarfes weltweit eingesetzten riesigen Forschungs- und Entwicklungspotentials andererseits ergeben. Dabei ist die Einführung einer jeweils neuen Basistechnologie mit hohen Aufwendungen verbunden (Ausrüstungen, Lernkurve), erfolgt aber letztlich immer unter ökonomischen Gesichtspunkten [4.36]. Absolut dominierend sind und bleiben für die überschaubare Zukunft die Siliziumtechnologien.

4.6.1. Siliziumtechnologien

Verfolgt man die wichtigsten Entwicklungsetappen der für die Höchstintegration (VLSI) interessanten Basistechnologien, so findet man die Umsetzung der in den vorangegangenen Abschnitten aufgeführten allgemeinen Prinzipien bestätigt. Gemeinsame Grundlage aller modernen Siliziumtechnologien ist die Planartechnik, gekennzeichnet durch folgende grundsätzliche Verfahrensschritte:

In ein Siliziumsubstrat (ggf. mit einer Epitaxieschicht versehen) mit einer definierten Fremdstoffkonzentration (Dotierung) und kristallographischer Orientierung werden räumlich begrenzt verschiedene Dotanten (B, P, As) eingebracht, um die für die Funktion der Bauelemente notwendigen *pn*-Übergänge und Bahngebiete herzustellen. Diese Dotierung erfolgt mit einem dafür geeigneten Verfahren (Diffusion, Implantation) von der Substratoberfläche aus. Die nicht zu dotierenden Gebiete werden dazu mit einer schützenden Schicht maskiert. Die Strukturierung der Schutzschicht (Maske) erfolgt mittels mikrolithografischer Verfahren, die das Bild eines Strukturträgers in eine strahlungsempfindliche Lackschicht überführen und nach Lackentwicklung die Strukturübertragung auf die darunterliegenden Gebiete ermöglichen. Als Schutzschicht gegen Diffusion dient vornehmlich SiO_2, das in Sauerstoff bei ausreichend hohen Temperaturen zur notwendigen Dicke auf Silizium in natürlicher Weise aufwächst. Bei Implantation genügt bereits die belichtete und entwickelte Lackschicht als Maske. Die elektrische Verbindung der im Halbleiter formierten *p*- und *n*-leitenden Gebiete erfolgt in gewünschter Weise auf dem Chip durch metallische und halbleitende Leitbahnen. Dazu werden Metall- oder Halbleiterschichten homogen über die gesamte Siliziumscheibe abgeschieden und anschließend mikrolithografisch strukturiert. Den Untergrund bildet eine Isolatorschicht, in die zuvor Öffnungen (Kontaktfenster) an den Stellen geätzt wurden, wo ein Kontakt zwischen Leitbahn und Substrat erfolgen soll. Die Herstellung der Isolatorschichten erfolgt am einfachsten durch thermische Oxydation des Siliziums, und wenn dies nicht möglich ist, durch ein geeignetes Abscheidungsverfahren.

Die erste in großem Umfange angewandte mikroelektronische Basistechnologie war die Anfang der 60er Jahre entwickelte *SBC-Technologie*, mit der die erfolgreichen TTL-Schaltkreisreihen produziert wurden. Gekennzeichnet durch Strukturmaße von größer als 10 μm, Epitaxieschichtdicken von ca. 10 μm und Isolationsdiffusion, war diese Technologie nicht für hochintegrierte Schaltkreise geeignet. Der vereinfachte Ablauf der technologischen Teilschritte ist in Abb. 4.5 dargestellt.

Als Antwort der Technologie auf die Forderung nach höherer Packungsdichte wurde die *p*-Kanal-MOS-Technologie mit Aluminiumgateelektrode in der zweiten Hälfte der 60er Jahre entwickelt. Der ca. um den Faktor 10 geringere Flächenbedarf der MOS-Schaltungen, bedingt durch den Wegfall der isolierenden Diffusionsgebiete und den geringen Flächenbedarf der MOS-Lasttransistoren, eröffnete die Möglichkeit, LSI-Schaltkreise zu entwickeln. Die Nachteile derartiger MOS-Schaltkreise folgen aus den Unzulänglichkeiten der Technologie: hohe Betriebsspannung (—27 V) infolge hoher Schwellspannung (—3 V), niedrige Schalt-

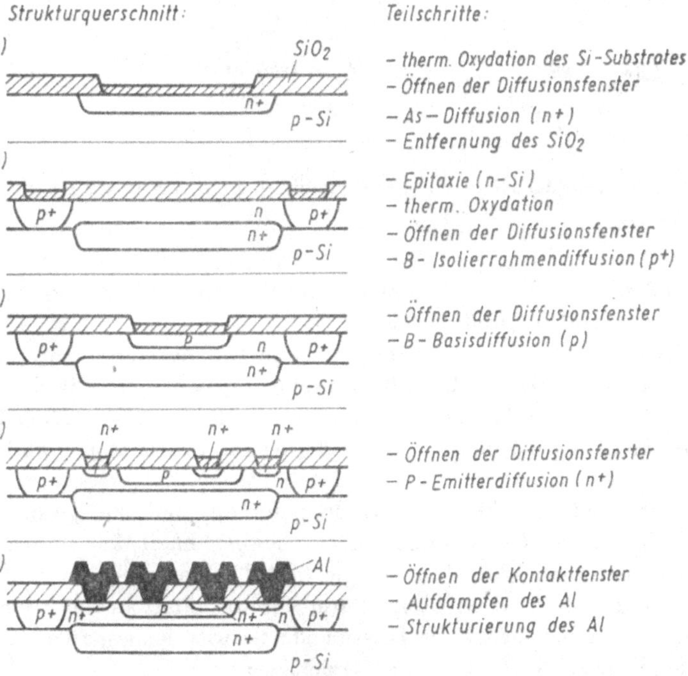

Abb. 4.5. Vereinfachtes Schema der Herstellungsschritte für einen integrierten Bipolartransistor in SBC-Technologie

geschwindigkeit infolge großer Überlappungskapazitäten (vor allem Gate-Drain), langer Kanäle (10 μm) und geringer Ladungsträgerbeweglichkeit (Löcher: 200 cm^2/Vs), niedrige Packungsdichte wegen der großen Strukturmaße und des Fehlens einer zweiten Leitbahnebene (abgesehen von diffundierten Leitbahnen, die wegen ihrer großen parasitären Kapazitäten zu vermeiden sind).

Der nächste große Fortschritt gelang um 1970 mit der Einführung der *p*-Kanal-Silicongate-Technologie (*p*SGT). Dank des selbstpositionierenden Prinzips bei der Herstellung der Source-Drain-Gebiete (Abb. 4.6) konnten die Packungsdichte

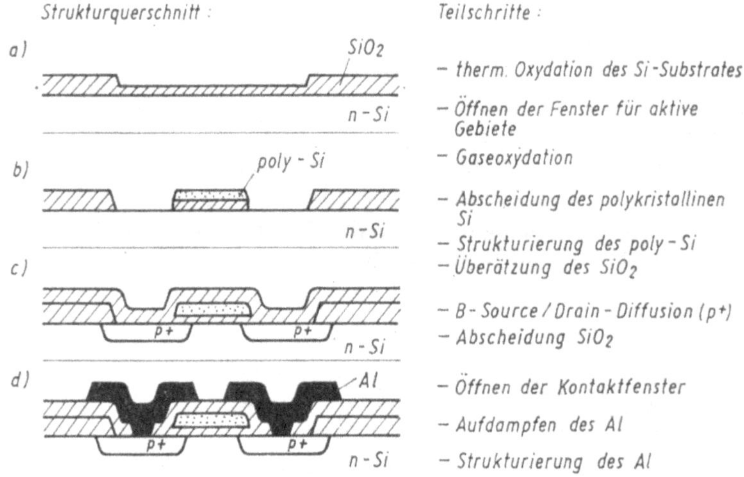

Abb. 4.6. Vereinfachtes Schema der Herstellungsschritte für einen integrierten MOS-Transistor in *p*SGT

und Schaltgeschwindigkeit mehr als verdoppelt werden, die Betriebsspannung konnte dank der verringerten Schwellspannung (—2 V) auf unter —15 V gesenkt werden, und eine zweite Leitbahnebene wurde mit der für die Herstellung der Gateelektrode ohnehin abzuscheidenden Siliziumschicht gewonnen. Mit dieser Technologie konnte der erste große Halbleiterspeicher — der 1103 von INTEL, ein 1-Kbit-dynamisches RAM-Element — in bedeutenden Stückzahlen produziert werden.

Die Nachteile der noch zu hohen Betriebsspannung und zu geringen Schaltgeschwindigkeit infolge der niedrigen Löcherbeweglichkeit konnten mit Einführung der *n*-Kanal-Silicongate-Technologie (*n*SGT) überwunden werden. Immer noch mit Strukturbreiten von 6 bis 10 μm konnte damit in der ersten Hälfte der 70er Jahre ein beträchtlicher Leistungsfortschritt insbesondere auf dem Mikroprozessorgebiet (INTEL 8080 u. a.) erzielt werden.

Die weitere Entwicklung vollzog sich vor allem in Richtung der Strukturverkleinerung: Mitte der 70er Jahre wurde die *n*SGT mit zwei polykristallinen

Siliziumebenen, selektiver Oxydation der Feldgebiete, Depletionlasttransistoren und minimalen Strukturbreiten von 4···5 µm eingeführt. Hierzu war die Einführung der Ionenimplantation, der Positivlacktechnologie und des Plasmaätzens erforderlich.

Seit 1979 ist international die nächste *n*SGT-Basistechnologie mit ca. 2,5 µm Strukturbreiten (geeignet zur Herstellung von 64-Kbit-RAM) in Produktion. Die wichtigsten technologischen Entwicklungen, die hierfür zur Fertigungsreife geführt wurden, sind:

- die Anwendung der Projektionslithografie zur Reduzierung der Defektdichte,
- die durchgängige Anwendung von Plasmaätzverfahren zur Verringerung der Strukturierungstoleranzen,
- die Herstellung defektfreier Oxidschichten mit einer Dicke von 40 nm,
- der umfassende Einsatz der Ionenimplantation (auch für Source- und Draingebiete),
- die radikale Erhöhung der Prozeßhygiene und Medienreinheit zur Sicherung der Ausbeute.

Unmittelbar in der Phase der Produktionseinführung befinden sich *n*-Kanal-Technologien für 256-Kbit-RAM, die eine konsequente Weiterentwicklung des bisherigen MOS-Konzeptes darstellen und in Übereinstimmung mit der Skalierungstheorie durch folgende Eckdaten gekennzeichnet sind [4.73—4.75]:

- Strukturmaße um 2 µm,
- Metall- oder Silizidschichten als Gateelektrode,
  Gateoxiddicken: 20···25 nm,
- Polysilizium als Feldelektrode.

In jedem Falle ist Redundanz zur Erhöhung der Ausbeute vorgesehen.

Die weitere Skalierung läßt mit Strukturmaßen $\leq$ 1 µm die Realisierung von 1-Mbit-Lese-Schreib-Speichern bis 1985 erwarten. Die Vervollkommnung der Technologie im Sinne der oben beschriebenen Prinzipien ist dazu notwendig.

An den Fortschritten der VLSI- und VHSI-Technik, die zunächst von den *n*-Kanal-MOS-Technologien getragen wurden, haben natürlich auch die anderen Siliziumtechnologien partizipiert. Insbesondere die CMOS-Technik hat sich zu einer ernstzunehmenden Alternativtechnologie für VLSI entwickelt. Infolge der heute aufwendigeren *n*-Kanaltechnologien hat sich der technologische Mehraufwand für CMOS-Techniken verringert, der Flächenbedarf ist durch schaltungstechnische und technologische Fortschritte in den CMOS-Technologien nur noch wenig größer als in *n*-Kanal-MOS-Schaltkreisen. Dafür bietet die komplementäre Technik eine Reihe einzigartiger Vorzüge, von denen die bekanntesten der extrem geringe Leistungsverbrauch, die gute Störspannungsfestigkeit, die unkritische Spannungsversorgung, die ausgeprägte Analogfähigkeit und hohe Strahlenresistenz sind und die sie insbesondere in ihrer Variante auf isolierenden Substraten zu der Technik machen, mit der aus heutiger Sicht wohl am ehesten den physikalischen Grenzen der Integration nahegekommen werden kann.

4.6.2. SOI-Technologien

Wie weiter oben gezeigt wurde (vgl. 4.1., 4.2., 4.4.), lassen sich eine Reihe grundsätzlicher Forderungen an künftige Schaltkreistechnologien, wie hohe Integrationsdichte, kurze Schaltzeiten, Zuverlässigkeit, Spannungsfestigkeit, Ausbeute, Strahlenresistenz u. a., in nahezu idealer Weise verwirklichen, wenn isolierende Substrate als Trägermaterial für die in Dünnschichttechnik realisierten aktiven Bauelemente verwendet werden. Hauptproblem einer solchen Technik (SOI: semiconductor-on-insulator) ist die ökonomische Herstellung hinreichend perfekter Halbleiterschichten auf Isolatorsubstraten. Die erste derartige Technologie, mit der die Produktionsreife erreicht wurde, ist die SOS-Technologie (SOS: silicon-on-sapphire). Als Isolator wird α-Al_2O_3 (eigentlich Korund, unkorrekterweise jedoch als Saphir bezeichnet) benutzt. Mit dem heute erreichten hohen Stand der Heteroepitaxie (s. 3.1.12.2.) lassen sich darauf nahezu perfekte einkristalline Siliziumschichten mit einer Dicke von 0,6 bis 1 μm epitaktisch aufbringen. In diese Si-Epitaxieschicht hinein wird mit den üblichen Verfahren der Siliziumtechnologie [4.101] die integrierte Schaltung realisiert. Dabei lassen sich neben allen in Bulktechnologien bekannten Elementen (z. B. Enhancement- und Depletiontransistoren, Widerstände usw.) auch sonst nicht realisierbare Bauelemente wie potentialfreie Dioden und sogenannte Deep-Depletion-Transistoren herstellen. Letztere sind eine nur in Dünnschichttechnik mögliche Variante eines MOS-Transistors, bei der Source und Drain vom gleichen Leitungstyp wie das „Substrat“ (Kanaluntergrund) sind. Die Steuerung erfolgt durch Ausbreitung der Raumladungszone unter dem Gate bis zur Isolatorgrenzfläche des Saphirs. Obwohl unterschiedliche Schaltungstechniken auf den epitaxierten Saphirscheiben erfolgreich ausgeführt wurden (bipolare Diodenarrays [4.77], n-Kanal-MOS-Schaltkreise [4.78]), haben sich für die Großproduktion wegen der attraktiven Kombination von sonst unerreichten Vorzügen CMOS-Schaltkreistechnologien durchgesetzt. Nach Angaben der Firma Rockwell [4.102] sollen bis 1985 mehr als 500000 Transistoren pro Chip mit Gatterverzögerungszeiten von weniger als 0,1 ns in CMOS-SOS-Technologie hergestellt werden. Allerdings sind für einen massenhaften, ökonomisch begründeten Einsatz derartiger Schaltkreise, der sich nicht nur auf Spezialfälle wie Raumfahrt, Kern- und Militärtechnik beschränkt, noch erhebliche Entwicklungsprobleme zu lösen, die jedoch auch nicht einheitlich bewertet werden [4.103, 4.104]. Hauptproblem ist nach wie vor der hohe Aufwand zur Herstellung der Substrate, der zu einem gegenüber Siliziumsubstraten 5- bis 10fach höheren Preis führt. Es ist deshalb intensiv nach Alternativmethoden geforscht werden, die zu erfolgversprechenden Laborergebnissen bei der Nutzung amorpher, auch schichtförmiger, in üblicher Halbleitertechnologie herstellbarer Isolatorsubstrate geführt haben. Mit verschiedenen Methoden kurzzeitigen Aufheizens (z. B. Laserblitz) von auf Glas abgeschiedenen polykristallinen Siliziumschichten gelingt es unter bestimmten Bedingungen, größere kristalline Bereiche ($\approx 5 \cdot 20\,\mu m^2$) herzustellen, in denen ähnlich gute Bauelementeeigenschaften wie in SOS-Strukturen erreichbar sind. Damit ist prinzipiell eine Perspektive aufgezeigt, wie künftige Schaltkreise mit höchsten Ansprüchen an die Parameter ökonomisch gefertigt werden können.

4.6.3. III-V-Technologien

Unbeschadet der absolut dominierenden Stellung der Siliziumtechnik sind seit längerem Bemühungen unternommen worden, die exzellenten Materialeigenschaften einiger $A_{III}B_V$-Verbindungen für besonders anspruchsvolle Schaltkreise zu nutzen. Insbesondere GaAs läßt nicht nur im Vergleich mit Silizium (Tab 4.2) kürzere Schaltzeiten erwarten, sondern ist auch durch die bereits auf dem Gebiet der Optoelektronik und Höchstfrequenzbauelemente (GUNN-Dioden) seit langem erfolgte industrielle Anwendung ein umfangreich untersuchter und gut beherrschter Werkstoff. Nach Klärung grundsätzlicher Fragen setzte deshalb auch eine schnelle Entwicklung der integrierten GaAs-Technologie ein, die hinsichtlich des Tempos bei der Erhöhung des Integrationsgrades sogar noch die der Siliziumtechnik übertrifft. Wurde 1974 der erste GaAs-Schaltkreis vorgestellt [4.76], so war schon 1980 das LSI-Niveau mit 1000 Gattern pro Schaltkreis erreicht worden [4.77]. Die Erwartungen an die Schaltgeschwindigkeit haben sich erfüllt; Verzögerungszeiten von einigen 10 ps pro Gatter werden berichtet [4.78].

Die Technologien für GaAs-Schaltkreise weisen gegenüber denen auf Basis des Si einige konzeptionelle Einschränkungen auf. Wegen der ungünstigen Minoritätsträgerparameter (Löcherbeweglichkeit, Lebensdauer) sind keine qualitativ hochwertigen bipolaren Schaltkreise machbar, wegen der schlechten Grenzflächeneigenschaften GaAs/Isolator sind keine anspruchsvollen MOS-Transistoren herzustellen. GaAs-Schaltkreise werden deshalb gegenwärtig ausschließlich

Tabelle 4.2. Vergleich einiger wichtiger physikalischer Parameter zwischen GaAs und Si bei 300 K, nach [4.78]

Parameter	Si	GaAs
Elektronenbeweglichkeit in cm²/Vs (bei $N = 10^{17}$ cm^{-3})	800	5000
Löcherbeweglichkeit in cm²/Vs (bei N = 10^{17} cm^{-3})	350	250
max. Elektronendriftgeschwindigkeit in cm/s	10^7	$2 \cdot 10^7$
Bandlücke in eV	1,12	1,43
Zustandsdichte im Leitband pro cm³	$3 \cdot 19^{19}$	$5 \cdot 10^{17}$
max. spezifischer Widerstand in Ω cm	10^5	10^9
Minoritätsträgerlebensdauer in s	10^{-3}	10^{-8}
SCHOTTKY-Barrierenhöhe in V	0,4⋯0,6	0,7⋯0,8

auf der Basis von Sperrschicht-Feldeffekttransistoren produziert, wobei zur Kanalsteuerung SCHOTTKY-Übergänge eingesetzt werden, da sich mit verschiedenen Metallen sehr gute SCHOTTKY-Kontakte auf GaAs realisieren lassen. Ein besonderer Vorteil des GaAs für hochintegrierte, schnelle Schaltkreise besteht darin, daß hochreines oder geeignet kompensiertes (z. B. mit Cr) Material einen sehr hohen Widerstand ($> 10^8\ \Omega$cm) besitzt und damit gleichzeitig als quasi isolierendes Substrat dienen kann.

Die Herstellungstechnik für integrierte GaAs-Schaltkreise entspricht in den Grundzügen weitgehend der für Siliziumschaltkreise. Die Unterschiede sind materialbedingt. So findet als Dotierungsverfahren ausschließlich die Ionenimplantation Anwendung. Implantiert werden Si und Se für die Kanalgebiete, Si und S für die Source- und Drainkontakte. Bei der Ausheilung ist zu beachten, daß GaAs in freier Atmosphäre bei Temperaturen über 600 °C zerfällt. Die Temperung muß deshalb unter As-Überdruck in einem geschlossenen Gefäß oder unter einer Schutzschicht (z. B. SiO_2, Si_3N_4) erfolgen. Als Material für die SCHOTTKY-Kontakte eignen sich Al, Ti/W, Ti/Pt/Au u. a., als Kontaktsysteme für die ohmschen Kontakte sind Au—Ge/Ni, Au—Ge—Au, Ag—In—Ge u. a. im Gebrauch. Leitbahnen werden konventionell wie in der Siliziumtechnik realisiert. Auf diese Weise hergestellte MESFET-GaAs-Schaltkreise haben folgende typische technologische Parameter [4.78]:

Kanaldotierung:	$1 \cdots 3 \cdot 10^{17}$ cm^{-3}
Elektronenbeweglichkeit:	4000···5000 cm^2/Vs
Kanaldicke:	50···200 nm
Gate built-in voltage:	0,7···0,8 V
Gatelänge:	0,5···1 μm
Gatebreite:	5···20 μm
Abschnürspannung, DT:	−2,5···−0,5 V
Abschnürspannung, ET:	0,0···+0,2 V

Alle in den vorangegangenen Abschnitten (4.1.—4.5.) ausgeführten Prinzipien für die weitere Entwicklung mikroelektronischer Schaltkreise gelten auch für die GaAs-Technik. So können z. B. durch Anwendung selbstpositionierter Source-Drainkontakte weitere Schaltzeitverkürzungen erreicht werden [4.79]. VLSI-Schaltkreise mit Impulsraten von 100 GHz und einem Verzögerungszeit-Leistungsprodukt unter einem Femtojoule sind auf Basis einer zielgerichteten technologischen Weiterentwicklung in den nächsten Jahren zu erwarten.

In einigen Punkten noch attraktivere Eigenschaften als beim GaAs wurden an InP ermittelt, das vor allem wegen der bei hohen Feldstärken gegenüber GaAs noch höheren Driftgeschwindigkeit der Elektronen höhere Grenzfrequenzen ermöglicht (Abb. 3.19) und weitere Vorteile aufweist [4.105···4.107]. So ist die Ausbildung von GUNN-Domänen an der Drain-Seite des Kanals unter dem Gate in InP wesentlich schwächer ausgeprägt als im Falle des GaAs. In GaAs-FET bewirken die GUNN-Domänen eine hohe Drain-Source-Kapazität und eine virtuelle Verlängerung der Gate-Zone, was zur Reduzierung der Grenzfrequenz führt.

Nachteilig wirkt sich der z. Z. erreichte niedrige spezifische Widerstand des InP-Substrates aus ($10^3 \cdots 10^4$ Ωcm), der allerdings durch geeignete Dotierung (z. B. Fe mit dem z. Z. noch nicht gelösten Problem inhomogener Verteilung) angehoben werden kann. Technologisch bedingte Schwierigkeiten ergeben sich auch aus der niedrigen Barrierenhöhe des SCHOTTKY-Kontaktes AuInP von 0,5 V. Es wurden deshalb auch Versuche zur Herstellung von MOS-FET unter Verwendung von SiO_2 und Al_2O_3 als Isolator unternommen. Über anodisch auf InP hergestellte P_2O_5/In_2O_3-Schichten mit akzeptablen Eigenschaften wurde ebenfalls berichtet [4.108].

4.6.4. Technologien für supraleitende und magnetische Schaltkreise

Die in der Halbleitertechnik angewandten technologischen Prinzipien und Grundverfahren haben sich als sehr vorteilhaft auch für die Herstellung von Schaltkreisen erwiesen, die auf völlig anderen Wirkprinzipien und damit Werkstoffen beruhen. So werden die JOSEPHSON-Schaltkreise (4.2.14.) und Magnetblasenspeicher zwar auf der Basis von Materialien (supraleitender, magnetischer) hergestellt, die in der Halbleiterelektronik nicht vorkommen, aber die Grundverfahren Mikrolithografie, Schichtabscheidung, Epitaxie usw. sind identisch.

An der Vervollkommnung der Materialpalette für JOSEPHSON-Schaltkreise wird gegenwärtig intensiv gearbeitet. So werden z. B. Bleiverbindungen hoher Stabilität entwickelt, da Tunnelübergänge aus reinem Blei nur wenige Schaltzyklen überstehen. Verbreitete Materialien sind: Nb als Substrat, Pb und Pb-Legierungen (z. B. PbBi) als Elektrodenmaterial, NbO_2 als Isolator für den JOSEPHSON-Übergang und $AuIn_2$ als Elektrodenmaterial [4.80]. Von entscheidender Bedeutung für die Schaltkreisparameter ist die Reproduzierbarkeit der nur einige Nanometer dicken Übergangsschicht zwischen den beiden Supraleitern des JOSEPHSON-Überganges, ein gegenwärtig noch nicht befriedigend gelöstes technologisches Problem. Neue technische Lösungen sind auch für die Signalzuführung zum JOSEPHSON-Übergang erforderlich, da die durch die Zuführungen und Gehäuse bedingten Verzögerungen (4.2.3.) z. Z. etwa das 10fache der Schaltverzögerung des Überganges ausmachen.

Kernstück eines Magnetblasenspeichers ist das Speicherchip, das aus einem einkristallinen Gadolinium-Gallium-Granatsubstrat besteht und auf dem epitaktisch eine magnetische Schicht abgeschieden wird. Die zur gerichteten Bewegung und Speicherung der Magnetblasen in dieser Schicht erforderlichen Permalloy-Strukturen (FeNi-Legierung) werden darauf angeordnet. Die Herstellung erfolgt mit den üblichen Verfahren der Halbleitertechnologie (Schichtabscheidung, Strukturierung und/oder Ionenimplantation). Speicherdichten von z. B. 4 Mbit pro Chip erfordern dafür wie in der VLSI-Technik Strukturbreiten um 1 μm.

4.6.5. Technologische Grundverfahren

Die Realisierung der in den vorangegangenen Abschnitten dargestellten technologischen Zielstellungen für höchste Integrationsdichten, maximale Schaltgeschwindigkeiten, erhöhte Ausbeute usw. erfordert die ständige Vervollkommnung der bereits eingesetzten technologischen Grundverfahren und in bestimmten Fällen auch den Einsatz grundsätzlich neuer Verfahren. Die Anstöße hierfür kommen sowohl aus der Entwicklung neuer Basistechnologien, wie in 4.1. und 4.6.1. dargestellt, als auch aus der systematischen Untersuchung der Grundverfahren selbst.

4.6.5.1. Strukturierungsverfahren

Nahezu zwei Jahrzehnte lang blieben die mikrolithografischen Strukturierungsverfahren für die Schaltkreisherstellung auf den durch die klassische Fotolithografie gezogenen Rahmen beschränkt: Auf die Halbleiterscheibe wurde eine 1 bis 2 μm dicke Fotoresistschicht aufgetragen, aus der durch anschließendes Tempern die Lösungsmittel entfernt wurden. Die Belichtung erfolgte vornehmlich über eine in direkten Kontakt gebrachte Schablone mittels Licht einer Wellenlänge von ca. 400 nm. Die folgende naßchemische Entwicklung des Resists bewirkt die Entfernung der belichteten (Positivresist) oder unbelichteten (Negativresist) Resistflächen. Durch ein sich anschließendes Härten wird der Resist endgültig von Lösungsmitteln befreit und damit resistent gegen die chemischen Ätzmittel, die im nachfolgenden Prozeßschritt zur Auflösung der nicht vom Resist abgedeckten Gebiete des Substrates eingesetzt werden. Dieses Verfahren eignet sich für Strukturgrößen bis herab zu etwa 5 μm. Um die geforderten kleineren Strukturmaße sowie Maß- und Überdeckungstoleranzen zu gewährleisten, wurden verstärkt seit Ende der 70er Jahre neue Grundverfahren untersucht und teilweise bereits bis zur Produktionsreife geführt. Diese Neuerungen erstrecken sich auf alle drei entscheidenden Teilgebiete der Mikrolithografie:

— die Resisttechnologie,
— die Belichtungstechnologie,
— die Ätztechnologie.

In der Resistforschung finden vor allem die folgenden Forderungen an moderne Mikrolithografieverfahren ihren Niederschlag [4.81]:

— hohe Auflösung und Empfindlichkeit,
— hohe Abbildungstreue (1:1-Übertragung),

— gute Stufenbedeckung,
— Trockenätzbeständigkeit,
— Trockenentwickelbarkeit,
— großer Wellenlängenbereich (Ionen-, Elektronen-, Röntgenstrahlen, tiefes UV-Licht).

Die mit ständig kleiner werdenden Strukturbreiten bei gleichzeitig unvermeidlicher Reliefbildung in der Schaltkreistopologie auftretenden Probleme führen zu widersprüchlichen Forderungen an die Resisttechnologie. Ein Resist mittlerer Dicke gleicht die Unebenheiten des Substrates teilweise aus. Dadurch werden beim Belichten entweder die dünnen Gebiete überbelichtet oder die dicken unterbelichtet. Ebenso führt das unterschiedliche Reflexionsvermögen verschiedener Substratgebiete (Metall, Halbleiter, Isolator) zu unterschiedlicher Belichtung der Resistgebiete. Die Folge dieser Einflüsse sind Änderungen der Strukturabmessungen. Da gewöhnlich die Strukturabmessungen auch von der Entwicklungszeit abhängen, ergeben sich dadurch bei unterschiedlicher Resistdicke Maßschwankungen. Schließlich kann an den zu dünn geratenen Stellen der Resist beim Trockenätzen gänzlich abgetragen werden. Ein Ausweg besteht in der Anwendung von Mehrlagenresistsystemen. Bei Dreilagensystemen [4.14, 4.82] wird dazu eine dicke (2 μm) Resistschicht auf die Si-Scheibe aufgetragen, darüber eine 0,1 μm dicke SiO_2-Schicht aufgesputtert und auf dieses ebene Substrat eine dünne (300 nm) empfindliche Resistschicht aufgebracht. Damit können die Vorteile des dünnen Resists für hohe Auflösung genutzt werden, während die dicke Resistschicht gute Kantenbedeckung, Plasmaätzbeständigkeit

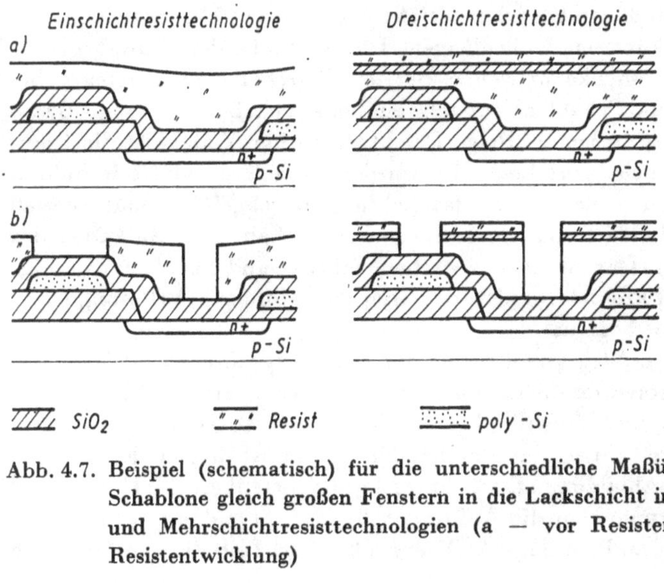

Abb. 4.7. Beispiel (schematisch) für die unterschiedliche Maßübertragung von in der Schablone gleich großen Fenstern in die Lackschicht im Falle von Einschicht- und Mehrschichtresisttechnologien (a — vor Resistentwicklung, b — nach Resistentwicklung)

und zusammen mit der SiO_2-Schicht auch die Unterdrückung von Substratreflexionen gewährleistet. Die Strukturübertragung von der dünnen Resistschicht in die dicke erfolgt mittels reaktiven HF-Sputterätzens in reinem O_2 mit der SiO_2-Schicht als Hilfsmaske.

Zweilagensysteme [4.84] sind in gleicher Weise realisierbar, wenn der obere Resist eine hohe Resistenz gegenüber dem HF-Sputterätzen der dicken unteren Schicht aufweist. Das ist z. B. bei GeSe-Chalkogenidgläsern der Fall.

Nachteil der Mehrlagenresistsysteme ist ihr höherer Aufwand.

Anorganische Resists auf der Basis von Chalkogenidgläsern [4.83] ermöglichen eine hohe Auflösung und Maßhaltigkeit, da sie keine Quellung und Deformation aufweisen, trockenätzbeständig sind und auf Grund des speziellen Wirkprinzips [4.81] durch einen Kantenverschärfungseffekt einen hohen Kontrast ermöglichen. Strukturen bis herab zu 30 nm wurden bereits damit erzeugt. Weitere Forschungen zur Aufklärung des Wirkprinzips und zur Vorbereitung einer praktischen Nutzung sind erforderlich.

Trockenentwickelbare Resistsysteme sind eine notwendige Voraussetzung zur konsequenten Anwendung von Trockenbearbeitungsverfahren in der Mikrolithografie, deren Vorteile bereits mehrfach diskutiert wurden. Grundlage der Trockenentwicklung ist die Erkenntnis, daß strukturelle Faktoren den Plasmaabtrag beeinflussen. Zum Beispiel verringert starke Hauptkettenbildung in Polymeren die Abtragsgeschwindigkeit; Polymere mit hohem Anteil aromatischer Gruppen sind wesentlich beständiger gegen Plasmaabtrag als chlorhaltige Polymere [4.81]. Diese Entwicklung steht noch ganz am Anfang und wird gewiß auch unter Einbeziehung der Mehrlagen- und anorganischen Resists [4.84] entschieden vorangetrieben.

Die Belichtungstechnologie ist gekennzeichnet durch den Trend zu kontaktloser Belichtung mit kürzeren Wellenlängen. Die Nachteile der Kontaktbelichtung liegen vor allem im ökonomischen Bereich. Durch die unmittelbare Berührung von Scheibe und Schablone entsteht ein hoher Schablonenverschleiß und eine niedrige Schaltkreisausbeute infolge Defektgeneration. Zudem ist die Überdeckungsgenauigkeit nicht sehr hoch. Es wurden deshalb bereits seit Jahren Arbeiten zur Einführung der Abstandsbelichtung durchgeführt und speziell geeignete Justier- und Belichtungseinrichtungen entwickelt (z. B. JuB 2111 des VEB ZFTM Dresden). Der Abstand zwischen Scheibe und Schablone beträgt dabei typisch einige Mikrometer und wird durch die geforderte Auflösung sowie die Scheibenunebenheit begrenzt.

Der aussichtsreichere Weg zur Lösung der fotolithografischen Belichtungsprobleme ist die Projektionsbelichtung, die praktisch keinen Schablonenverschleiß verursacht und deshalb den Einsatz von fast völlig defektfreien Originalschablonen ermöglicht. Im Bereich über 2 μm ist wegen der höheren Produktivität die 1:1-Abbildung mittels Spiegeloptik vorteilhaft [4.11], während bei größeren Anforderungen an die Auflösung die X:1-Abbildung mittels Step-and Repeat-Verfahren (z. B. Anlage AÜR des VEB Carl Zeiß Jena) erforderlich ist. Die untere Auflösungsgrenze ist nach Rayleigh mit 0,6λ/NA (NA = numerische Apertur) gegeben. Folglich kann durch Einsatz von kürzerwelligem Licht (tiefes UV: 200···300 nm, Xe-Hg-Quelle) die Auflösungsgrenze noch unter 1 μm getrieben werden, allerdings sind für diese Wellenlängen die optischen Gläser nicht mehr transparent. Um dieses Einsatzgebiet zu erschließen, sind noch erhebliche Entwicklungsarbeiten erforderlich.

Einfacher lassen sich kleinere Strukturen mittels alternativer Belichtungsverfahren erzeugen. Die ausgereifteste Lösung ist gegenwärtig das Elektronenstrahlbelichtungsverfahren [4.85], für das kommerziell verfügbare Anlagen (z. B. ZBA 20 des VEB Carl Zeiß Jena) zur Verfügung stehen. Die Produktivität der Anlagen konnte durch Übergang vom Rasterscan mit kreisrundem Strahl zum Vektorscan mit Formstrahl bei gleichzeitiger Erhöhung des Sondenstromes beträchtlich gesteigert werden. Produktivitätsreserven liegen noch in schnelleren Rechnern zur Steuerung der Anlagen und empfindlicheren Resists. Größtes Problem ist gegenwärtig eine geeignete Justiertechnologie, die der geringen möglichen Strukturbreite von 0,2 μm angemessen ist, da die Überdeckungsgenauigkeit mindestens 10% der kleinsten Strukturbreite betragen muß, sofern nicht Einebenenprozesse oder Selbstjustage angewandt werden. Neben den gegenwärtig und künftig unerläßlichen Verfahren mit schreibendem Strahl wird auch an Projektionsverfahren mit der ihnen eigenen höheren Produktivität gearbeitet [4.86, 4.87].

Die Röntgenlithografie zeichnet sich als Projektionsverfahren durch eine potentiell hohe Produktivität aus. Neben dem Problem geeigneter Schablonen, die hinreichend elastisch und formstabil sind (ggf. Kombination anorganischer Membranen mit organischen Filmen), ist das Produktivitätsproblem durch Entwicklung wesentlich empfindlicherer Resists und leistungsstärkerer Quellen noch zu lösen. Gegenwärtig ist die Energiedichte in Röntgenstrahlanlagen mit ca. 100 $\mu W/cm^2$ noch um 3 Größenordnungen geringer als in optischen Systemen [4.11]. Das führt zu praktisch unvertretbar langen Belichtungszeiten (Minuten pro Scheibe).

Die Ionenstrahllithografie als jüngster Zweig der Belichtungsverfahren besitzt noch den geringsten technischen Reifegrad, aber potentiell die größten Chancen für einen Einsatz in der Submikrometertechnik. Die Vorzüge der Ionenstrahltechnologie ergeben sich aus der mit hoher Genauigkeit steuerbaren Bewegung der Ionen (lateral und vertikal), der viel höheren Empfindlichkeit der Resists für Ionenbeschuß im Vergleich zu Röntgen- und Elektronenstrahlen (Faktor 100) und der hohen Abbildungstreue (keine Beugung, kein proximity effect). Die höchste Auflösung und Genauigkeit wird mit schreibendem Ionenstrahl erreicht, wobei nach [4.88] der Einsatz dieser Technik künftig im Strukturbereich von 30 nm bis 300 nm liegen dürfte. Die größere Produktivität ist jedoch mit maskiertem Ionenstrahl zu erreichen, obwohl wegen der hohen Anforderungen an die Überdeckungsgenauigkeit mit Wafer-steppern zu arbeiten sein wird. Untersucht werden sowohl Systeme mit 1:1-Projektion [4.88] als auch mit X:1-Projektion

[4.89]. In letzterem Falle ist das Schablonenproblem wegen der nachfolgenden ionenoptischen Bildverkleinerung leichter zu lösen. Allgemein stellt jedoch die Herstellung und der Einsatz geeigneter Schablonen ein noch größeres Problem als in der Röntgenstrahllithografie dar. In Erprobung sind offene Schablonen in Form einer selbsttragenden Metallfolie [4.89] und Schablonen mit Trägermembrane [4.88]. Während offene Schablonen wegen mechanischer Probleme bestenfalls Anwendung bei X:1-Projektion finden dürften, verursacht die Trägermembrane, die für Ionen transparent sein muß, erhebliche Probleme in der Materialauswahl. Ca. 1 μm dicke amorphe und einkristalline Schablonen (Si, Nutzung des Channeling-Effektes) sind prinzipiell geeignet, aber hinsichtlich Streuung, Dimensionsstabilität, Standzeit und anderer Parameter vor einem industriellen Einsatz noch deutlich zu verbessern [4.88].

Die Anlagen für die Ionenstrahllithografie bauen auf den hohen Stand der Ionenimplantationsanlagen auf. Kompliziertestes Problem sind die notwendigen Verbesserungen der Ionenoptiken. Geeignete Ionenquellen für die hohen Strahlstromdichten von einigen Ampere pro Quadratzentimeter, wie sie für diesen Einsatzzweck benötigt werden, stehen z. B. mit Gallium-Flüssigmetall-Feldemissionsquellen [4.90] zur Verfügung.

Ein besonderer Vorteil der Ionenstrahllithografie besteht in der Möglichkeit, ggf. mehrere Bearbeitungsschritte einer Ionenstrahltechnologie mit der gleichen Ausrüstung durchführen zu können: Resistbelichtung, Ionenimplantation und Ionenätzen [4.91].

Die hohe Auflösung und Genauigkeit moderner Mikrolithografieverfahren kann nicht mit den naßchemischen Ätzverfahren zur Strukturübertragung ausgeschöpft werden. Ursache dafür ist das isotrope Ätzverhalten, das grundsätzlich zu Unterätzungen unter die Kante der Resiststruktur in der Größenordnung der zu ätzenden Schichtdicke führt. Eine 1:1-Übertragung des Resistbildes in die darunterliegende Schicht ist damit prinzipiell nicht möglich. Daraus resultieren nicht nur Einschränkungen hinsichtlich der minimal möglichen Absolutmaße (kritisch z. B. für Leitbahnraster und -stegbreite), sondern auch unvertretbar große Toleranzen für den Strukturierungsprozeß. Der Ausweg besteht im Übergang zu Trockenätzprozessen, bei denen ionisierte oder aktivierte Neutralteilchen aus einem Gas auf die Festkörperoberfläche gebracht werden und dort durch chemische und/oder physikalische Prozesse zum Schichtabtrag führen. Die technologischen Parameter des Ätzprozesses hängen entscheidend davon ab, welcher Mechanismus vorherrscht. Beim reinen Ionenätzen (Sputtern) werden ionisierte Atome (z. B. Edelgasionen) durch ein elektrisches Feld in Richtung auf die Oberfläche des Festkörpers beschleunigt. Als Quelle für die Ionen können sowohl übliche Ionenstrahlquellen als auch ein angrenzendes Plasma dienen. Durch Impulsübertragung im Festkörper erfolgt das Ablösen von Substratatomen bzw. -molekülen. Beim reinen plasmachemischen Ätzen diffundieren Neutralteilchen (Radikale), die in einem Plasma erzeugt werden, zur Festkörperoberfläche, wo sie über Adsorption, Reaktion und Desorption den Abtrag des

Substrates bewirken. Je nach Ausrüstungsprinzip können diese beiden Formen des Trockenätzens in reiner oder kombinierter Form auftreten.

In einem Rohr-Plasmareaktor, bei dem ein halogenhaltiges Reaktionsgas durch ein HF-Feld angeregt wird, tritt reines plasmachemisches Ätzen auf, besonders dann, wenn durch einen zusätzlichen, als Abschirmung wirkenden Tunnel im Reaktionsrohr alle ionisierten Teilchen vom Reaktionsraum ferngehalten werden [4.15]. Infolge des ungerichteten Auftreffens der reagierenden Spezies (z. B. F˙, OF˙, Cl˙, OCl˙) erfolgt anisotropes Ätzen wie bei naßchemischen Verfahren. In einem Planar-Plasmareaktor, bei dem die Plasmaerzeugung zwischen zwei ein Diodensystem bildenden parallelen Platten erfolgt, finden beide Ätzprozesse mit unterschiedlichen Anteilen gleichzeitig statt [4.92]. Bei Auflegen der Siliziumscheiben auf die geerdete und gekühlte Elektrode des Diodensystems und einem Gasdruck von einigen 10 Pa finden vorzugsweise plasmachemische Reaktionen statt, die durch den gerichteten Aufprall von Ionen unterstützt und damit partiell anisotrop werden. Nahezu völlig anisotrop laufen die Prozesse im Planarreaktor ab, wenn die Substrate auf der spannungsführenden HF-Elektrode angebracht werden und der Druck des Reaktionsgases auf einige Pascal gesenkt wird. Durch die senkrecht zur Substratoberfläche gerichtete Bewegung der reagierenden Spezies wird eine hohe Anisotropie erreicht [4.93], während gleichzeitig gegenüber dem Sputterätzen mit inerten Ionen durch Verwendung reaktiver Medien eine höhere Ätzrate (Größenordnung 10^2 nm/min) und bessere Selektivität zu Buche stehen. Der Übergang zwischen diesem als reaktives Ionenätzen bezeichneten Prozeß, dem ionenchemischen Ätzen im symmetrischen Planarreaktor und dem plasmachemischen Ätzen ist fließend und muß in jedem Einzelfalle in Abhängigkeit von Reaktorgeometrie, Gasdruck, Reaktionsmedium und Substrat sorgfältig analysiert werden [4.15].

Die steigenden Anforderungen an die Strukturierungsqualität (1:1-Übertragung bis in den Submikrometerbereich) erfordern zwingend den Einsatz des ionenchemischen und reaktiven Ionenätzens, in bestimmten Fällen auch des Sputterätzens. Infolge der geringen Ätzratenselektivität dieser hochanisotropen Verfahren ist eine exakte Endpunktkontrolle für die genaue Bestimmung des Ätzstopps erforderlich. Daraus und aus der Forderung nach hoher Homogenität der Ätzrate über die Scheibe bei wachsendem Scheibendurchmesser folgt die Notwendigkeit des Überganges zur Einzelscheibenbearbeitung. Die hierbei stark sinkende Produktivität des Ätzverfahrens wird anlagentechnisch durch die Anwendung des Durchlaufprinzips kompensiert. Damit wird zugleich dem Bestreben nach vollautomatischen Fertigungsstätten seitens der Mikrolithografie entgegengekommen. Da die Beschichtungs- und Belichtungsverfahren ohnehin eine Einzelscheibenbehandlung voraussetzen, können damit vollständig verkettete, vollautomatische Mikrolithografielinien aufgebaut werden.

4.6.5.2. Dotierungsverfahren

Die selektive Dotierung bestimmter Halbleitergebiete mit einem oder mehreren Fremdstoffen wurde in der Anfangszeit der Halbleitertechnik durch Legierungsverfahren (Ge) erreicht. Die geometrische vertikale und laterale Auflösung sowie die Reproduzierbarkeit der Konzentration von Fremdatomen im Wirtsgitter sind beim Legieren für moderne Schaltkreistechniken völlig ungenügend. Die Einführung der Dotierung mittels Diffusion im Rahmen der Silizium-Planartechnik Anfang der 60er Jahre stellte deshalb einen entscheidenden Fortschritt in der Technologie dar. Das Diffusionsverfahren wurde, ausgehend von der Grundvariante einer Diffusion aus der Gasphase mit Vorbelegung und Tiefendiffusion, in verschiedene Richtungen weiterentwickelt. Praktisch angewandte Modifikationen sind z. B. die Diffusion aus Quellenscheiben und die Diffusion aus dotierten Gläsern (Phosphorsilikatglas, Borsilikatglas). Heute genügt auch die Diffusion nicht mehr den Ansprüchen an die Reproduzierbarkeit der Dotantenkonzentration und besonders infolge der Unterdiffusion auch nicht mehr denen an die laterale Auflösung in hochintegrierten Schaltkreisen. Der Übergang zur Ionenimplantation ist technisch zwingend und in der zweiten Hälfte der 70er Jahre auch weltweit vollzogen worden. Allerdings wird die Diffusion sowohl noch zur Dotierung angewandt (z. B. wegen der großen Tiefe für die Wannenherstellung in der CMOS-Technik, wobei als Diffusionsquelle eine implantierte Oberflächenschicht dient) als auch die unfreiwillig ablaufende physikalische Erscheinung bei allen Hochtemperaturprozessen künftig weiterhin zu beachten sein. Eine umfassende theoretische Grundlage für die Diffusion liegt vor (z. B. [4.94, 4.95]), muß aber für die Submikrometertechnik vor allem in Richtung einer mehrdimensionalen Berechnung erweitert werden [4.72].

Die theoretischen Grundlagen der Ionenimplantation liegen ebenfalls weitgehend ausgereift in Form von Büchern (z. B. [4.96, 4.97]), Einzelveröffentlichungen und Tabellenwerken (z. B. [4.98]) vor. Die anlagentechnischen Weiterentwicklungen betreffen die Produktivität (Durchlaufprinzip, Strahlstromstärke bis 50 mA), höhere Reproduzierbarkeit und Homogenität der Dotierung (Einzelscheibenbehandlung, Vakuum, Meßverfahren) sowie die Erweiterung der Einsatzgebiete (Material, Energiebereiche).

In Übereinstimmung mit den Anforderungen moderner Technologien nach geringen Temperaturbelastungen sind vielfältige Bemühungen im Gange, das zur Aktivierung der eingeschossenen Fremdatome nötige Ausheilen implantierter Substrate auf sogenannte nichtkonventionelle Art durchzuführen. Konventionelles Ausheilen erfolgt gewöhnlich in Diffusionsöfen bei Temperaturen um 1100 K für die Dauer von einigen 10 min. Beim nichtkonventionellen Ausheilen wird kurzzeitig (Nano- bis Millisekunden) eine hohe Strahlungsdichte (bis zu einigen 10 MW/cm²) zugeführt. Am besten untersucht sind Laserstrahlen [4.16], aber auch Elektronenstrahlen, nichtkohärente Lichtstrahlen und Wärmestrahlen hoher Energiedichte sind dafür prinzipiell geeignet. Im industriellen Einsatz wird sich gewiß das ökonomischere Verfahren durchsetzen, das aber beim heutigen Stand der Technik noch nicht auszumachen ist.

4.6.5.3. Schichtherstellungsverfahren

Mit der Erhöhung des Integrationsgrades und der Verbesserung anderer Schaltkreiseigenschaften (Abschn. 4.1. bis 4.5.) steigen die Anforderungen an die Herstellung aller zum Einsatz gelangenden Schichten: Isolator-, Metall- und Halbleiterschichten.

Die seit Anbeginn der Mikroelektronikentwicklung wichtigste Isolatorschicht ist nach wie vor das thermisch oxydierte SiO_2. Hat es zunächst als einfach herzustellende Diffusionsmaske die Entstehung der Planartechnologie maßgeblich bestimmt, so spielt es heute vor allem infolge der guten Beherrschbarkeit der Si/SiO_2-Grenzfläche in der höchstintegrierten Technik die entscheidende Rolle als Isolatormaterial. Die Herstellung erfolgt in der denkbar einfachsten Weise im Sauerstoffstrom in einem Diffusionsofen bei Temperaturen um 1300 K. Dabei wird die höhere Wachstumsrate in feuchtem Sauerstoff vor allem für das Aufbringen dickerer SiO_2-Schichten (Feldoxid) genutzt. Wurde dazu in der Anfangszeit der Sauerstoffstrom mit Wasserdampf aus einem speziellen Wassergefäß beladen, so hat sich inzwischen die H_2O-Verbrennung im Reaktionsrohr durchgesetzt, da auf diese Weise auch die hohen Sauberkeitsanforderungen von Gateoxiden erfüllt werden können. Eine andere Weiterentwicklung der 70er Jahre betrifft die Erhöhung der Stabilität thermischer Oxide gegenüber Alkaliionendrift durch HCl-Zusatz. Das dem Sauerstoff beigemischte HCl-Gas führt zur Bildung flüchtiger Alkaliverbindungen bzw. Neutralisation der Alkaliionen im SiO_2-Netzwerk (z. B. NaCl) und damit zu deren elektrischer Inaktivität. Von Nachteil für anspruchsvolle Technologien ist die hohe Temperaturbelastung während der thermischen Oxydation, die zu unzulässigen Diffusionsprozessen und anderen nachteiligen Folgen im technologischen Prozeß führt. Hier bietet der Übergang zur Hochdruckoxydation einen Ausweg. Bei Drücken von einigen Megapascal werden bereits bei Temperaturen um 900 K ausreichende Wachstumsraten erzielt. Zusätzlich ergeben sich daraus weitere technologische Vorteile wie: hohe Dichte des Oxides, bessere Si/SiO_2-Grenzflächeneigenschaften und eine hohe Wachstumsratendifferenz für unterschiedlich dotierte Siliziumgebiete, die vorteilhaft für einen optimalen Schichtaufbau genutzt werden kann.

SiO_2 wird aber auch als abgeschiedene Schicht vielfach eingesetzt. Das verbreitetste Verfahren ist die Silanoxydation, bei der durch Zusatz z. B. von Phosphin, Diboran oder Arsin auch dotierte SiO_2-Schichten abgeschieden werden können. Die Eigenschaften dieser Schichten (vor allem Kantenbedeckung, Homogenität und Partikeldichte) konnten durch Übergang zu Niederdruckverfahren, bei denen oberflächeninduzierte Reaktionen ablaufen, beträchtlich verbessert werden. Diese Verfahren eignen sich auch zur Abscheidung anderer Isolatorschichten wie: Si_3N_4, Al_2O_3. Eine weitere Senkung der Herstellungstemperaturen ist möglich, wenn eine zusätzliche Energiezufuhr z. B. über ein HF-Plasma oder durch Lasereinstrahlung erfolgt.

Physikalische Verfahren der Schichtabscheidung wie das Sputtern haben den Vorzug einer noch niedrigeren Temperatur bei der Herstellung. Sie sind damit interessant für Mehrlagenmetallisierung und Mehrschichtstrukturierung. Die elektrischen Eigenschaften dieser Schichten und die Produktivität ihrer Herstellung stehen jedoch den chemisch abgeschiedenen immer noch beträchtlich nach.

Metallische Schichten wurden vornehmlich in den 60er Jahren durch thermische Verdampfung (Aluminium) mittels Widerstandsheizung und in den 70er Jahren durch Elektronenstrahlverdampfung (Al/Si) im Vakuum hergestellt. Die höheren Anforderungen moderner Technologien haben zum Übergang auf Sputterverfahren Anlaß gegeben (z. B. Anlage HZS 03 des VEB ZFTM Dresden). Die Gründe sind höhere Produktivität, bessere Haftung und Kantenbedeckung der Schichten sowie breitere Materialauswahl. Die künftigen Forderungen, die sich aus der weiteren Strukturverkleinerung ergeben, lassen sich mit Sputteranlagen erfüllen: Die in-situ-Reinigung der Si-Kontakte zur Verringerung des Kontaktwiderstandes ist durch Plasma- bzw. Ionenätzen möglich, die weitere Verbesserung der Bedeckung steiler Kanten ist durch Sputtern mit gleichzeitigem Sputterätzen (bias sputtering) erreichbar.

Der Übergang von Polysilizium als Gateelektrode und Leitbahnmaterial zu Siliziden ist ebenfalls mit dem Sputterverfahren entweder durch Abstäuben entsprechender Targets oder durch Cosputtern der jeweiligen Komponenten möglich. Silizide (z. B. $MoSi_2$, WSi_2, $TaSi_2$, $TiSi_2$) sind aber auch als Kontaktmaterial für extrem flache *pn*-Übergänge ($\langle 0{,}1\ \mu m$) geeignet, da auf diese Weise eine Lösung des Si im Metall bei den nachfolgenden Temperbehandlungen unterbunden werden kann und die gefürchteten spiking shorts im *pn*-Übergang ausbleiben [4.99]. Um alle Probleme der Metallschichten zu lösen, machen sich voraussichtlich Mehrschichtstrukturen erforderlich, die vor allem bei Kombinationen von Schwermetallen gute Kontakteigenschaften mit hoher Leitfähigkeit und Temperaturfestigkeit, wie sie für das Ausheilen der beim Sputtern und Ätzen entstehenden Strahlenschäden erforderlich ist, verbinden.

Als alternatives Herstellungsverfahren für Metallschichten bietet sich die chemische Abscheidung aus der Dampfphase (CVD) an, bei der grundsätzlich die gleichen Vorzüge wie beim Sputtern erzielt werden können (in-situ-Ätzen, Kantenbedeckung). Die Verfahrenstechnik ist die gleiche wie bei den CVD-Verfahren für Isolatorschichten, wofür natürlich auch alle Trendaussagen, z. B. der Übergang zu Niederdruck- und Niedertemperaturverfahren, zutreffen. Gegenwärtig werden mit diesem Verfahren erfolgreich polykristalline Siliziumschichten für die Anwendung als Gateelektrode und Leitbahnschicht hergestellt. Eine signifikante Verbesserung der Eigenschaften solcher Si-Schichten wird durch

Laserbehandlung erreicht. Durch Bestrahlung mit einem 14-W-CW-Ar^+-Laser kann z. B. die Größe der Kristallite in B-dotiertem Si von 30···60 nm^2 auf 25 · 2 μm^2 vergrößert werden [4.100]. Der Schichtwiderstand sinkt um das Doppelte unter den Wert der thermischen Ausheilung, die Ladungsträgerbeweglichkeit steigt auf 45 cm^2/Vs. Zugleich wird die Oberflächenrauhigkeit des Siliziums verringert, so daß eine nachfolgende Oxydation des poly-Si ein qualitativ hochwertiges SiO_2 ergibt, das mit dem auf massivem, einkristallinem Silizium hergestellten Oxid vergleichbar ist. In ähnlicher Weise verbessert eine solche Laserbehandlung auch die Eigenschaften der zur Ablösung des Siliziums eingesetzten Silizidschichten.

Die stürmische Entwicklung mikroelektronischer Technologien offenbart zwei einander widerstrebende Tendenzen: Zum einen zwingt der hohe Investitionsaufwand für Fertigungsstätten, der in der Größenordnung einiger 10^7 US-Dollar pro Produktionslinie liegt [4.70], zur maximalen Ausschöpfung der gegebenen Verfahrensmöglichkeiten und damit zu einem technischen Konservatismus. Zum anderen lassen sich durch völlig neue Verfahren oftmals so erhebliche ökonomische Verbesserungen bei Schaltkreisen realisieren, daß diese in erstaunlichem Tempo in die Produktion eingeführt werden. Die Lösung dieses Widerspruches wird zunehmend durch eine Art von Aufwärtskompatibilität bei der Entwicklung neuer Einzelverfahren und Basistechnologien erreicht, d. h., es wird gesichert, daß die Schaltkreise eines vorangegangenen Entwicklungsniveaus auch mit dem höheren Technologieniveau gefertigt werden können.

5. Anwendungsaspekte

Für die bis hierhin abgehandelten Bereiche der Realisierung von IS darf man heute wohl annehmen, daß in den nächsten Jahren keine prinzipiellen Richtungsänderungen in der weiteren Entwicklung eintreten werden. Die hohe Dynamik der Entwicklung der letzten Jahre wird sich fortsetzen. Integral läuft gewissermaßen eine programmgemäße Evolution. In den Bereichen der Applikation der ME, also im gesamten Anwendungsfeld elektronischer Lösungen, ist aber noch sehr vieles für die weitere Entwicklung offen. Es ergibt sich noch kein geschlossenes Bild. So erweist es sich als ein historischer Prozeß, die teilweise umwälzenden Möglichkeiten der Anwendung moderner Mikroelektronik zu erschließen, verbunden mit hohen Aufwandsforderungen und Umdenkprozessen in den Anwendungsgebieten.

5.1. Entwicklungslinien und Effekte

Die Anwendung der ME erfolgt etwa in vier Linien.

1. Ablösung und Verdrängung von diskret realisierter und SSI/MSI-Elektronik in konventionellen Anwendungen durch funktionell komplexere und ökonomisch sowie konstruktiv günstigere Lösungen: besseres Gebrauchswert-Kosten-Verhältnis (Beispiele: Bürodaten-, Meßtechnik).

2. Verdrängung eingeführter Elektroniklösungen für spezielle Strukturen bzw. Funktionen bei gleichzeitiger wesentlicher Umordnung deren Bedeutung und Nutzungsmöglichkeiten: Verbesserung der Systemstrukturen und Leistungsfähigkeit (Beispiele: Parameter und Nutzung moderner Halbleiterspeicher, Nutzung von Programmierbarkeit, EA-Module und Vernetzbarkeit für Rechner, Meßsysteme u. a. m.).

3. Eindringen in prinzipiell erschlossene Elektronikanwendungen, die bislang aus ökonomischen, konstruktiven, funktionell-komplexitätsmäßigen sowie Zuverlässigkeitsgründen nicht bewältigt werden konnten: Überschreiten von Einsatzschranken, Gebrauchswert (Beispiele: Taschenrechner, Digitaluhr).

4. Eindringen in völlig neue Anwendungen, die bisher für den Elektronikeinsatz oder den Einsatz anderer Automatisierungsmittel (Pneumatik o. ä.)

nicht aufbereitet und erschlossen wurden. Problem: Bewältigung der Einstandsschwellen (z. T. sehr hoch). Ziel: völlig neue Funktionen, Rationalisierung (Beispiele: Fernsehspiele, komplexere Robotersteuerungen und andere Gerätesteuerungen).

Die letztgenannte Linie wird als Hauptfeld der weiteren Entwicklung angesehen. Die meisten der etwa 30000 Anwendungsfälle, die man aus heutiger Sicht erwartet, liegen in dieser Linie. Das bedeutet andererseits aber, daß in diesem Feld zur Auswahl, Erschließung und Aufbereitung der Anwendungsfälle noch keine klaren Aussagen gemacht werden und Fragen wie Einstandsaufwand und Fristen, Aufwands-/Nutzen-Verhältnis, sowie Rationalisierbarkeit der Erschließung und Aufbereitung schwierig zu beantworten sind.

Die beiden ersten Linien verlangten ein Umdenken und Umorientieren, insbesondere auf die

— Softwarerealisierung von Funktionen,
— Konfigurierung der Hardware aus Modulen,
— funktionelle Erweiterung um Verarbeitungs- und Steuerungsfunktionen (Bediendialog, Bedienkontrolle und Bedienerführung, Eigenkontrolle, Vor- und Nachverarbeitung ...),
— funktionelle Anpaßbarkeit an spezielle Aufgaben und Situationen,
— Vernetzungsmöglichkeit von Modulen und Geräten zu größeren Systemen,
— funktionelle und lokale Dezentralisierung von größeren Systemen,
— Integration mit anderen Systemen und Diensten (Telefonnetz, Fernsteuerungen ...).

Die dritte Linie verlangte durchgängig neue technische Lösungen, mit LSI/VLSI-IS für die Verarbeitungs-, Steuer- und Speicherfunktionen, aber darüber hinaus mit angepaßten Ein- und Ausgabemitteln (Schalter, Tastaturen, Displays, Stecker u. ä.), mit Betriebsspannungsquellen u. s. f. bis hin zu neuen Lösungen insbesondere auf Ergonometrie und für den Service.

Für die vierte Linie gibt es gewissermaßen zwei Einstiegsmöglichkeiten. Einmal kann die genauere Kenntnis zu einzelnen Mechanismen bzw. Prozeßelementen ein Ansatz für einen ME-Anwendungsfall sein. Man könnte von Inselanwendungsfällen sprechen, die der recht tief liegenden ökonomischen Einsatzschwelle für Minimal-ME-Anwendersysteme entsprechen. Zum anderen ist das Vorgehen der konventionellen Steuerungs-, Regelungs-, Rechen- und Automatisierungstechnik methodisches Vorbild, wie bei komplexeren Problemen die ME-Anwendungen mit umfassenden Prozeßzergliederungen und Prozeßanalysen angegangen werden können. Auf diese Weise läßt sich zwar das Optimierungsproblem gesamtheitlich anfassen und zu besseren Lösungen führen, ein solches Angehen erfordert aber meist einen hohen Einstiegsaufwand und größere Fristen. Dabei ist auch oft schwer von vornherein das Aufwands-Nutzen-Verhältnis und die richtige Anpassung zwischen den speziellen Gegebenheiten und den Möglichkeiten der modernen Mikroelektronik abzuschätzen bzw. einzuplanen. Es ist praktisch nie so, daß das Anwendungssystem, in dem ein ME-Anwendersystem Anwendung finden soll, bei gesamtheitlicher Optimierung in seiner Struktur erhalten bleibt. Vielmehr entsteht eine neue Qualität. Das neue System bietet völlig neue Möglichkeiten, besitzt völlig neue Leistungsmerkmale (Beispiel: komplexe Roboter, automatische Fertigungsabschnitte für Kleinserien und Einzelstücke, automatische Betriebe). Die Bewältigung solchen integralen Angehens ist nur interdisziplinär zusammengestellten Entwicklungskollektiven möglich, die einen ausreichenden gemeinsamen Kenntnis- und Sprachkern besitzen und die Gestaltungsstrategien ihres Fachgebietes in das Gesamtsystem einbringen und einbringen können. Insofern wandeln sich bei ME-Anwendung z. B. die Entwurfs- und Entwicklungsprobleme von Be- und Verarbeitungsmaschinen. Der Elektroniker und der Automatisierungstechniker haben im Entwurfskollektiv (bisher Konstrukteure und Technologen des Maschinenbaus) einen entscheidenden Mitspracheanteil.

Abb. 5.1 gibt ein allgemeines Schema zur Anwendung von Elektronik in Informationsprozessen an. Das etwas problematisch mit dem Begriff Informationssystem benannte elektronische System nimmt über Sensoren und Blöcke von Eingabeschaltungen E Informationen auf und gibt über Ausgabeblöcke A und Aktoren bzw. Effektoren Informationen aus. Intern wird eine Systemfunktion realisiert, zu deren Komponenten Funktionsblöcke der Informationsübertragung $\ddot{U}$

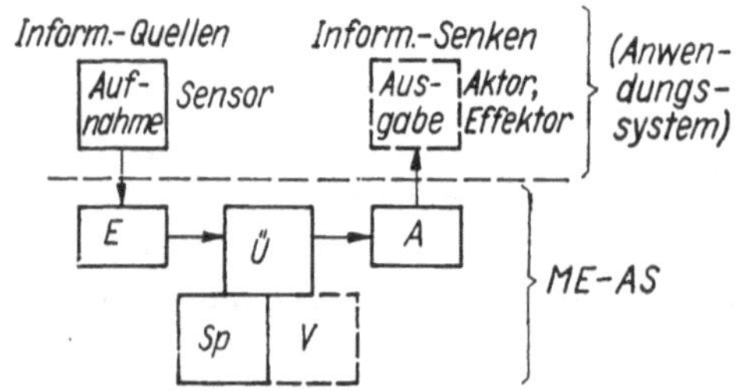

Abb. 5.1. Allgemeines Informationssystem in der Anwendung bei technischen und natürlichen Prozessen.

E — Eingabeblock, A — Ausgabeblock, $\ddot{U}$ — Informationsübertragungen, Sp — Speicher, V — Verarbeitung

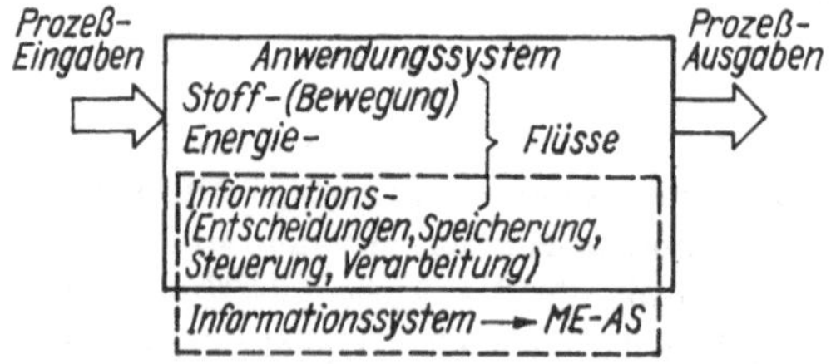

Abb. 5.2. ME-Anwendersysteme in technischen Prozessen

sowie Speicherung *Sp* und/oder Verarbeitung *V* gehören. Die funktionelle Komplexität des Informationssystems und damit der für die Realisierung bereitzustellende Aufwand läßt sich ganz anschaulich in ME-relevante Kriterien anhand des allgemeinen Schemas überführen.

1. Funktionsumfang: Anzahl, Komplexitäten, Typen von zu erbringenden Algorithmen (→ Verarbeitungskomplexität),
2. Zeitforderungen: Echtzeit (Reaktions)- und Durchsatzforderungen (→ Verarbeitungsgeschwindigkeiten),
3. Speicherbedarf: Datenpufferung, Zustandsspeicherung (zur Berechnung, für Entscheidungen),
4. E/A-Kanäle: Anzahl, Genauigkeit, Organisation, Bedienzyklen, Datenraten, Verkehrswerte, Datensicherung,
5. Flexibilität: Änderbarkeit, Ausbaufähigkeiten,
6. Realisierungsbedingungen: konstruktive, energetische, thermische, örtliche, ökonomische.

Tabelle 5.1. Arten von Informationsprozessen und -systemen

Art	Beispiel; Charakteristika; Komplexität
explizit:	drahtlose/gebundene Übertragungsmedien
Inf.-Übertragungssysteme	(Radio, TV, Teletext..., Fernsprechen, -schreiben) sowie Fono-, TV-Aufzeichnungen; natürliche Kommunikationsprozesse; Stör- und Bandbreitenreduktion, Steuerung (s. u.)
Rechensysteme	Taschen-, Tischrechner, EDVS; manuelle Datenkommunikation; Speicher-, algorithmischer Aufwand, Reaktionszeit, Genauigkeit
halb-explizit:	Meßdatenerfassungssysteme (z. B. Umweltschutz);
Meßinformationssysteme	Inf.-Aufnahme aus natürlichen oder technischen Prozessen, Ausgabe an Anzeigen oder Speicher; Abtastung, Stör- und Bandbreitenreduktion, Ergebnisbereitstellung, Steuerung (s. u.)
Zeitplan-, Programmsteuerungen	Geräte-, Maschinen-, Prozeßsteuerungen; Inf.-Ausgabe an technische Prozesse; Zeitplan, Programm (starr, einfach)
implizit:	Geräte-, Maschinen-, Prozeßsteuerungen;
Regel-, Steuer-, Automatisierungssysteme	Kommunikation mit technischen Prozessen; Abtastung, Aufschaltung, Darstellung, Steuer-Algorithmus, Geschwindigkeit, Genauigkeit

Über die Möglichkeit, eine derartige Systemfunktion mit mikroelektronischen Mitteln zu realisieren, entscheidet der konkrete Informationsprozeß mit seinen der Realisierung zu stellenden Randbedingungen. In Tab. 5.1 ist der Versuch gemacht worden, die etwa 30000 ME-Anwendungsfälle, die man sich derzeit vorstellen kann und von denen nur ein ganz geringer Bruchteil erschlossen oder aufbereitet ist, in drei Arten ihrer Informationsprozesse einzuteilen. Man vergleiche dazu auch die Zusammenstellung praktisch bearbeiteter Anwendungslinien in Tab. 5.2.

Es wurden drei grundsätzliche Arten von Informationsprozessen herausgestellt.

Tabelle 5.2. ME-Anwendungsgebiete

Büroautomatisierung:

Organisationseinrichtungen, Speicher
Kopiereinrichtungen, Fernkopierer
elektronische Fernschreiber
elektronische Schreibmaschinen
Textverarbeitungssysteme
Geräte der Büro-Datentechnik
Geräte der mittleren Datentechnik

Datentechnik, EDV:

programmierbare Endgeräte (Terminals)
Bildschirmgeräte (α-numerische u. graphische Terminals)
Steuerungen von/für Peripheriegeräte: LB, MB, MP, LK,
Datenerfassungsgeräte, Beleg-Leser, Kennzeichen-Leser
Datenkonzentratoren, Multiplexer
Übertragungseinrichtungen
CAD/CAM-Systeme

Konsumgeräte, Heim- und Verkaufstechnik:

Steuerung von Haushaltgeräten
Geräte der Unterhaltungselektronik
Taschenrechner
elektronisches Spielzeug
Spielautomaten
Heim-Rechner
Fahrzeugelektronik
Registrierkassen
Münzwechsler
Zapfsäulen, Taxameter
Etiketten-Leser-Kassen

Meß- und Laborgeräte, physikalische Geräte:

Steuerung von Meßgeräten („smarte“ Geräte)
Steuerung von Meßsystemen (mit Tischrechner o. ä.)
Steuerung von Experimenten
Steuerung von Überwachungssystemen

Industrielle Steuerungen:

Prozeßsteuerungen
dezentrale Reglersysteme
Maschinensteuerung
NC-Maschinensteuerungen
Handhabungsgeräte, Manipulatoren, Industrieroboter
Qualitätsüberwachung
Verkehrssteuerungen, Transportsteuerungen

Nachrichtentechnik:

Vermittlungen
Übertragungssteuerung, Automatisierung, Sicherung
Kanalreduktion
Kanalfrequenzsynthese

Medizin, Biologie:

Diagnosegeräte
Laborautomatisierung
Patientenüberwachung
Verwaltungs-, Organisations-, Abrechnungsmittel

In expliziten Informationsprozessen sind die Systemfunktionen und deren Komplexitätsforderungen von vornherein vorgegeben, liegen auf der Hand. Hier hinein zählen die Informationsübertragungssysteme im weitesten Sinne (mit Speicherung) und die Rechensysteme. In beiden Gruppen gibt es eingeführte Linien mikroelektronischer Konsumgüter (TV-Geräte, Rekorder, Personalcomputer: Taschen-, Tisch-, Hobbyrechner). Solche Linien zeichnen sich einerseits durch hohe Produktionsstückzahlen (spezielle Kundenentwurfs-IS) und andererseits durch harte Forderungen an die Kosteneffektivität der Herstellung aus (elektronische „Konfektionsindustrie"). Die Komplexitätsschranke, von der ab sich der Einsatz von LSI/VLSI-IS lohnte, war bei ME-Rechensystemen (Taschenrechnern) etwa Anfang der 70er Jahre überschritten. Einfachsysteme kommen mit einem Schaltkreis aus. In anderen Linien hat es länger gedauert, ehe die verfügbare LSI-IS-Komplexität ausgeschöpft werden konnte. Mit der Hinzunahme neuer Funktionen, z. B. Steuerung- und Bedienkomfort, mit höherer Qualität und Effektivität, z. B. höheren Übertragungsdichten und Qualitäten, und mit der Kombination bestehender mit neuen Diensten bzw. Funktionen, z. B. TV und TV-Spiele, Computer, Videotext o. ä., wurde die Komplexität erreicht, mit der die LSI-Einsatzschwelle überschritten ist.

Kommerzielle Übertragungs- und Rechensysteme bringen u. U. nicht in gleicher Weise Eignung für die durchgehende Nutzung von LSI/VLSI-ME mit sich, da hierbei Kompatibilitätsvorgaben aus den Systemstrukturen älterer Elektronikgenerationen zu berücksichtigen sind und spezielle Arbeitsgeschwindigkeitsforderungen in exponierten Teilsystemen besondere Integrationslösungen notwendig machten. So wurden anfangs vorrangig LSI-IS in der (vergleichsweise langsamen) Peripherie, schnelle und hochdicht integrierte Speicher in sehr hohem Umfang in der Zentraleinheit und schnelle SSI/MSI-IS für schnelle Logikkomplexe (zentrale Verarbeitungseinheiten: TTL, ECL) eingesetzt.

In den letzten Jahren hat man aber in großem Stil begonnen, die Möglichkeiten der LSI/VLSI-Techniken konsequent zu nutzen. Dazu gehören z. B.

— Einsatz von Terminalsystemen (Bildschirm-T.),
— Systemstrukturen mit MByte-Arbeitsspeichern,
— Systemstrukturen mit dedizierten Prozessoren,
— Nutzung hochdicht integrierter Halbleiter-RAM-IS im Arbeitsspeicher und schneller RAM-IS ($<$ 50 ns) in Caches und Puffern,
— Nutzung von ROM-IS in der Mikroprogrammsteuerung sowie RAM-IS für ladbare Mikroprogramme (spez. Firmwaremakros, Betriebssystemfunktionen, Diagnose, High-Level-Language),
— Nutzung von Kundenentwurfsprogrammen (ECL-Master-Slices mit Spezialgehäusen von $\gg$ 50 Anschlüssen) für schnelle Logik,
— Realisierung von Feldrechnern unter Nutzung von Mikroprozessoren.

Die Notwendigkeit zur Anwendung spezieller LSI-IS für schnelle Logik [5.5, 5.6] geht aus Abb. 5.3 hervor. Die ständig sinkenden Befehlsausführungszeiten großer EDVA erfordern sinkende Taktzeiten T_Z und Gatterverzögerungszeiten t_V. Letztere setzen sich zusammen aus der Verzögerung der Schaltungen (GE), der Verzögerung der Signalpfade (Leitungen) und der Verzögerung durch belastende (gesteuerte) Eingänge.

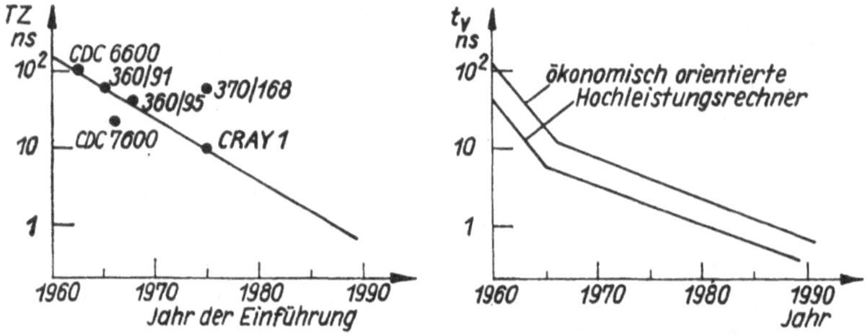

Abb. 5.3. Entwicklung der Taktzeiten und Gatterverzögerungen bei schnellen EDVA und Nachrichtengeräten

Wie das Bild zeigt, ist etwa 1980 der 1-ns-Bereich erreicht worden. Dabei ist in SSI/MSI-Technik der innere Schaltungsanteil zur Verzögerung kleiner als 1/3, und die Störungsproblematik (GHz-Bereich) ist kaum mehr zu beherrschen. Demzufolge bleibt nur der Ausweg zu LSI-IS mit

- inneren $t_V < 1$ ns (ECL-GE, GaAs-IC, JOSEPHSON-IC),
- einigen 10^3 Ge/IS,
- speziellen Gehäusen mit sehr vielen Anschlüssen (quadrat. Geh. mit mehreren Stiftreihen am Rand, Chip-Carrier),
- mehrlagigen Signalverdrahtungen,
- Kundenentwurfs-/Zellenprogrammen (niedrige Absatzstückzahlen, großes Typensortiment).

Derartige Programme werden bei allen führenden Computer- und Nachrichtentechnikfirmen eingesetzt und weiter ausgebaut, wobei z. T. mit 8-bit-MP-Scheibenprogrammen der Anschluß an bipolare Bitscheibenprogramme der Mikroprozessortechnik hergestellt wird.

Die in Tab. 5.1 halb-explizit genannten Informationssysteme sollen hier nicht weiter behandelt werden. Sie beinhalten die Problemüberschneidung der expliziten und der impliziten Informationssysteme. Implizite Informationsprozesse ergeben sich überall in technischen Prozessen (Abb. 5.2). Hier hinein zählen die meisten ME-Anwendungsfälle. Wie bereits angedeutet, ist aber die Bewältigung dieser Prozesse großteils besonders problematisch.

Seit den grundlegenden Entdeckungen SHANNONS u. a. zur Informationstheorie und VON NEUMANNS u. a. zur Rechentechnik gelang es vergleichsweise schnell und umfassend, die grundlegenden Prozesse der expliziten und halbexpliziten Informationsprozesse von den Hauptalgorithmen ihrer Systemfunktionen aus zu bearbeiten und aufzubereiten. Ihre elektronische Bewältigung war daher im entscheidenden Maße ein ökonomisch-technisches Problem. Die Anwendung neuer ME-Lösungsmöglichkeiten ist eine Aufgabe des Systementwurfs, verbunden mit Umdenkprozessen unter Systemtechnikern und Elektronikern. Etwas anders ist die Lage bei den impliziten Informationsprozessen. Seit den entscheidenden Entdeckungen der Regelungstechnik, technischen Kybernetik und Prozeßrechnertechnik sind zwar die Prinzipien zur Gewinnung von Systemfunktionen der Informationsprozesse bekannt, es fehlt aber trotzdem heute noch für sehr viele technische Prozesse fast jeder konkrete Anknüpfungspunkt. Es bestehen insbesondere zwei Lücken. Diese betreffen die Angabe (Herleitung) optimaler Systemfunktionen für ME-Anwendersysteme und die speziellen technischen Mittel der Prozeßkopplung (Sensoren, Aktoren).

Die Vielfalt der potentiellen Anwendungsfälle zu bewältigen, ist ein historischer Prozeß mit hohen Aufwendungen von Fachleuten aus dem Anwendungsgebiet und Elektronikern/Automatisierungstechnikern. In diesem Sinne ist meist die Schranke für den ME-Einsatz nicht vorrangig ein Problem der Ökonomie oder Automatisierungstechnik, sondern der Prozeßkenntnisse.

Zur Aufstellung von technisch optimalen Systemfunktionen als Aufgabenstellungen für ME-Anwendersysteme ist eine Prozeßzergliederung und eine mathematische Prozeßbeschreibung erforderlich. Daraus lassen sich dann Informationsprozesse herauslösen und zusammenfassen. Es ergeben sich Fragen wie:

- wie konfiguriert sich der Gesamtprozeß,
- welche Prozeßbestandteile beinhalten implizite Informationsprozesse: Steuerungen, Entscheidungen, Speicher- und Verarbeitungsforderungen,
- wie werden die Informationsprozesse bisher gelöst, welche Möglichkeiten und Folgen hätten elektronische Lösungen,
- welche Informationsprozesse lassen sich sinnvoll zusammenfassen,
- ist die Prozeßkopplung (Sensoren, Aktoren) technisch lösbar,
- welche zusätzlichen Funktionen wären wünschenswert und sinnvoll,
- wie würde sich das Gesamtsystem mittels elektronischer Teilsysteme (ME-AS) wandeln?

Solche ME-AS sind meist nicht die großen, sondern eher kleine Systeme, aber oft ausgerüstet mit Kopplungs- bzw. Vernetzungsmöglichkeiten für große Systeme (Tab. 5.3). Aus der ökonomisch begründeten Orientierung zumindest einer ganzen Linie der modernen ME auf Kleinst-, Einfach- und Billiglösungen ergeben sich zwei wichtige Konsequenzen:

1. Es ergeben sich vielfältige technische Möglichkeiten für effektive Systemstrukturen der Informationssysteme.
2. Es ergeben sich viele Anwendungslinien auch dort, wo der (technische) Gesamtprozeß nur äußerst mangelhaft erfaßt ist.

Tabelle 5.3. IS-Aufwand bei LSI-Elektronikanwendungen

Anwendung	IS-Anzahl	Weltmarktpreis in $
• Ablösung universeller Kleinrechner	$\gtrsim 30$	$\gtrsim 10^3$
• zugeschnittene Kleinrechner	$\gtrsim 20$	$\gtrsim 600$
• Prozeßsteuerung	$\gtrsim 15$	$\gtrsim 400$
• flexible, programmierbare Terminals (Bedieneinheiten)	$\gtrsim 10$	$\gtrsim 300$
• komplexe, universelle Steuerungen (Maschinen-, Ampel-, Medizingeräte-Steuerungen)	$\gtrsim 10$	$\gtrsim 200$
• komplexe Steuerungen von Peripheriegeräten	$\gtrsim 10$	$\gtrsim 150$
• Kassenterminals	$\gtrsim 10$	$\gtrsim 150$
• elektronische Spiele, Instrumente	$\gtrsim 5$	$\gtrsim 75$
• einfache Steuerungen, Hobbygeräte	2 bis 1	$\gtrsim 10$

Entscheidende Voraussetzung bleibt hier die Kopplung mit dem (technischen) Prozeß und die Isolation rationalisierender Aufgaben aus der Prozeßstruktur, die als Systemfunktion des ME-AS sinnvoll und realisierbar sind (Inselautomatisierung ohne umfassende Prozeßanalysen). Wohl die meisten Anwendungsfälle sind derartig entstanden. Insbesondere dann, wenn schon Kontakt- oder Leistungselektronik angewendet wird, bieten sich meist günstige Voraussetzungen für ME-Einsatz:

- Oft ist das Prozeßkopplungsproblem dabei teilweise gelöst,
- oft ist die konstruktive Eingliederung günstig lösbar,
- meist sind Möglichkeiten vorhanden, die Betriebsspannungen einfach zu gewinnen.

Aus derartigen Elektronik-Keimen erwachsen dann komplexe Anwendersystemstrukturen, indem eine derartige Vorort-Elektronik weiter ausgebaut und funktionell aufgestockt und mit anderen oder zentralen/übergeordneten Systemen gekoppelt, vermascht und verbunden wird, wobei die funktionelle Komplexität gut angepaßt und weit ausgebaut werden kann.

Die *Anwendungsformen* der von der ME maßgeblich beeinflußten Elektronik lassen drei Gruppen unterscheiden.

1. elektronische Finalprodukte
   - einfachste und einfache Systeme der Konsumelektronik wie Taschenrechner, Digitaluhren, Fernsehspiele
   - komplexe kommerzielle Systeme wie EDV-Systeme
2. elektronische Finalprodukte zur Systemkomplettierung, z. B. Meßgeräte, Übertragungseinrichtungen, Prozeßrechner

3. elektronische Ausrüstungsbaugruppen für den Einsatz in (nicht elektronischen) Finalprodukten und Prozessen
   - universelle Ausrüstungs- und Baugruppenprogramme (OEM — original electronics manufacturer) wie MR-Systeme
   - spezielle Eigenentwicklungen: spez. ME-Lösungen.

Dementsprechend läßt sich ganz grob die Arbeitsteilung und Kooperation etwa wie folgt angeben.

Die Bauelementeindustrie realisiert in eigener Verantwortung die SSI/MSI-Schaltkreisreihen sowie deren Weiterentwicklung und Ausbau mit Standard-LSI-IS. Sie realisiert einfachste LSI-Finalprodukte und gemeinsam mit der Geräte- und Anwenderindustrie spezielle LSI-IS (auch Kundenentwurfsprogramme). Die elektronische Geräteindustrie realisiert elektronische Finalprodukte und Ausrüstungsbaugruppenprogramme sowie zunehmend den LSI-IS-Eigenentwurf (Systementwurf, evtl. mit Kundenentwurfsprogrammen).

Die (nicht elektronische) Anwenderindustrie hat natürlich in eigener Verantwortung ihre Produktlinien und Produkte so weiterzuentwickeln und aufzubereiten, daß sie ME-Einsatz vornehmen kann. Dabei werden insbesondere die universellen Ausrüstungs- und Baugruppenprogramme genutzt. Darüber hinaus werden spezielle Ausrüstungen eigenverantwortlich realisiert (evtl. bis hin zum IS-Entwurf).

Solche Kooperationsketten erfordern langfristige Abstimmungen, Vereinbarungen und Verflechtungen.

Abb. 5.4 und 5.5 geben noch eine andere Aufteilung der ME-Anwendung. Man erkennt die Möglichkeiten der Rationalisierung (Eigenrationalisierung), Nachrüstung, Erweiterung, Verkettung usw.

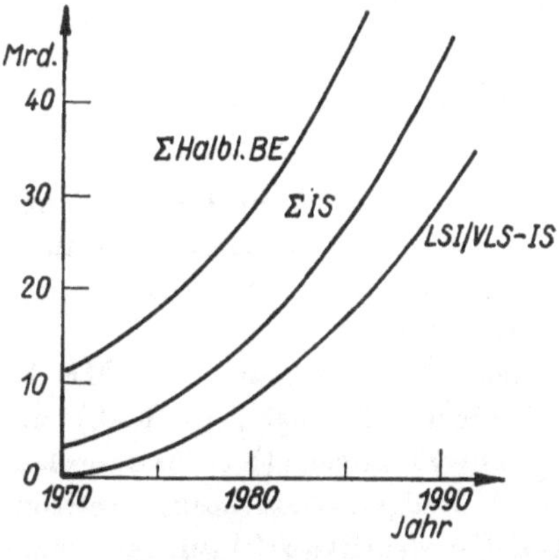

Abb. 5.4. Umsatzentwicklung für Halbleiterbauelemente, Aufteilung des Bauelementeaufkommens auf Finalproduktbereiche

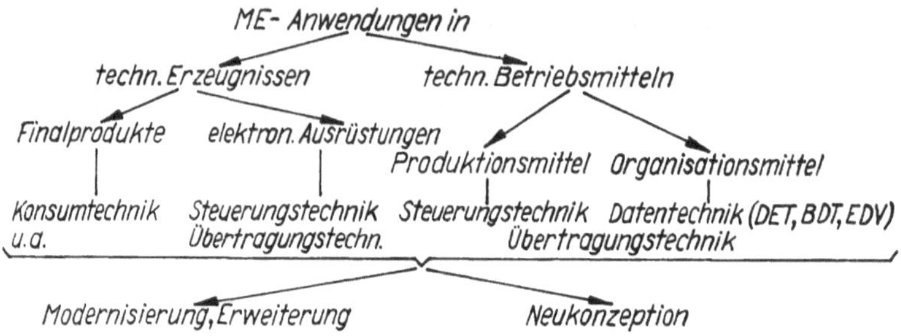

Abb. 5.5. Aufteilung der ME-Anwendungen

Insgesamt muß eine wesentliche Erhöhung des Verhältnisses aus Gebrauchswert und Kosten bzw. Produktivität und Aufwand erreicht werden. Die Haupteffekte sind daher maßgebliche

- Senkungen von Kosten, Größe, Gewicht, Energiebedarf,
- Steigerung von funktioneller Komplexität, Flexibilität (Änderbar-, Erweiterbar-, Vernetzbarkeit), Sicherheit,
- Erhöhung von Bedienkomfort und Sicherheit,
- Senkung von Entwicklungs- und Fertigungszeit und -aufwand.

5.2. Konkurrierende Anwendungslösungen der Mikroelektronik

ME-Anwendersysteme können folgenden Lösungstypen entsprechen:

1. Klein- bzw. Prozeßrechner konventioneller Systemlinien,
2. Mikrorechnersysteme sehr vielfältiger Form und Komplexität,
3. Mikrokontroller und Spezialprozessoren,
4. speicherprogrammierte Logik (Speicher-LSI-IS),
5. verdrahtungsprogrammierte Logik (SSI/MSI-IS),
6. Einsatz spezieller (Kundenentwurfs-) LSI-IS.

Komplexere Systeme konfigurieren sich aus Teilsystemen, die unterschiedlichen Lösungstypen angehören können. Zu den Auswahlkriterien, um optimale Lösungstypen für ein ME-AS angehen zu können, zählen insbesondere die zu realisierende Stückzahl (St./Jahr) und die funktionelle Komplexität.

Den prinzipiellen Einfluß dieser Größen auf den Preis (Hardware) eines ME-AS stellt Abb. 5.6 dar. Man erkennt, daß Mikrorechnerlösungen (MR-AS) der Standardlösungstyp sind. Bei Hochstückzahlanwendungen (Konfektionselektronik, z. B. Konsumelektronik, „einfache“ Meßgerätelektronik, Telefon-Elektronik) kann es sinnvoll sein, LSI/VLSI-Kundenentwurfslösungen anzugehen. Oft sind das Adaptionen von Standard-MR-Lösungen, z. B. Einchip-MR-IS mit speziellen Eingangs-/Ausgangsschaltungen (spezielle EA-Zellen). Es ist zu

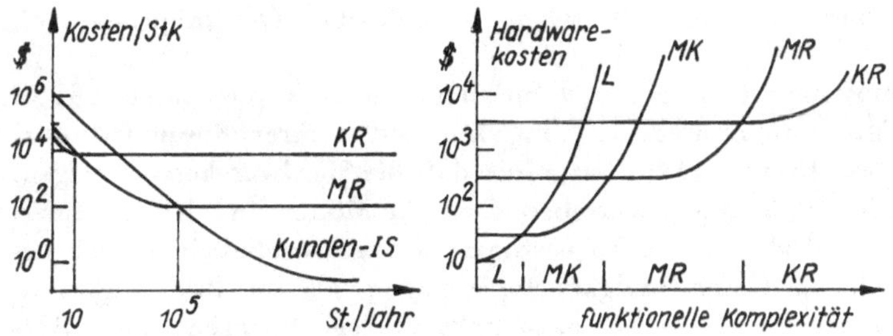

Abb. 5.6. Vergleich von Lösungstypen für ME-AS

erwarten, daß mit weiteren Verbesserungen des IS-Entwurfes hier flexiblere Möglichkeiten zur Verfügung gestellt werden können. Kleinrechnerlösungen (KR-AS) bedeuten den Einstieg in konventionelle Systemlinien mit großen Vor- und Hilfsleistungen, Systemerfahrungen und Unterstützung durch den KR-Hersteller. Damit wird die AS-Entwurfs- und Realisierungsaufgabe minimal, doch sind die dafür zu leistenden Kosten nicht zu übersehen. Die KR-Systemlinien sind meist vor der umfassenden Beherrschung von LSI-IS konzipiert und aufgebaut worden und nur begrenzt in der Lage, die spezifischen Möglichkeiten bei LSI/VLSI-IS optimal zu nutzen. Insofern durfte erwartet werden, daß hier

- MR-Modelle (als Einstiegsmodelle und zur Nutzung des Systemfonds, insbesondere Software) kompatibel zu den KR-Systemlinien entstehen (Beispiele: PdP-11 — LSI-11/PdP-11/03; GA Nova — GA Micro Nova, Fairchild 9940 ...),
- neue KR-Systemlinien entstehen, die aufwärtskompatibel zu konventionellen Vorgängern sind und die Möglichkeiten der heutigen LSI-Technik optimaler zu nutzen gestatten (Beispiel: VAX-11 — PdP-11),
- neue Systemlinien entstehen, die als Hybrid für MSI-KR-Modellvarianten und LSI-MR-Modellvarianten eine durchgehend optimale Systemstruktur ausweisen (Mikro-/Kleinrechnersysteme MKS, Beispiel: TI 990),
- neue MR-Systemlinien entstehen, die „aufwärtskompatibel" zu eingeführten 8-bit-MRS in das Feld der konventionellen KR-Anwendungen eindringen, wobei sie deren Leistungsmerkmale erreichen und übertreffen und infolge optimaler Nutzung der LSI-Möglichkeiten ökonomischer sind (Beispiele: i 8086, Z 8000, MC 68000).

Die Darstellung in Abhängigkeit von der geforderten funktionellen Komplexität ist schwer objektivierbar. Hier hinein zählen die Anzahl der Ein- und Ausgänge, Geschwindigkeitsforderungen, algorithmische Komplexität u. a. m. Die dargestellten Kurven drücken aus, daß bei wachsender funktioneller Komplexität eine Lösung erst „ausgelastet" sein muß, ehe die Kosten ansteigen. Das erfolgt bei diskret verdrahteter SSI/MSI-Logik praktisch proportional zur Anzahl der Anschlüsse und zur algorithmischen Komplexität (Verknüpfungszahl, Speicherzahl).

Mikroprogrammgesteuerte Logik und Spezialprozessoren verwenden LSI-IS zur Logik- und Mikroprogrammgenerierung und sind in ihrer Minimalstruktur bis zu einer gewissen Grenze auslastbar, ohne daß die Hardwarekosten steigen. Vergleichbares gilt mit höheren Wertebereichen für Mikro- und Kleinrechner. Solche Vergleiche sind aber auf einen bestimmten Geschwindigkeitsbereich beschränkt. Mit höheren Geschwindigkeitsforderungen, als im Bild angesetzt, würden die MR-Kurven u. U. weiter nach links rücken, da insbesondere SSI-MSI-IS-Lösungen geschwindigkeitsmäßig nicht so schnell „ausgelastet“ sind.

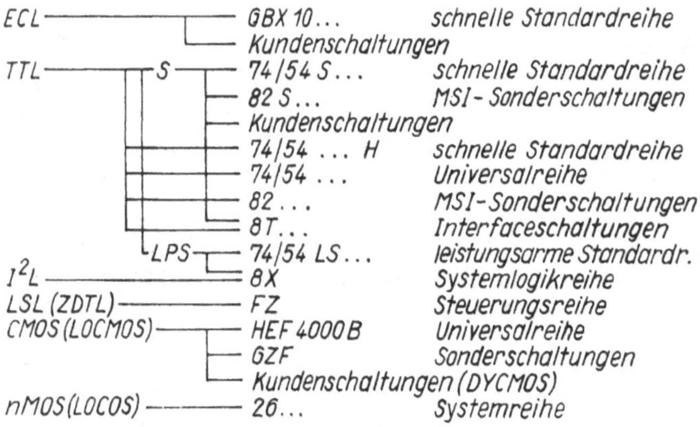

Abb. 5.7. IS-Spektrum eines Bauelementeherstellers in ganz groben Linien (etwa Philips-Valvo-Signetics)

Abb. 5.7 deutet mit dem Spektrum von Schaltkreisreihen, Reihen für Sonder- und für Kundenschaltungen an, welche Möglichkeiten für den Aufbau von Logik-AS bestehen (Beispiel eines großen Bauelementeherstellers: Philips-Valvo-Signetics). Die Standardreihen enthalten SSI/MSI-IS (10^2 Typen), die Systemreihen hauptsächlich Standard-LSI-IS (z. B. Speicher) und LSI/VLSI-ISS (z. B. MR-ISS) sowie Support-IS (Hilfs- und Interface-IS). In den Kundenprogrammen finden sich Master-Slice- und Zeilenblockkonzepte (sog. Standard-Zellensysteme). Insgesamt wird das Spektrum von SSI bis VLSI und von langsamen und störsicheren IS, angefangen von Industriesteuerungen (LSL) bis hin zur GHz-Logik, abgedeckt. Dabei zeigen sich als Entwicklungslinien einige Richtungen [5.22]:

1. Orientierung auf wenige Zusammenschaltungs- und Signalstandards (IS-Schnittstelle: ECL 10000, TTL, TTL-S, TTL-LS, CMOS 4000).
2. Ausbau der SSI/MSI-Standardreihen mit LSI/VLSI-IS unterschiedlichster IS-interner Realisierung (z. B. *n*MOS-RAM-LS in der Reihe ECL 10000; I^2L-, *n*MOS-, TTL-LS-IS mit einer kompatiblen IS-Schnittstelle).

3. Nutzung und Ausschöpfung der jeweils modernsten Technologien und auch Schaffung immer ökonomischerer Re-Entwürfe (Chipflächensenkung, Ausbeuteerhöhung) sowie von Re-Entwürfen mit verbesserten Parametern (Arbeitsgeschwindigkeit, Energiebedarf, Betriebstoleranz, Zuverlässigkeit, Strahlungssicherheit, ...).
4. Ausbau der Kundenentwurfsprogramme.

Abb. 5.8 gibt das Schema für Automatenrealisierungen [5.1—5.4] mit SSI/MSI- und LSI-IS an. Die Kombinatorik des Automaten wurde in (getakteten) Registern (R) für das Eingabesignal E, das Ausgabesignal A und das Zustandssignal Z eingegrenzt. Werden Speicher-LSI-IS eingesetzt, so wird E, Z als Adresse ADR eingeleitet und A', Z' als Daten DAT ausgelesen. Die verschiedenen ROM- bzw. PLA-Programmierbarkeitstypen erlauben das Programmieren als Ausgabe-/Übergabelogik. Soll das im Anwendersystem erfolgen, so sind dazu (nicht gezeichnete) zusätzliche Schaltungen erforderlich. Werden RAM eingesetzt, so erhält man einen adaptiven Automaten, dessen Ausgabe-/Übergabelogik geändert werden kann (im Datenpfad angedeutet). Werden bei E Maschinenbefehle und Statussignal angelegt, kann der Automat als Mikroprogrammsteuerung dienen. Abb. 5.9 gibt eine dafür üblichere Struktur an. Maschinenbefehl und Status ($E1$, $E2$) werden über einen Eingabe-Multiplexer EMUX, der

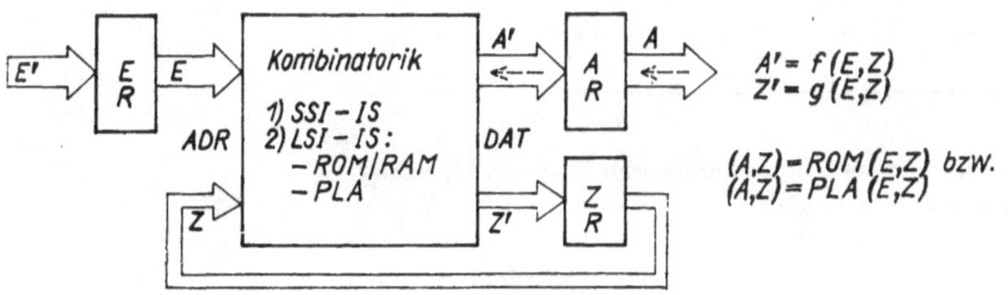

Abb. 5.8. Realisierung einfacher Automaten

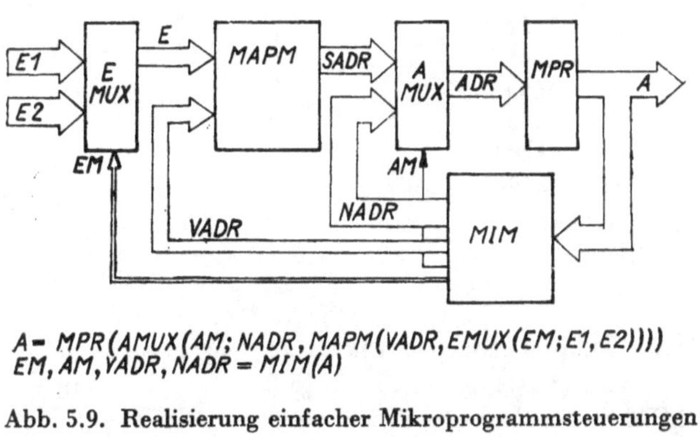

Abb. 5.9. Realisierung einfacher Mikroprogrammsteuerungen

durch *EM* gesteuert wird, an einen Umkodierspeicher MAPM angelegt. Dieser bildet eine Startadresse *SADR* für das Mikroprogramm. Sie wird über den Adreßmultiplexer AMUX und das Mikroprogrammregister MPR an die Ausgänge *A* und an den Mikroprogrammspeicher MIM geschaltet. Dieser bildet Nachfolgeadressen *NADR*, Signale zur Adreßvariation der Eingabesignale *VADR* und die MUX-Steuersignale. Eine solche Struktur kann ein einfaches Verarbeitungswerk (z. B. aus RALU-IS, Register-Arithmetik-Logik-Komplex) steuern, und so entsteht ein Mikrokontroller oder ein Spezialprozessor aus wenigen IS. Durch entsprechende Wahl der IS-Reihe läßt sich im Bereich von μs bis ns die Taktzeit an das Steuer- bzw. Verarbeitungsproblem anpassen.

Weitere Aufschlüsse geben Tab. 5.4 und Tab. 5.5.

Tabelle 5.4. Zusammensetzung moderner Elektronik aus Blöcken und Grundelementen (SSI/MSI-Realisierung)

Elemente	Anteil
Interface-Elektronik	15%
Random-Logik (kGE, sGE)	35%
(durch ROM/PLA-Automaten ablösbar)	
Array-Elektronik, darunter	40%
• sequentielle Blöcke: Register, Zähler ...	30%
• kombinatorische Blöcke: Dekoder, Multiplexer ...	10%
weitere	10%

Tabelle 5.5. Grundelementeäquivalente von Speicherkapazität (speicherprogrammierte Logik)

Speicherkapazität, Kbit	mittl. GE-Äquivalent (kGE)
2	128— 256
4	256— 512
8	512—1024
16	1024—2048
32	2048—4096
64	4096—8192
264	16000—32000
1000	64000—128000
(mittl. Einsparung:	10 kGE $\triangleq$ 1 SSI/MSI-IS Ablösung 1 SSI/MSI-IS bringt 1,4 $)

Abb. 5.10 gibt eine noch mehr aufgegliederte Struktur an, wie sie für moderne Bitscheiben-MP-ISS eingeführt ist (System Am 29 ...) [5.22]. Der Ausgang des Mikroprogrammspeichers MIM wird über ein Pipelineregister PIPR mit zeit-

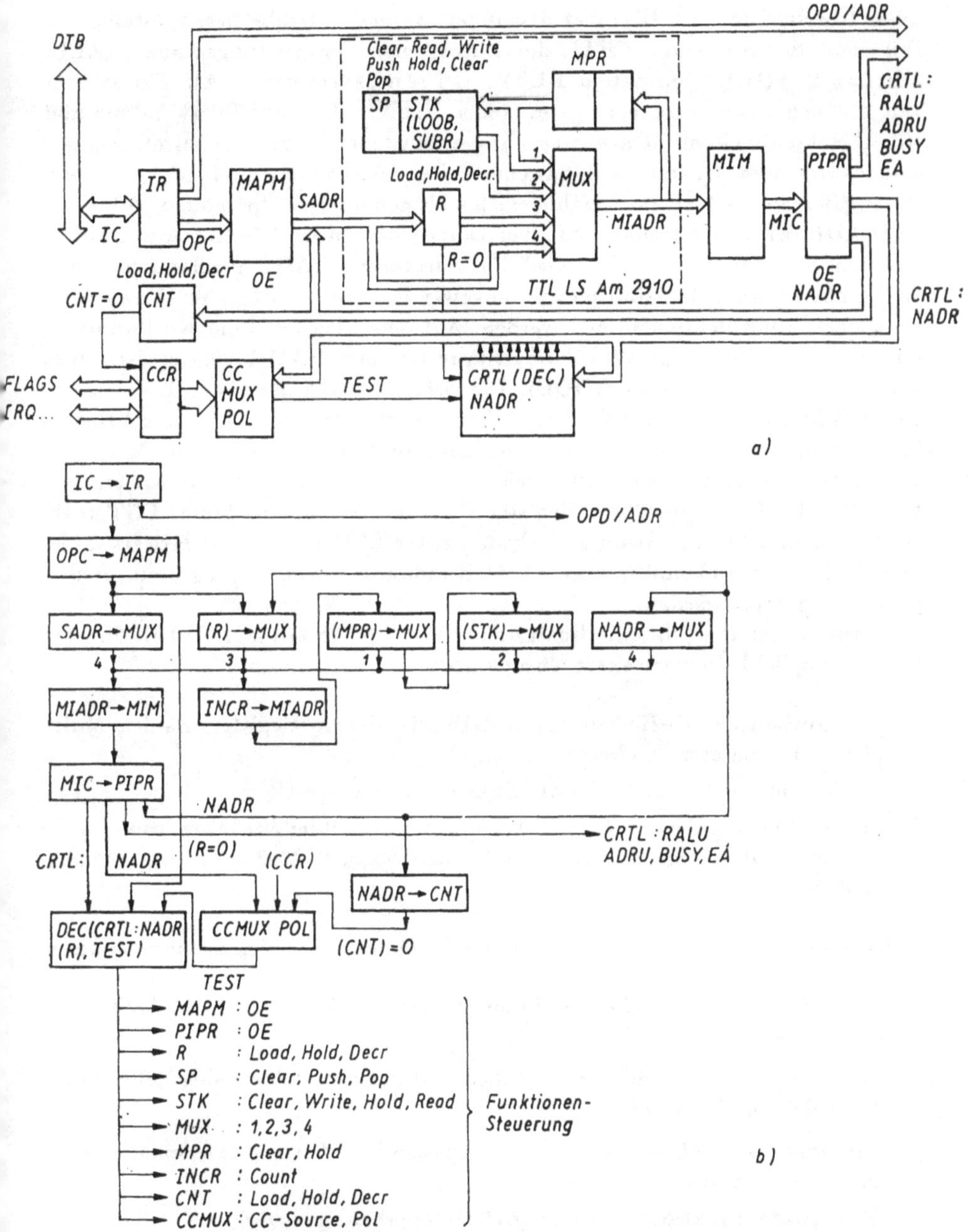

Abb. 5.10. Struktur und Funktionsablaufwege einer modernen Mikroprogrammsteuerung (bipolare LSI-Bitscheibensysteme, Beispiel System Am 29 ...)
a) Struktur; b) Funktionsablaufwege

licher Überlappung der Mikrobefehlsaufstellung und Ausgabe bereitgestellt. Ein Teil dient der Steuerung CRTL der Daten- und Verarbeitungspfade (RALU, Adreßwerk ADRU, Bussystem BUSY, Ein-/Ausgabesystem EA). Ein zweiter Teil ist Nachfolgeadresse, ein dritter steuert die Nachfolgeadreßverwendung und Mikrobefehlaufstellung. Dazu werden verschiedene Pfade geschaltet, Signale ausgewertet und Operationen gesteuert. Der Maschinenbefehl IC wird vom Daten-/Befehlsbus DIB ins Befehlsregister IR geholt. Der Operanden-/Adreßteil OPD/ADR wird abgetrennt und dem Daten- bzw. dem Adreßwerk zugeführt. Aus dem Operationskode OPC wird die Startadresse SADR gebildet. Sie kann direkt über Port 4 des Multiplexers angewendet oder in Register R zwischengespeichert (und dekrementiert) werden. Auf dem gleichen Pfad wird anderenfalls auch die Nachfolgeadresse im Mikroprogramm NADR eingespeist. Dazu wird MAPM passiv gesteuert (OE). Die Schleife MUX-Ausgang, Inkrementer INCR, Mikrobefehlsregister MPR und Port 1 dient dem Hochzählen der Adressen im Mikroprogramm. Für Warte- bzw. Unterprogrammschleifen im Mikroprogramm steht außerdem ein Kellerspeicher zur Verfügung: STK mit Kellerzeiger ST. Zählschleifen können mit Register R, Zeitschleifen mit Zähler CNT realisiert werden. Über das Bedingungskoderegister CCR und den Polaritätswähler und Bedingungskodemultiplexer CCMUX können im Mikroprogramm Bedingungen abgefragt werden.

Es wird erkennbar, daß die Realisierung von ME-AS mit SSI/MSI-IS um sehr flexible Möglichkeiten erweitert wurde durch

- den Ausbau der IS-Reihen um MSI-IS wie diverse Register, Zähler, Multiplexer, Dekodierer, Kodierer u. a. m.,
- die Nutzung von Standard-LSI-IS (insbesondere Speicher),
- die Fortführung der mit MSI-IS begonnenen Richtung zur Integration immer größerer Teilsysteme, die über Bitscheiben-ISS zu IS-Reihen der sog. Systemlogik führt.

So lassen sich für Elektronikrealisierungen einige Prinzipien zusammenfassen.

1. Es erfolgt eine Entwicklung zu immer höherer funktioneller Komplexität und Flexibilität mit

- durchweg digital arbeitender IS-Innenstruktur, evtl. mit Analog-Zellen in der Randelektronik von IS;
- Nutzung von großen Array-Zellen, insbesondere den verschiedenen Formen von Speichern für
  - Software-Funktionsrealisierung (MByte-Arbeitsspeicher),
  - Firmware-Realisierung von flexiblen Befehlssätzen, HLL und Betriebssystemfunktionen,
  - Hardware-Realisierung (feste oder adaptive Logik),

- Orientierung auf Wortstrukturen mit
  - ansteigender Wortbreite (4, 8, 12, 16, 32 bit ...),
  - flexiblen Datenformaten (Bit, Digit, Byte, Wort; Ketten, Felder),
- Orientierung auf Systemflexibilität, erreichbar mit
  - Dezentralisierung und Hierarchie, funktionell und lokal,
  - Vernetzbarkeit und Verbund, Rekonfigurierbarkeit,
- Orientierung auf effektive Mensch-Maschine-Kommunikation und Systemperipherie:
  - Bediendialog,
  - intelligente Peripherie,
  - Hochleistungsperipherie.

2. Die in komplexe Elektronikentwicklungen eingebrachten Aufwendungen (insbesondere Softwareanteil, z. T. bis zu 80% des Gesamtaufwandes) bedingen einen Zwang:

- Nutzung leistungsfähiger höherer Programmiersprachen (HLL) und Softwaretechnologien sowie universeller Betriebssysteme (PASCAL, MODULA, ADA, CP/M, UNIX, RMX, VMS),
- Orientierung auf langfristig tragfähige Systemlinien,
- Anpaßbarkeit durch Modularität und Flexibilität mit
  - einem Familienkonzept für ein abgestuftes Modellspektrum aufwärtskompatibler Systeme,
  - einem Optionenkonzept zur gezielten Leistungssteigerung durch Erweiterung spezieller Systemkomponenten (Konfigurierung von Systemkomponenten und Betriebssystemen),
- Weiterentwicklung im Rahmen eines Generationenkonzeptes durch
  - Nutzung neuer Möglichkeiten bei Bauelementen, Peripherie und Systemerfahrung,
  - generationenweisen Umschlag neuer Möglichkeiten im Systemkonzept,
  - Aufwärtskompatibilität zum Vorgängersystem bei erhöhten Nutzungsparametern.

Auf dem angegebenen Weg sind die EDV-Industrie und die Nachrichtentechnik vorangegangen. Alle anderen Bereiche betreten den Weg ebenso, wenn sie über eine gewisse Komplexitätsschwelle bzw. Aufwandsschwelle beim Anwender kommen.

Besondere Schwierigkeiten ergeben sich immer dann, wenn die Bauelementebasis umwälzende Entwicklungen anstößt. Zur Zeit sind davon die EDV-, Nachrichten- und KR-Systemlinien betroffen, wobei letztere infolge ihrer hart auf Ökonomie und Minimalaufwand orientierten Auslegung früher und heute, aber mit jeweils sehr verschiedenen Realisierungsbedingungen von der Bauelementebasis her, die schwierigsten Bedingungen zum Fortführen der Systemlinien haben.

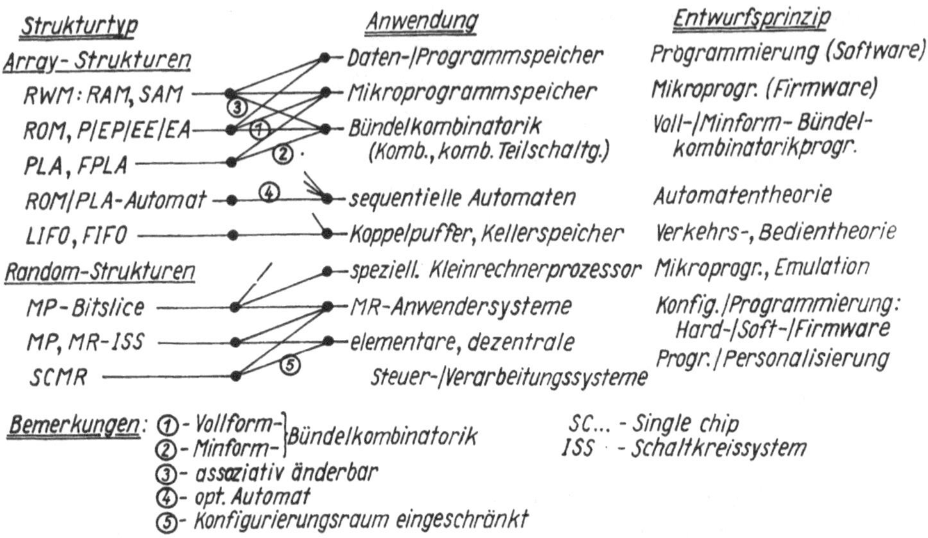

Abb. 5.11. Zur Anwendung von Schaltungskomplexen im Systementwurf

Abb. 5.11 gibt einen Überblick zu den sinnvollen Strukturarten für LSI/VLS, den zugehörigen Anwendungen und den dafür notwendigen Entwurfsprinzipien. Man erkennt, daß für den Entwurf von IS, wie auch für optimale ME-AS, ein ganzes Kompendium von Entwurfsverfahren verfügbar sein muß. Lediglich zum Aufbau von MR-AS kommt man mit vergleichsweise geringen Mitteln aus. Daher sind diese auch aus entwurfstechnischer Sicht die Standardlösung der LSI/VLSI-Technik.

5.3. Mikroprozessortechnik

5.3.1. Prinzipien, Arten

Die LSI/VLSI-Technologien mit IS-Konzepten komplexitätsmäßig auszuschöpfen erlauben

— Hochstückzahlanwendungen mit Spezialzweck-IS,
— Niedrigstückzahlanwendungen mit Universal-IS.

In diesem Sinne bedeutet Mikroprozessortechnik das Konzept für den Weg zu Universal-IS und beinhaltet

— Nutzung der Komplexität moderner LSI/VLSI-IS in Form universeller Mikrorechnerschaltkreissysteme (MR-ISS),
— Nutzung der Flexibilität von Universalrechnerstrukturen im MR-ISS,
— Anwendung der Prinzipien der elektronischen Rechentechnik auf dem Niveau elektronischer Bauelemente.

Mikrorechner (MR) sind ME-Realisierungen von Universalrechnerstrukturen, anfangs (1970) aus LSI-Mikroprozessoren und Standard-IS aufgebaut, heute aus MR-ISS oder als Einchip-MR (SC-MR).

Mikroprozessoren (MP) sind ME-Realisierungen der zentralen Verarbeitungseinheiten (ZVE, Prozessor) von MR. Sie können als Einchip-MP (SC-MP), als Zelle auf einem SC-MR bzw. einem Kombinationsschaltkreis (z. B. MP + Teil-RAM + Teil-ROM + Teil-EA) oder als Schaltkreissystem (MP-ISS, z. B. für Bitscheibenrealisierung) ausgeführt sein.

Die Universalität des MR-ISS hängt entscheidend ab vom ISS-Typenspektrum (MP, Arbeitsspeicher, Bus, EA) bzw. von der Flexibilität seiner Bausteine [5.7 bis 5.17, 5.19—5.21].

Für die Mikroprozessortechnik gelten die folgenden Prinzipien:

1. Arbeit mit Hardware-Blockstrukturen, diese sind

— Wortstrukturen (für flexible Datentypen),
— effektiv integrierbar,
— einfach verständlich, überschaubar, nutzbar.

2. Hardware-Konfigurierbarkeit ist die Grundlage zur Anpassung der Hardware an den Anwendungsfall:

— Konfigurationsspielraum des MR-ISS, Erweiterbarkeit mit Standard-IS,
— betrifft Prozessorleistungsfähigkeit, Arbeitsspeicher, EA-System,
— wird realisiert mit Zellen (auf IS), IS, Steckeinheiten.

3. Programmierbarkeit ermöglicht die Nutzung universeller Hardware:

— funktionelle Anpassung/Flexibilität des MR über Software,
— Softwareauslegung im MR resident (in ROM, als Personalisierung) oder ladbar (in RAM),
— Realisierung spezifischer Befehle/Abläufe als Firmware oder Spezialprozessoren,
— Programmierbarkeit von flexiblen Blöcken (EA-IS).

4. Systemkonfigurierbarkeit für komplexe MR-AS:

— Prozessoren: einfache, Fließband-, Multistrukturen,
— Speicher: Hierarchie, Medien (non volatile)
— Peripherie: Prozeß-, Bedien-, Standard-, Übertragungsperipheriekonfigurationen,
— Kopplung: funktionelle bzw. lokale Dezentralisierung/Zentralisierung, Reaktions-, Durchsatz-, Verfügbarkeitsverbund; Netzstandards (z. B. Ethernet).

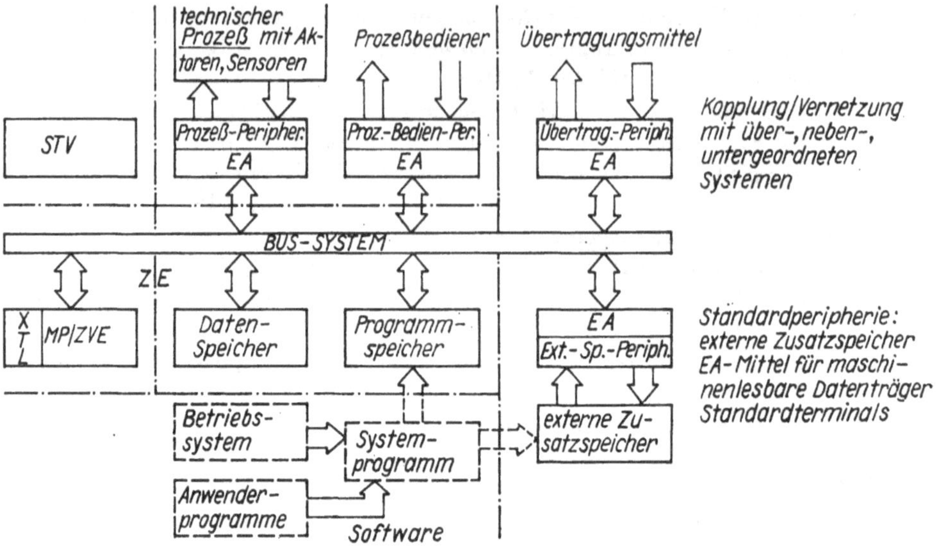

Abb. 5.12. Allgemeine MR-Struktur in MR-AS

Abb. 5.12 gibt ein allgemeines MR-Blockbild an. Es legt insbesondere die Probleme der Hardwarekonfigurierbarkeit nahe. Hier bestehen mehrere nur schwer miteinander zu vereinbarende Zielstellungen:

- Integration eines Maximums des Aufwands im MR-AS (Minimierung des Restaufwandes an diskreter sowie SSI/MSI-Elektronik),
- MR-AS-Realisierung mit minimaler IS-Zahl,
- Flexibilität des MR-ISS für breite Anwendungsklassen.

Dafür ergeben sich verschiedene Lösungen:

- Einchip-Mikrorechner als Minimalsysteme mit sehr eingeschränktem Konfigurationspielraum (kein Spielraum, SC-MR-Modellreihe, externe Erweiterbarkeit durch Beschaltungsmöglichkeit mit Speicher- und BA-IS),
- Mikrorechner-Schaltkreissysteme für ein sehr breites Spektrum mittlerer Systeme von MR-AS,
- Schaltkreissysteme zum Aufbau von sehr flexiblen und leistungsfähigen MR-AS (Bitscheibensysteme).

In allen Fällen handelt es sich um das Problem der Schnittlinienführung im MR-AS und das Problem der Vereinbarung von Integrationsdichte und Leistungsparametern der verfügbaren Technologien mit diesen Schnittkomponenten des MR-AS als IS. Diese Belange wurden in Tab. 5.6 und Tab. 5.7 zusammengestellt. Das internationale Spektrum vom MRS umfaßt mehr als 100 Typenreihen, wobei

Tabelle 5.6. Mikrorechner-Integrationslösungen

A)	**Einchip-Mikrorechner** (SC-MR) als **Minimalsysteme**: Mikrokontroller
—	mit/ohne externe Systemerweiterungsmöglichkeit (ext. Bus)
—	mit/ohne Entwicklungstyp (EPROM als Programmspeicher)
—	mit/ohne Alternativen (Modellreihe mit verschiedener EA-Gestaltung, Unterbrechungsstruktur, Speichergröße)
—	ist/nicht Komponente einer MR-Systemlinie nicht: 4-bit-Systeme (BCD-, Tastatur-Display-Anwendung) ist: 8/16/16-bit-Systeme (Minimalsystem; EA-MR)
B)	**Mikrorechner-Schaltkreissysteme** (MR-ISS) fester Datenpfadbreite für **Mittelsysteme** (4, **8**, 12, **16**, 32 bit)
a)	Realisierung mit spezialisierten IS: systemspez. Speicher, EA-Steuerungen, Spezialprozessoren (Ereigniszähler/Zeitgeber, DMA-Steuerungen, Unterbrechungssteuerungen, numerische Datenprozessoren, ...)
b)	Realisierung mit kombinierten IS: RAM/ROM/CT/EA-Kombinationen usw.
—	Ausbau mit universellen EA-MR (SC-MR)
—	Ausbau mit Analogdaten-EA
—	Ausbau mit Systemkoppel-IS, z. B. von bidirektionalen FIFO-Koppelspeichern mit programmierbaren DMA- und Unterbrechungssteuerungen
C)	**Bitscheibensysteme** (MP-ISS) mit **kaskadierbarer** Datenpfadbreite für **mikroprogrammierbare (Groß-) Systeme** und 32-bit-Systeme
—	kaskadierbare MP-Scheiben, Bus-, EA-Interfaces
—	**Mikroprogrammsteuerung:** interner/externer Mirkoprogrammspeicher
—	32-bit-Höchstleistungssysteme aus 32-bit-MP (VLSI, High-Level-Architecture) und 16/8-bit-ISS (s. o., VLSI-Weiterentwicklung)

Anmerkung: A) und B) meist MISFET-Realisierungen,
C) meist bipolar

einzelne Reihen einige 10 Komponenten aufweisen. Das bedeutet dann, wenn der hohe Entwurfsaufwand für ein so breites Typenspektrum umgelegt werden kann (Stückzahlproblem), daß jeder Schaltkreis auf eine Aufgabe spezialisiert und daher flächenbedarfsmäßig minimal ist. Der Anwender hat den Vorteil einfacher (billiger) und immer genau zugeschnittener IS (minimaler MR-AS-Aufwand). Doch wird heute der andere Weg eingeschlagen: geringe Komponentenzahl, aber sehr flexibel nutzbare (programmierbare) IS. Eine Übersicht zur historischen Entwicklung gibt Abb. 5.13.

MR-AS findet man zunehmend in Anwendungen, die bislang Kleinrechnern vorbehalten waren. In dieser Leistungsklasse werden meist externe Zusatzspeicher, z. T. eine Standardbedienperipherie, Mittel der Datenträger-EA und oft Übertragungsmittel benötigt (vgl. Tab. 5.8). Die ME hat auf solche Systemkomponenten einen starken Impuls zur Schaffung ökonomisch und funktionell angepaßter Lösungen ausgeübt.

Tabelle 5.7. Mikrorechner-Systemlinien (MRS)

A) **MRS mit fester Datenbreite und festem Befehlssatz**

1) **4-bit-MRS** für Minimalsysteme

Struktur: Kalkulatortyp, HIT, SC-MR, teilw. erweiterbar
Anwendung: BCD-Arithmetik, Tastatur-Display-Betrieb, einfachste Steuerungen

2) **8-bit-MRS** für Mittelsysteme

Struktur: meist VON-NEUMANN-Architektur, HIT

- mittel (MC 6800): SC-MP, systemspez. Speicher, EA)
- groß (i 8080): spez. bipolare Systemsteuerung, Standard-Speicherung
- klein (F 8): Kombi-IS
- weiterer Ausbau: durchgehende Familien für alle Bereiche (Beispiel: i 8080, i 8085, i 8048/8748, i 8088 ...), insbesondere auch an SC-MR (z. T. mit spez. Analog-EA-Zellen)

Anwendung: Bit-, *αn*-, Meßwert-Verarbeitung, Steuerung, 50% aller MR-Anwendungen, z. T. Multistrukturen

3) **12-bit-MRS** für Kleinrechneremulation/Ablösung

Struktur: orientiert an 12-bit-KR (2. Generation KR), HIT
Anwendung: Nutzung des KR-Systemfonds

4) **16-bit-MRS** für Mittel- und Großsysteme

Struktur: VON-NEUMANN-Architektur, HIT, MR-ISS

- KR-Emulation: ISS mit SC-MP ($\triangleq$ NOVA) oder MC-MP ($\triangleq$ PdP-11), Einstiegmodell mit mittlerem Befehlssatz
- MKR: TTL-/LSI-Modellreihe (TI 990, TMS 9900)
- VLSI-MR: Fortsetzung der 8-bit-MRS (i 8086, Z 8000, MC 68000)

Anwendung: Bit-, *αn*-, Meßwert-, Nachrichtenverarbeitung, Steuerung, Nutzung KR-Systemfonds (3. Generation) oder Ablösung von KR mit VLSI-Lösungen

5) **32-bit-MRS** für Großsysteme

Struktur: Synthese aus 8/16-bit-MRS und EDVA (IBM 360), HIT

- High-Level-Architecture (HLA $\triangleq$ HLL-, OS- und Multisystemunterstützung),
- Hardware-/Firmwareeinsatz (VLSI) für HLL (Programmierbarkeit), OS (Implementierung), Systemtransparenz

Anwendung: Ablösung der KR, numerische Daten- und Steuerungstechnik (CNC, Tischrechner, MDT, EDV)

B) **MRS mit fester Datenbreite und speziellem Befehlssatz**

Struktur: PRINCETON-Architektur, typisch bipolar (8×300)
Anwendung: Steuerungen (schnelle Mikrokontroller)

C) **MP-ISS für Bitscheibensysteme**

Struktur: RALU kaskadierbar, Steuerwerk mikroprogrammierbar, Mikroprogramm-Sp. meist extern, z. T. RAM-Anteil (ladbar)
Anwendung: Minimalsysteme als schnelle Mikrokontroller, KR-Emulation, EDVA-Emulation

HIT — Hochintegrationstechniken (*n*MOS, CMOS, I^2L)

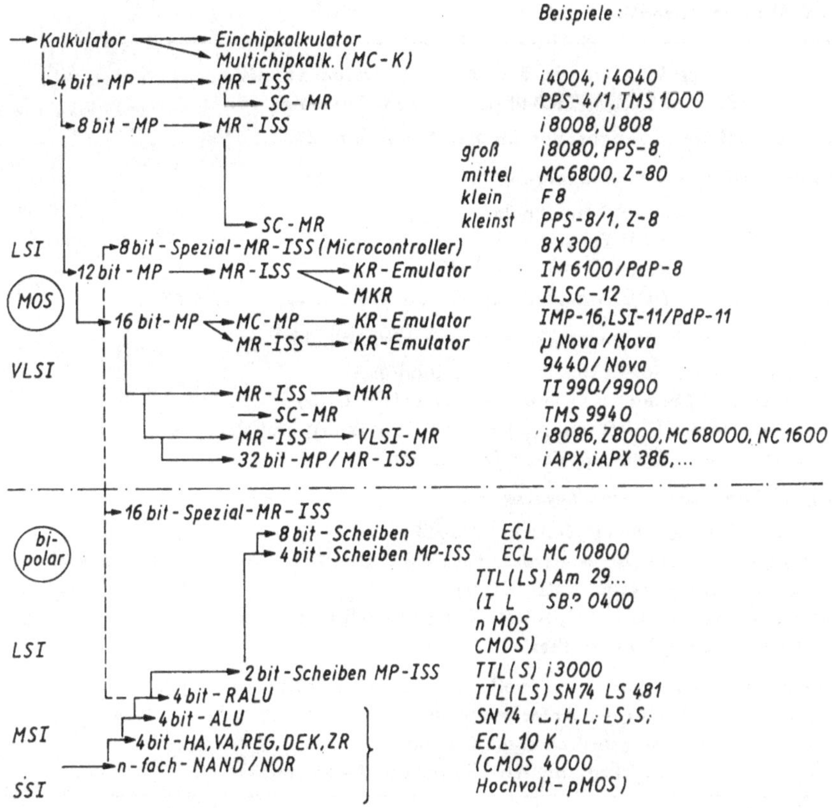

Abb. 5.13. Historische Entwicklung zur Mikroprozessortechnik

In komplexeren Anwendungen werden oft MByte-Arbeitsspeicher in Verbindung mit virtuellen Speichern Anwendung finden, wie sie von EDVA her bekannt sind und auch bei moderneren größeren KR in abgerüsteter Form (Mapping, Management) Anwendung fanden. 16-bit-MRS benutzen in diesem Zusammenhang teilweise eingebaute Adreßumsetzungen im MP (Segmentierung mit ladbaren Segmentbasisadressen und festen Adreßumsetzungsalgorithmen) oder spezielle Umsetzer (Management mit ladbaren Basisadressen für Adreßbereiche, Pages). Auf diese Weise kann das MR-AS wie ein komplexer KR

- Betriebssystem- und andere Speicherbereiche schützen,
- MByte-Arbeitsspeicher nutzen (LSI-typisch verfügbar!),
- Reentrantprogramme abarbeiten,
- Multitasking ermöglichen.

Zur Speicherproblematik von MR-AS vergleiche man Abb. 5.14 bis 5.16.

Tabelle 5.8. Mikrorechner-Peripherie

Aufgaben: Verbindung MR-Umwelt, Ein-/Ausgabe, Daten/Anweisungen;
Prozeß, Prozeß-/System-Bediener, externe Systeme

Auslegung: gemäß MR-Konfiguration im MR-Anwendungsfall

1. **Prozeßperipherie:** meß- und steuerungstechnische Signale
   - binäre Signale: (Einzel-) Bitsignale
   - digitale Signale: BCD-Zeichen (Digit), αn-Zeichen (Byte), Meß-/Stell-/Kommandowerte (Wort, Mehrfachwort, Kette, Feld)
   - analoge Signale: AD/DA-Wandlung (EA), 8—14 bit, 10^{-3} — 10^{-5} s^{-1}
2. **Übertragungsperipherie:** längere, zu sichernde Übertragungen
   - prozeßautomat., fernwirktechnische Verbindungen
   - meßsystem-, laborautomatisierungstypisch (IEC-BUS)
   - Rechnersysteme (Übertragung, Sicherung, Protokoll): globale, lokale Netze
   - fernsprech-/fernschreibtypisch (V-/X-Normen)
3. **Bedienperipherie und externe Zusatzspeicher**
   - Prozeßbedienung: Dialog Mensch—Prozeß
   - Standardperipherie: Bediengeräte, Terminals, Drucker, EA-Medien für maschinenlesbare Datenträger (LB, KMB, ROM)
   - externe Zusatzspeicher (FD, KMB, KPS; CCD-/Blasenspeicher)
   - Graphik/Farbgraphik-Peripherie

Besonderheiten:
- ökonomisch angepaßte Lösung erforderlich
- Vielfalt der Anforderungen
- Störungsbedingungen (Prozeß)
- Realisierung im MR-ISS maximal vorbereiten

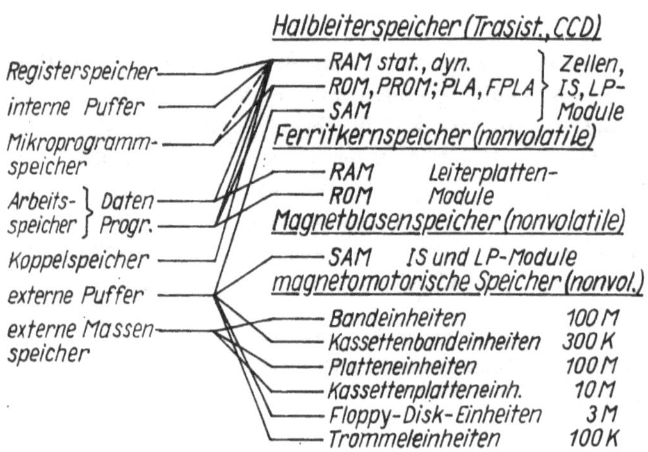

Abb. 5.14. Speichernutzung und Speicherart

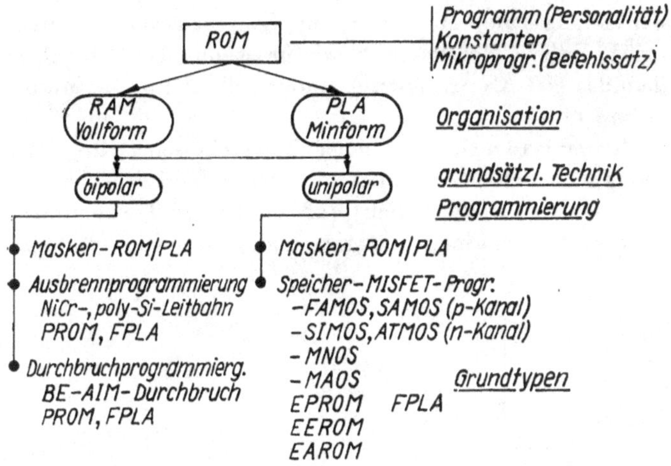

Abb. 5.15. ROM-Möglichkeiten (Personalisierung)

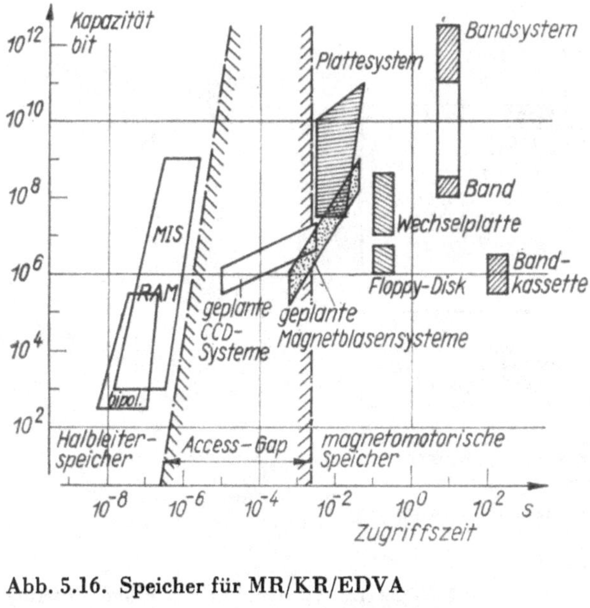

Abb. 5.16. Speicher für MR/KR/EDVA

5.3.2. Anwendung

Die Aufgaben der Entwicklung eines MR-AS gehen dazu pauschal aus dem Arbeitsablauf von Abb. 5.17 hervor. Voraussetzung dafür ist, daß der Entwickler den Prozeß kennt, in dem das MR-AS Anwendung finden soll, und in der Mikroprozessortechnik zu Hause ist.

Die konzeptionellen Arbeiten lassen sich evtl. noch ohne technische Hilfsmittel angehen. Die Entwicklung von MR-AS ist aber von der Effektivität her ein Problem der Entwicklungshilfen. Diese Hilfen sind in Tab. 5.9 zusammengestellt worden. Ist das gesamte Schulungs-, Daten- und Informationsmaterial

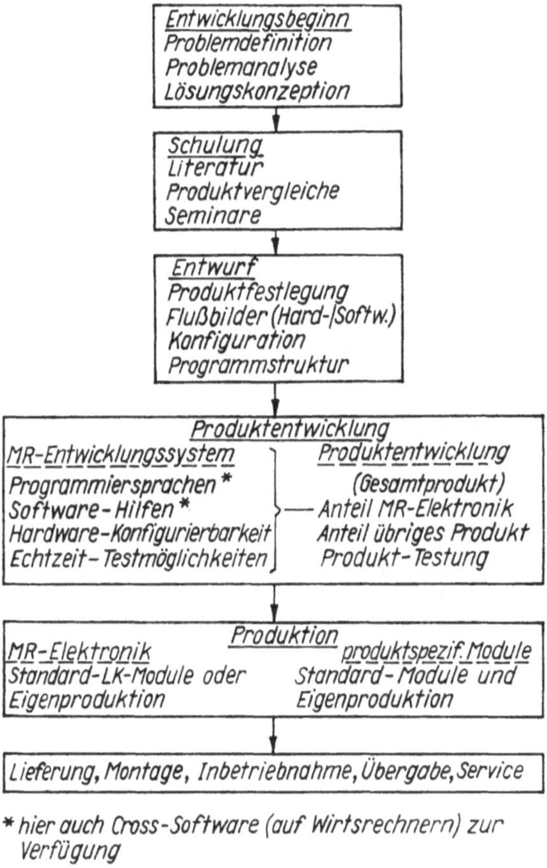

Abb. 5.17. Entwicklung von Produkten mit MR-Elektronik, Arbeitsschritte und Nutzung von MR-Entwicklungssystemen sowie Standard-Modulen (hier auch Cross-Software — auf Wirtsrechnern — zur Verfügung)

Tabelle 5.9. Entwicklungshilfen für die Entwicklung von MR-Anwendungssystemen

1. Dokumentationen zum Schaltkreissystem: z. B.
   - Kennblätter (product specifications, datasheets)
   - technische Beschreibungen (technical manuals)
   - Systementwurfsbeschreibungen (system design m.)
   - Befehlsbeschreibungen (instruction guides)
   - Anwenderhilfen (logic designer guides)
   - Assemblersprachen-Programmierhandbücher (assembler language programming manuals)
2. Anwenderberichte (Beispiele): z. B.
   - Anwendungsberichte (applications handbook)
   - Weiterbildungsmaterial (technical training, seminar)
3. Wirtsrechner-Programmentwicklungshilfen (cross software)
   - Editor
   - Assembler (Makro-A.)
   - Binder (LINK-Programm)
   - Simulator/Testsystem

   } Standardsysteme: EDV, KR Programmaufbereitungssystem Nutzung von HLL
4. Mikrorechnerbausätze (kits): z. B.
   - Sortiment an Modulen (Steckeinheitensortiment, Stromversorgungen, Gefäße, Peripherie)
   - technische Dokumentation
   - Anwenderhilfen (Berichte/Beispiele, Weiterbildungs-/Trainingsmaterial, Standardsoftware, Betriebssysteme)
5. Entwicklungssysteme (development systems): z. B.
   - flexible, weit ausgebaute Hardwarekonfiguration
   - Betriebssysteme, Hard- u. Softwareentwicklungsunterstützung, Bediendialog, Echtzeittesthilfen, HLL
   - Echtzeittestadapter (in circuit emulator adapter), Echtzeitarchivspeicher (realtime trace memory)
6. Mikrorechneranalysatoren (angepaßte Logikanalysatoren)

verfügbar, so entscheidet die richtige Nutzung der Hilfsmittel der Entwicklungstechnologie, für die international in den letzten Jahren sehr viel getan wurde. Das sind Mittel der Entwicklungstechnik [5.12—5.16, 5.18, 5.20, 5.21]:

- Hardwareentwicklung: Hardwaretechnologie,
- Softwareentwicklung: Softwaretechnologie.

Beide Komponenten direkt miteinander verbunden sind im Entwicklungssystem verfügbar, das aber etwa die Kosten eines gut ausgestatteten konventionellen KR bedingt, da es derartig konfiguriert sein muß. So werden für komplexe Programmentwicklungsaufgaben sinnvoll höhere Programmiersprachen (PASCAL, BASIC, FORTRAN) und Wirtsrechnersysteme (Cross-MR-Programmentwicklungssysteme) genutzt. Für kleinere Aufgaben und Fragen der Hardware-Software-Zusammenarbeit sowie der Entwicklung spezieller Module (EA) können sinnvoll Prototypsysteme (z. T. im Maschinen- bzw. Assemblerkode) eingesetzt werden. Auf diese Möglichkeiten weisen Abb. 5.18 und Abb. 5.19 hin. Die Möglichkeiten zur Effektivierung der Programmentwicklung mit höheren Programmiersprachen hat zum Inhalt, daß mit etwa 10 Programmzeilen am Tag (Konzept, Program-

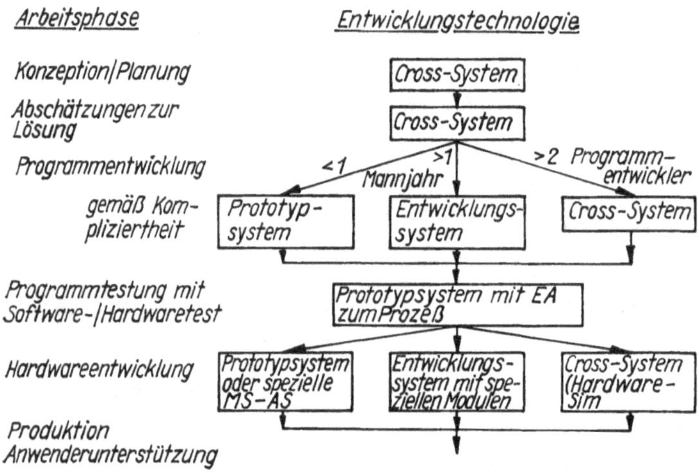

Abb. 5.18. Entwicklungstechnologie für MR-AS

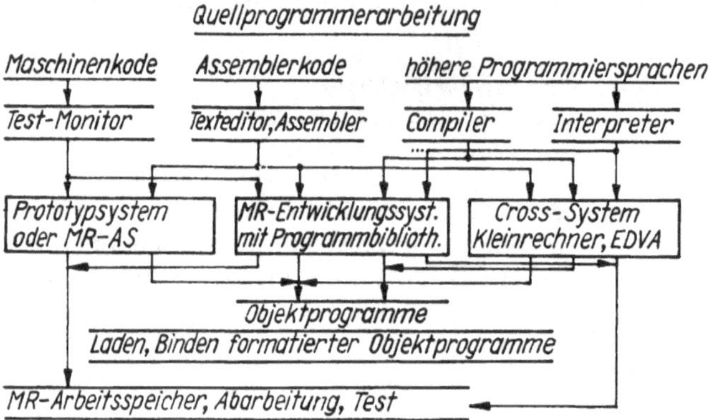

Abb. 5.19. Programmentwicklungsmöglichkeiten

Tabelle 5.10. Auswahlkriterien für Mikrorechner-Schaltkreissysteme

1) Systementwerfer des Anwenderproduktes

- Preis, Verfügbarkeit der MR-Schaltkreise
- Seriosität des Schaltkreissystems: eingeführte Schaltkreislinie, Standardisierung, Zweitlieferanten (second-source)
- Entwicklungsunterstützung für das Anwenderprodukt
  Dokumentationen zum Schaltkreissystem
  Anwendungsberichte (Beispiele) Schaltkreissystem
  Programmentwicklungshilfen (Wirtsrechner-/Cross-Software)
  Entwicklungssystem (Prototypsystem)
  Echtzeittestsystem im Entwicklungssystem
- Verfügbarkeit von MR-Baugruppen (Steckeinheitenbausätze)
- Leistungsvergleiche zu anderen Schaltkreissystemen, technische Parameter (siehe 2) und 3))
- Befehlssatz (fest/Mikroprogrammierbarkeit, Komplexität)

2) Softwareentwickler des Anwenderproduktes

- Datenwort-Formate
- Adreßwort-Formate, maximaler direkt adressierbarer Speicherbereich
- Befehlssatz
  Komplexität
  Eignung für Spezifik der Anwenderproblematik
  Adreßmodi
- Anzahl der Universalregister, Art und Größe des Kellerspeichers, Eignung für Multisysteme, HLL-, OS-Unterstützungen
- Synchronisationsarten (synchron/asynchron; Warte-, Halt-, Unterbrechungs-, DMA-Steuerung)
- Kompatibilität zu eingeführten Linien (Mikro-, Kleinrechner)

3) Hardwareentwickler des Anwendersystems

- Anzahl der Betriebsspannungen
- Vollständigkeit des Schaltkreissystems, Möglichkeit für Minimalsysteme
- Zusammenschaltungskompatibilität mit universellen Schaltkreisreihen
- Arbeitsgeschwindigkeit
  E/A-Drucksatz, Unterbrechungsmöglichkeiten, DMA-Steuerung
- Arbeitsmodus, Arbeitszyklus
  synchron/asynchron; Befehlsabläufe, Zyklen, Zustände, Phasen/Takte
- Stromversorgung, Takterzeugung, Verlustleistung

mierung, Test, Korrektur, Dokumentation, Wartung) ein Produktionswert festliegt, etwa unabhängig vom Programmierniveau. Höhere Programmiersprachen benutzen komplexe Formulierungen, die bei der Übersetzung/Interpretation ein Vielfaches an Maschinenbefehlen ermöglichen (Effektivierungsfaktor). Problem war bisher die Übersetzer-/Interpretereffektivität (Speicher-, Zeitbedarf) sowie die Behandlung hardwarenaher Zusammenhänge und Abläufe. Dazu mußten Adaptionen, Vereinbarungen und Erweiterungen eingeführt werden, was zu speziellen MR-Dialekten geführt hat,

z. B. PL/M, angelehnt an PL/1,
PL/Z, angelehnt an PASCAL.

Solche Effektivierungsmöglichkeiten werden andererseits mit Programmlänge (15—40% länger) und damit Speicherbedarf erkauft. Geht man aber davon aus, daß im allgemeinen Durchschnitt, je nach Auslastung der MR-Hardware, 50—80% des Wertes eines MR-AS Software-Kosten sind, so wird die erzielte Programmverlängerung meist unbedeutend. Lediglich bei Minimalsystemen (SC-MR) bleibt die Notwendigkeit der Assemblerprogrammierung und Programmoptimierung.

Zu den Gesichtspunkten, nach denen man ein MRS für sein MR-AS auswählt, vgl. Tab. 5.10. Hier sind die Beurteilungs- und Vergleichs-, d. h. also auch Weiterentwicklungszielrichtungen zusammengestellt.

5.3.3. Trends

Die weitere Entwicklung wird ausgehen von den begonnenen Systemlinien und diese mit den sich entwickelnden technologischen Möglichkeiten optimal weiterentwickeln. Das betrifft

— den Integrationsgrad: Trend zum SC-MR, MByte-Speicher,
— den Bereich der Leistungs- und Nutzungsparameter: Arbeitsgeschwindigkeit, Energieaufnahme, Betriebstoleranzen, Kosten, Zuverlässigkeit.

Wie sich bereits abzeichnete, werden sich praktisch alle Systemlinien erhalten. Die ISS werden so ausgebaut, daß die Systemfamilie vom SC-MR bis zum Multi-Maximal-System reicht. Analogdatenverarbeitung wird schon mit entsprechenden EA-Zellen auf SC-MR realisierbar. Weiterhin werden Spezialprozessoren (Arithmetik, Speicherverwaltung von MByte-Speichern, Kopplungskomponenten in Multistrukturen und hierarchischen Systemen, EA-MR) umfangreicher verfügbar sein.

Die Komplexitätserhöhung für VLSI-IS war zuerst bei SC-MR genutzt worden, es werden VLSI-Aufwertungen der 16-bit-MSR und 32-bit-MRS folgen; die Befehlssätze werden noch effektiver (Datenformate, Adreßmodi und Bereiche).

Schwieriger, als die maximale Arbeitsgeschwindigkeit neuer Technologien auszunutzen, wird es sein, VLSI-optimale Systemweiterentwicklungen anzugehen.

Die MR-Systemlinien haben sich in den letzten Jahren einigermaßen zementiert. So ist die Weiterführung der KR- bzw. EDVA-Emulation und die Weiterführung der 16-bit-MRK- und VLSI-MR-Systemlinien auch aus Rücksichten auf die Systemfonds vorauszusetzen. Die Mittel der Softwaretechnologie werden eine weitere entscheidende Effektivierung erfahren. Zum Beispiel darf man kundenspezifische Befehlssätze bei SC-MP und SC-MR (ladbarer Mikroprogrammspeicherteil) erwarten. Der weitere Ausbau von VLSI-MRS erfolgt unter Nutzung der letzten entscheidenden Architekturforschungsergebnisse. Es werden HLA-MP realisiert, die viele bisherige Wunschvorstellungen an Rechnerarchitekturen verwirklichen, und es werden vielgestaltige Spezialprozessoren geschaffen. In SC-MP/MR werden Multistrukturen möglich.

Daneben sind für größere Anwendungsstückzahlen Adaptionen bzw. Varianten von MR-IS zu erwarten. Unter Umständen werden dazu in steigendem Maße Hybridtechnologien genutzt (bislang bei Tischrechnern, Militärwesen).

Eine wichtige weitere Hauptlinie besteht in der direkten VLSI-Integration spezialisierter Algorithmenklassen: Spezial-VLSI-IS.

Literaturverzeichnis

[2.1] PAUL, R.: Halbleiterphysik, VEB Verl. Technik, Berlin 1974.

[2.2] MÖSCHWITZER, A., LUNZE, K.: Halbleiterelektronik, 4. Aufl., VEB Verl. Technik, Berlin 1979.

[2.3] KOENJIAN, E.: Microelektronics, McGraw-Hill, New York 1963.

[2.4] LEWICKI, A.: Einführung in die Mikroelektronik, Oldenbourg-Verl., München 1966.

[2.5] HANKE, H.-J., FABIAN, H.: Technologie elektronischer Baugruppen, 2. Auflage, VEB Verl. Technik, Berlin 1975.

[2.6] HOENEISEN, B., MEAD, C. A.: Fundamental limitations in microelectronics, SSE **15** (1972) 819—829, 891—897.

[2.7] KEYES, R. W.: Physical limits in digital electronics, Proc. IEEE **63** (1975) 5, 740—763.

[2.8] WALLMARK, J. T.: Fundamental physical limitations in integrated electronic circuits, SSD 1974 Conf. Series **25** (1975) 133—167.

[2.9] SWANSON, R. M., MEINDL, J. D.: Fundamental performance limits of MOS integrated circuits, Dig. ISSCC Philadelphia (1975) 110—111.

[2.10] GARBRECHT, K., STEIN, K. U.: Perspectives and limitations in LSI, Siemens FuE-Ber. **5** (1976) Nr. 6.

[2.11] FOLBERTH, O. G., BLEHR, J. H.: Grenzen der digitalen Halbleitertechnik, NTZ **30** (1977) 4, 307—314.

[2.12] RÜCHARDT, H.: Integrierte Halbleiterschaltungen auf dem Wege zur Höchstintegration, NTZ **31** (1978) 9, 660—668.

[2.13] MÖSCHWITZER, A.: Grenzwerte und Eigenschaften von Bipolar- und MOS-Transistoren für höchstintegrierte Schaltkreise, NTZ **29** (1979) 10, 403—408.

[2.14] MEYER, C. S., LYNN, D. K., HAMILTON, D. J.: Analysis and design of integrated circuits, McGraw-Hill, New York 1968.

[2.15] GREBENE, A. B.: Analog integrated circuit design, Van Nostrand Reinhold, New York 1972.

[2.16] CONNELLY, J. A.: Analog integrated circuits, John Wiley and Sons, New York 1975.

[2.17] KÖSTNER, R., MÖSCHWITZER, A.: Elektronische Schaltungstechnik — Analogschaltkreise, Geest und Portig, Leipzig 1979.

[2.18] ECKHARDT, D., KONRAD, E., LEUPOLD, W.: Digitale Grundschaltungen und ihre Anwendung, 2. Aufl., VEB Verl. Technik, Berlin 1976, RA 161.

[2.19] ECKHARDT, D., GROSS, W.: Grundlagen der digitalen Schaltungstechnik, 3. Aufl., VEB Militärverlag der DDR, Berlin 1978.
[2.20] CRAWFORD, R. H.: MOSFET in circuit design, McGraw-Hill, New York 1967.
[2.21] PENNEY, W. M., LAU, L.: MOS integrated circuits, Van Nostrand Reinhold, New York 1972.
[2.22] CARR, W. M., MIZE, J. P.: MOS/LSI design and application, McGraw-Hill, New York 1972.
[2.23] MELEN, R., GARLAND, H.: Understanding CMOS integrated circuits, Howard W. Sams and Co., New York 1975.
[2.24] ECKHARDT, D.: Prinzipien dynamischer MOSFET-Schaltungen, NTZ **27** (1976) 6, 259—261.
[2.25] HODGES, D. A., GRAY, P. R., BRODERSEN, R. W.: Potential of MOS Technologies for analog-ICs, ESSCIRC 1977 Ulm Dig., p. 43—47.
[2.26] TOMPSETT, M. F., SEQUIN, C. H.: Charge transfer devices, Akademic Press, New York 1975.
[2.27] MÖSCHWITZER, A.: Integration elektronischer Schaltungen, 2. Aufl., VEB Verl. Technik, Berlin 1976.
[2.28] ECKHARDT, D., KONRAD, E., LEUPOLD, W.: Hochintegrierte digitale Schaltungen und ihre Anwendung, 2. Aufl., VEB Verl. Technik, Berlin 1979, RA 184.
[2.29] HERSKOWITZ, C. J., SCHILLING, R. B.: Semiconductor devices modelling for computer-aided design, McGraw-Hill, New York 1972.
[2.30] ALLISON, J.: Electronic integrated circuits, their technology and design, McGraw-Hill, New York 1977.
[2.31] MÖSCHWITZER, A., JORKE, G.: Mikroelektronische Schaltkreise, VEB Verl. Technik, Berlin 1979.
[2.32] ELSCHNER, H., MÖSCHWITZER, A., REIBIGER, A.: Rechnergestützte Analyse in der Elektronik, VEB Verl. Technik, Berlin 1977.
[2.33] BREUER, M. A.: Digital system design automation, Comp. Science Press, Woodland Hills, California 1975.
[2.34] REINERT, D.: Prüftheorie diskreter Systeme, VEB Verl. Technik, Berlin 1979.
[2.35] SOLOMON, P. M.: A comparison of semiconductor devices for high speed logic, Proc. IEEE **70** (5) (1982) 489—509.
[2.36] NISHI, S.: Comparison of new technologies for VLSI: possibilities and limitations, Microelectr. J. **12** (6) (1981) 5ff.
[2.37] SOLOMON, P. M., TANG, D. D.: Bipolar Circuit Scaling, ISSCC 1979, pp. 86—87.
[2.38] SLOAN, B. J.: STL technology, IEDM 1979, Digest of techn. Papers, pp. 324—327.
[2.39] LOHSTROH, J.: ISL, a fast and low-power logic, made in standard Schottky process, IEEE Journ. of Solid-State Circuits, Vol. SC-14, June 1979, no. 3, p. 585.

[3.1] SPENKE, E., HEYWANG, W.: phys. stat. sol. (a) **64** (1981) 1, 11.
[3.2] HADAMOVSKY, H.-F. (Hrsg.): Halbleiterwerkstoffe, VEB Deutscher Verlag für Grundstoffindustrie, Leipzig 1972.
[3.3] BURGGRAF, P. S.: Semicond. Internat. **5** (1982) 2, 33.
[3.4] MATLOCK, J. H.: Semicond. Internat. **2** (1979) 10, 33.
[3.5] LIAW, H. M.: Semicond. Internat. **2** (1979) 10, 71.
[3.6] BENSON, K. E.: Semiconductor Silicon, The Electrochem. Soc., Princeton (N.J.) 1981, 33.

[3.7] Suzuki, T.: Semiconductor Silicon, The Electrochem. Soc., Princeton (N.J.) 1981, 90.
[3.8] Watanabe, M.: Semiconductor Silicon, The Electrochem. Soc. Princeton (N.J.) 1981, 126.
[3.9] Abe, T., Kikuchi, K., Shirai, S., Muraoka, S.: The Electrochem. Soc., Princeton (N.J.) 1981, 54.
[3.10] Taruri, T., Takeishi, T.: Semiconductor Silicon. The Electrochem. Soc., Princeton (N.J.) 1981, 6.
[3.11] Dash, W. C.: J. Appl. Phys. **29** (1958) 736.
[3.12] Peibst, H.: Tagungsbericht 1. Diagnostiktagung der AdW, Finken 1979, 63.
[3.13] Föll, H., Kolbesen, B. O., Frank, W.: phys. stat. sol. (a) **29** (1975) 83.
[3.14] De Kock, A. J. R.: J. Electrochem. Soc. **118** (1971) 1851.
[3.15] De Kock, A. J. R., Roksnoer, P. J., Boonen, P. G. T.: J. Crystal Growth **22** (1974) 311.
[3.16] Föll, H., Gösele, V., Kolbesen, B. O.: J. Crystal Growth **40** (1977) 90.
[3.17] De Kock, A. J. R.: Philips Res. Rep. Suppl. Nr. 7 (1973).
[3.18] Weidner, G.: Tagungsbericht 1. Diagnostiktagung der AdW, Fincken 1979, 27.
[3.19] Burton, J. A., Prim, R. C., Slichter, W. P.: J. Chem. Phys. **21** (1953) 1978.
[3.20] Mühlbauer, A., Sirtel, E.: phys. stat. sol. (a) **23** (1974) 555.
[3.21] Witt, A. F., Lichtensteiger, M., Gatos, H. C.: J. Electrochem. Soc. **120** (1973) 1119.
[3.22] Möhling, W., Jenichen, B., Köhler, R.: Tagungsbericht 1. Diagnostiktagung der AdW, Fincken 1979, 57.
[3.23] Jenichen, B.: Dissertationsschrift AdW d. DDR (1982).
[3.24] Kolbesen, B. O., Strunk, H.: Inst. Phys. Conf. Ser. 57 Solid State Dev. **57** (1980) 21.
[3.25] Tempelhoff, K., Spiegelberg, F., Gleichmann, R.: Semiconductor Silicon, The Electrochem. Soc., Princeton 1977, 585.
[3.26] Freeland, P. E., Jackson, K. A., Lowe, C. W., Patel, J. R.: Appl. Phys. Lett. **40** (1977) 31
[3.27] Pearce, C. W., Rozgonyi, G. A.: Semiconductor Silicon, The Electrochem. Soc., Princeton 1977, 606.
[3.28] Rozgonyi, G. A., Seidel, T. E.: Semiconductor Silicon, The Electrochem. Soc., Princeton 1977, 616.
[3.29] Peibst, H.: Laborbericht ZIE d. AdW d. DDR (1977).
[3.30] Tan, T. Y., Gardner, E. E., Tice, W. K.: Appl. Phys. Lett. **30** (1977) 175.
[3.31] Varker, C. J., Ravi, K. V.: J. Appl. Phys. **45** (1974) 272.
[3.32] Komatsu, R.: Jap. App. Phys. **14** (1975) 419.
[3.33] Rozgonyi, G. A., Kushner, R. A.: Electrochem. Soc. **123** (1976) 571.
[3.34] Shiraki, H.: Semiconductor Silicon, The Electrochem. Soc., Princeton 1977, 546.
[3.35] Queisser, H. J., van Loon, P. G.: J. Appl. Phys. **35** (1963) 3067.
[3.36] Booker, G. R., Stockler, R.: J. Appl. Phys. **33** (1962) 3281.
[3.37] Schwuttke, G. H., Sils, V.: J. Appl. Phys. **34** (1963) 3127.
[3.38] Chu, T. L., Gaveler, J. R.: J. Electrochem. Soc. **110** (1963) 388.
[3.39] Petrow, P. M., Katz, L. E., Sacage, A.: Semiconductor Silicon, The Electrochem. Soc., Princeton 1977, 761.
[3.40] Widmer, H.: Appl. Phys. Lett. **5** (1964) 108.

[3.41] Mendelson, S.: J. Appl. Phys. **35** (1964) 1570.
[3.42] Marcus, R. B., Robinson, M., Sheng, T. T., Hazko, S. E., Murarka, S. P., Katz, L. E.: J. Electrochem. Soc. **124** (1977) 425.
[3.43] Frank, F. C.: Advances in Phys. **1** (1952).
[3.44] Yonezawa, T., Watanabe, M., Koshino, Y., Ishida, H., Muraoka, M. U., Ajima, T.: Semiconductor Silicon, The Electrochem. Soc., Princeton 1977, 658.
[3.45] Hadamovsky, H. F.: radio fernsehen elektronik **28** (1979) 687.
[3.46] Narayan, J., Young, F. W.: Appl. Phys. Lett. **35** (1979) 330.
[3.47] Hu, S. M.: Appl. Phys. Lett. **31** (1977) 53.
[3.48] Zeyfang, R.: Solid State Electron. **14** (1971) 1035, zit. b. [3.24].
[3.49] Kolbesen, B. O., Mühlbauer, A.: Solid State Electron, 1981, zit. b. [3.24].
[3.50] Butler, P.: Semiconductor Internat. (1982) 2, 95.
[3.51] Peibst, H., Raidt, H.: phys. stat. sol. (a) **68** (1981) 253.
[3.52] Craven, A.: Semiconductor Silicon, The Electrochem. Soc., Princeton (N.J.) 1981, 756.
[3.53] Ohsawa, A., Honda, K., Shibatomi, S., Ohkawa, S.: Appl. Phys. Lett. **38** (1981) 10, 787.
[3.54] Strack, H., Mayer, K. R., Kolbesen, B. O.: Solid State Electron. **22** (1979) 135.
[3.55] Ham, W. E.: RCA-Review **39** (1978) 231.
[3.56] Rozgonyi, G. A.: Semiconductor Silicon, The Electrochem. Soc., Princeton (N.J.) 1977, 504.
[3.57] Raidt, H., Menniger, H.: Tagungsbericht 1. Diagnostiktagung der AdW, Fincken 1979, 79.
[3.58] Petzel, B., Hahn, B., Asche, M., Lange, H., Raidt, H., Schmidt, M.: Laborbericht ZIE d. AdW d. DDR 1980.
[3.59] Flietner, H.: Physikinformationen, Wiss. Informationszentrum AdW d. DDR **7** (1981) 8, 8.
[3.60] Buono, J. A., Wisniewski, A. W., Andrus, W. S.: Solid State Technol. (1982) 2, 95.
[3.61] Polaschegg, H. D.: Vakuum-Technik **27** (1978) 8, 238.
[3.62] White, C. W., Christie, W. H.: Solid State Technol. (1980) 9, 109.
[3.63] Wilson, C. L.: Solid State Electr. **23** (1980) 345.
[3.64] Grieshammer, H.: Markt und Technik **9** (1978) 6.
[3.65] Mohammadi, F.: Solid State Technol. (1981) 1, 65.
[3.66] Murarka, S. P.: J. Vac. Sci. Techn. **17** (1980) 4, 775.
[3.67] Lange, H.: Laborbericht ZIE AdW d. DDR 1980.
[3.68] Murarka, S. P.: Semiconductor Silicon, The Electrochem. Soc., Princeton 1981, 551.
[3.69] Sinha, A. K.: J. Vac. Sci. Techn. **19** (1981) 3, 778.
[3.70] Fodor, G. T.: Elektronik (1980) 1, 61.
[3.71] Ickert, L., Schneider, H. G.: Wachstum einkristalliner Schichten (Physikochemische Grundlagen der Epitaxie), VEB Deutscher Verlag für Grundstoffindustrie, Leipzig 1983.
[3.72] Autorenkollektiv unter der Leitung von H. G. Schneider und L. Ickert: Halbleiterepitaxie, Akadem. Verlagsges. Geest & Portig, Leipzig 1984.
[3.73] Suzuki, T., et al.: IEEE Tr. Electron Dev. Aug. 1976, 982.
[3.74] Ray-Choudhury, P.: Semiconductor Silicon, The Electrochem. Soc., Princeton (N.J.) 1973, 243.

[3.75] LINEBACK, J. R.: Electronics June (1982) 45.
[3.76] MANASEVIT, H. M., ERDMANN, F. M., THORSEN, A. C.: J. Electrochem. Soc. **123** (1976) 52.
[3.77] MAURITZ, J. E. A.: Solid State Technol. (1977) 4, 80.
[3.78] MATSUDA, Y.: Ind. Diamond. Rev. (1972) 4, 139.
[3.79] WEREMEITSCHUK, N. S., KOMISSAROW, W., BABUSCHKIN, M. M.: Synt. Almazy **3** (1971) 3, 44.
[3.80] BRAND, G.: Ind. Diamanten Rsch. (1975) 9, 78.
[3.81] NAMBA, Y., TSUWA, H.: Annals of the CIRP (1977) 25, 325.
[3.82] NABER, L. T., O'NEAL, J. E.: Trans. Met. Soc. AIME (1968) 242, 470.
[3.83] CICINSKIJ, S. V., KOPTEV, JU. J., STEPANOV, A. V.: Fiz. Tverd. Tela **8** (1966) 2, 569.
[3.84] CISZEK, T. F.: Proc. Int. Conf. on Photovoltaic Power Gen. Hamburg (1974) 159.
[3.85] CISZEK, T. F.: Mat. Res. Bull. (1972) 7, 731.
[3.86] LA BELLE, H. E.: Mat. Res. Bull. (1971) 6, 581.
[3.87] WEITZEL, C. E., SMITH, R. T.: J. Electrochem. Soc. (1977) 124, 1080.
[3.88] CAPECE, R. P.: Electronics **53** (1980) 7, 84.
[3.89] ICKERT, L., SCHNEIDER, H. G. Fundamentals of Epitaxy, Akadémiai Kiadó Budapest / Elsevier Amsterdam 1985.
[3.90] MANASEVIT, H. M., SIMPSON, W. J.: Appl. Phys. (1964) 35, 1349.
[3.91] MANASEVIT, H. M., NOLDER, R. L., MONDY, L. A.: Trans. Met. Soc. AIME (1968) 232, 465.
[3.92] HENDERSON, R. C., HELM, R. F.: Surface Scin. (1972) 30, 310.
[3.93] JOYCE, B. A., BRADLEY, R. R.: Electrochem. Soc. (1963) 110, 1235.
[3.94] ABRAHAMS, M. S., BUIOCCHI, C. J.: Appl. Phys. Lett. (1975) 27, 325.
[3.95] GOODMAN, A. M., WEITZEL, C. E.: IEEE Transactions (1977) ED-**24**, 215, s. a. Appl. Phys. Lett. (1977) 31, 114.
[3.96] CAPP, A., et al.: ESSDERC-Conf. München 1979.
[3.97] GOLIO, J. M., TREW, R. J.: IEEE Trans. Electr. Dec. Vol. ED-**27** (1980) 7, 1256.
[3.98] PETTENPAUL, E.: ESSDERC-Conf. München 1979.
[3.99] PETZEL, B.: ZIE-Reprint 79/3 AdW d. DDR.
[3.100] SWIGGARD, E. M., LEE, S. H., BATCHELDER, F. W.: Proc. 6. GaAs and rel. Comp.-Conf., Bristol (1977) 23.
[3.101] HILSUM, C., REES, H. D.: Electron. Lett. **6** (1970) 277.
[3.102] KÖHL, F., VIEWEG-GUTBERLET, F. G.: J. Appl. Phys. **33** (1962) 2016.
[3.103] METZ, E. P. A., MILLER, R. C., MAZELSKY, R.: J. Phys. Chem. Solids **26** (1965) 782.
[3.104] MULLIN, J. B., STRAUGHAN, B. W., BRICKEL, W. S.: J. Phys. Chem. Solids **26** (1965) 782.
[3.105] AUCOIN, T. R., WADE, M. J., ROSS, R. L., SACAGE, R. O.: Solid State Technol. (1979) 1, 59.
[3.106] THOMAS, R. N., HOBGOOD, H. M., BARRETT, D. L., ELDRIDGE, G. W.: Semi-Insulating III-V-Materials, Nottingham 1980, Shiva Publ. Lim., 76 zit. b [3.102].
[3.107] ZUCCA, R.: J. Appl. Phys. **48** (1977) 1978.
[3.108] WIEDER, H. H.: J. Vac. Sci. Technol. **18** (1981) 3, 827.
[3.109] TUCKER, B., et al.: Gallium Arsenid and rel. Comp. 1978, Inst. Phys. Sev. 45, London, 114.

[3.110] MONCRIEF, F.: Microwaves (1979) 9, 42.
[3.111] MULLIN, J. B., ROYLE, A. R., STRAUGHAN, B. W.: Proc. 3. Int. Symp. GaAs, Aachen, 1970, Inst. Phys., London 1971, 41.
[3.112] ANTIPAS, G. A.: Gallium Arsenid and rel. Comp. 1976 (Inst. Phys., London 1977, 55).
[3.113] HENRY, R. L., SWIGGARD, E. M.: Gallium Arsenid and rel. Comp., 1976, Inst. Phys., London 1977, 28.
[3.114] SHINOYAMA, S., UEMURA, C., YAMAMOTO, A., TOHNO, S.: J. Electron. Mat. **10** (1981) 5, 941.
[3.115] BENEKING, H.: Phys. Bl. **38** (1982) 6, 146.
[3.116] LEE, S. C., et al.: Sol. St. Electr. **24** (1981) 563.
[3.117] MIMURA, S., et al.: Jap. J. Appl. Phys. **20** (1981) L 317.
[3.118] MALONEY, T. J., et al.: Electr. Lett. **18**, 3 (1982) 112.
[3.119] NARAYAN, S. Y., et al.: RCA Review **42**, 4 (1981) 491.
[3.120] DRUMMOND, T. J.: Jap. J. Appl. Phys., Part 2, **21** (1982) 2, L 65.
[3.121] PETTENPAUL, E.: Inst. Phys. Conf. Soc. No. **53** (1980) 21.
[3.122] KURZINGER, W.: Nachrichten-Elektronik (1979) 11, 362.

[4.1] FOLBERTH, O. G., BLEHER, J. H.: NTZ **30** (1977) 4, 307.
[4.2] MEINDL, J. D., et al.: ISSCC 1981, Digest of techn. papers, p. 36.
[4.3] BUSS, D.: ESSCIRC 1981, Digest of techn. papers, p. 9.
[4.4] SCHREIBER, R., et al.: ISSCC 1981, Digest of techn. papers, p. 120.
[4.5] KLAR, H., et al.: ISSCC 1981, Digest of techn. papers, p. 124.
[4.6] KASCHLIK, K.: Jenaer Rundschau **25** (1980) 2, 57.
[4.7] YAMAMOTO, H., et al.: ESSCIRC 1981, Digest of techn. papers, p. 191.
[4.8] SCHAUMBURG, H.: Elektronik **27** (1978) 11, 59.
[4.9] LYMANN, J.: Electronics **52** (1979) 8, 105.
[4.10] PAUL, R.: Nachrichtentechnik — Elektronik **29** (1979) 2, 49.
[4.11] WATTS, R. K., BRUNING, J. H.: Sol.-State Technol. May 1981, 99.
[4.12] LEPSELTER, M. P.: IEDM 1980, Technical Digest, p. 42.
[4.13] TAI, K. L., et al.: J. Vac. Sci. Technol. **17** (1980) 1169.
[4.14] MORAN, J. M., MAYDAN, D.: Vac. Sci. Technol. **16** (1979) 1620.
[4.15] ERBE, F.: Dissertation, TH Karl-Marx-Stadt, 1981.
[4.16] GIBBONS, J. F.: Proc. ECS Semicon. Silicon 1981, p. 509.
[4.17] SCHILLER, S., et al.: Thin Solid Film **73** (1980) 1, 221.
[4.18] MATSUE, S., et al.: ISSCC 1980, Digest of techn. papers, p. 232.
[4.19] MANO, T., et al.: ISSCC 1980, Digest of techn. papers, p. 234.
[4.20] DRESCHER, K.: Dissertation B, TH Karl-Marx-Stadt, 1980.
[4.21] MÖSCHWITZER, A., JORKE, R.: Mikroelektronische Schaltkreise, VEB Verlag Technik, Berlin 1979, S. 90.
[4.22] PASHLEY, R., et al. in: Memory design, Electronics book series, McGraw-Hill Publ., New York 1978, p. 20.
[4.23] GÜNTHER, ST.: Dissertation, TH Karl-Marx-Stadt, 1981.
[4.24] ITO, T., et al.: ISSCC 1980, Digest of techn. papers, p. 74.
[4.25] —: Electronics **53** (1980), 9 Special Commemorative Issue, p. 536.
[4.26] MURARKA, S. P.: Proc. ECS Semicon. Silicon 1981, p. 551.
[4.27] OHTA, K., et al.: ISSCC 1980, Digest of techn. papers, p. 66.

[4.28] LEE, K. F.: Appl. Phys. Lett. **35** (1979) 2, 173.
[4.29] TASCH, A. F.: Electr. Lett. **15** (1979) 4, 436.
[4.30] BARNARD, J., et al.: Electr. Lett. **16** (1980) 8, 297.
[4.31] POSA, J. G.: Electronics **54** (1981) 24, 104.
[4.32] НАУМОВ, Ю. Е.: Интегральные логические схемы, изд-во Советское радио, Москва **1970**, стр. 53.
[4.33] АВАЕВ, Н. А., Дулин, В. Н., НАУМОВ, Н. Е.: Большие интегральные схемы с инжекционным питанием, изд-во Советское радио, Москва **1977**, стр. 232.
[4.34] CRAWFORD, R. H.: MOSFET in circuit design, McGraw-Hill Publ., New York 1967, p. 146.
[4.35] EBEST, G.: Dissertation, TH Karl-Marx-Stadt, 1976.
[4.36] REIMER, H.: 6. Tagung Physik und Elektronik, Berlin 1977, S. 156.
[4.37] GHATE, P. B., BLAIR, J. C., FULLER, C. R.: Thin Solid Films **45** (1977) 69.
[4.38] CHANG, C. Y., FANG, Y. K., SZE, S. M.: Solid State Electr. **14** (1971) 541.
[4.39] SZE, C. M.: Physics of semiconductors devices, Wiley and Sons, New York 1969.
[4.40] ALBRECHT, G., KÖHLER, H.-J. in: Halbleiterbauelementeelektronik (Hrsg. H. G. Schneider), Akademie-Verlag, Berlin 1977, S. 388.
[4.41] BEHA, H.: ESSCIRC 1981, Digest of techn. papers, p. 57.
[4.42] ANACKER, W.: IBM J. Res. Develop. **24** (1980) 2, 107.
[4.43] PHILIPPOW, E. (Hrsg.): Taschenbuch der Elektrotechnik, Band 1, VEB Verlag Technik, Berlin 1963, S. 416.
[4.44] MÖSCHWITZER, A., JORKE, R.: Mikroelektronische Schaltkreise, VEB Verlag Technik, Berlin 1979, S. 84.
[4.45] SWANSON, R. M., MEINDL, J. D.: ISSCC 1975, Digest of techn. papers, p. 110.
[4.46] SAH, C. T.: IRE Trans. ED **9** (1962) 1, 94.
[4.47] JUNGHANS, B.: 6. Tagung Physik und Elektronik, Berlin 1977, Proc. S. 23.
[4.48] LEIMBROCK, W., GÜNTHER, ST.: Wiss. Zeitschr. der TH Karl-Marx-Stadt **21** (1977) 7, 835.
[4.49] PENNEY, W. M. (Editor): MOS Integrated Circuits, Van Nostrand Reinhold Co., New York 1972.
[4.50] MÖSCHWITZER, A., JORKE, R.: Mikroelektronische Schaltkreise, VEB Verlag Technik, Berlin 1979, S. 31.
[4.51] MITTENENTZWEI, H. W.: 6. Tagung Physik und Elektronik, Berlin 1977, Proc. S. 137.
[4.52] ВАЛИЕВ, К. А., и др.: Микромощныеи интегральные схемы, изд-во Советское радио, Москва 1975, стр. 168.
[4.53] ARAI, E., et al.: IEEE J. Sol. State Circ. SC **13** (1978) 333.
[4.54] WEINERT, H.: Elektronik **28** (1979) 12, 33.
[4.55] WEYGANG, A. H.: Elektronik **28** (1979) 12, 55.
[4.56] BARRETT, C., SMITH, R.: Compcon Spring 1977, Techn. Digest, p. 179.
[4.57] GROSSE, D., JUNGHANS, B.: Nachrichtentechnik — Elektronik **30** (1980) 3, 112.
[4.58] HAMER, D. W., BIGGERS, J. V.: Thick Film Hybrid Microcircuit Technology, Wiley-Interscience, New York 1972, p. 257.
[4.59] ZIEGLER, J. F., LANFORD, W. A.: ISSCC 1980, Digest of techn. papers, p. 224.
[4.60] MASUHARA, J., et al.: ISSCC 1980, Digest of techn. papers, p. 224.

[4.61] Коршунов, Ф. П., Гатальский, Г. В., Иванов, Г. М.: Радиационные эффекты в полупроводниковых приборах, изд-во Наука и техника, Минск 1978
[4.62] —: Firmenschrift Intel: Realibility Report 7, 1965.
[4.63] Katona, J., in: Zuverlässigkeit elektronischer Bauelemente (Hrsg. H.-G. Schneider), VEB Deutscher Verlag für Grundstoffindustrie, Leipzig 1974, S. 22.
[4.64] Goser, K.: Elektronik **25** (1976) 10, 53.
[4.65] Madland, G. R.: Solid State Technol. **8** (1977) 91.
[4.66] Paul, R.: Mikroelektronik, VEB Verlag Technik, Berlin 1981, S. 310.
[4.67] Köhler, E.: Nachrichtentechnik — Elektronik **29** (1979) 2, 55.
[4.68] Köhler, E.: 6. Tagung Physik und Elektronik, Berlin 1977, Proc. S. 177.
[4.69] Köhler, E.: Nachrichtentechnik — Elektronik **27** (1977) 8, 327.
[4.70] Rothschild, K. J., et al.: Electronik News **27** (1981) 1327.
[4.71] Bindels, J. F. M., et al.: ISSCC 1981, Digest of techn. papers, p. 82.
[4.72] Chatterjee, P. K.: Proc. ECS Semicon. Silicon 1981, p. 937.
[4.73] Fitzgerald, B. F., Thoma, E. P.: ISSCC 1982, Digest of techn. papers, p. 68.
[4.74] Ishihara, M., et al.: ISSCC 1982, Digest of techn. papers, p. 74.
[4.75] Benevit, C. A., et al.: ISSCC 1982, Digest of techn. papers, p. 76.
[4.76] van Tuyl, R., Liechti, C.: Sol. St. Circuits, SC **9** (1974) 269.
[4.77] Lee, F. S., et al.: 2nd GaAs IC Symp., Las Vegas 1980, paper Nr. 3.
[4.78] Nuzillat, G.: ESSCIRC 1981, Proc. p. 65.
[4.79] Yokoyama, N., et al.: ISSCC 1981, Digest of techn. papers, p. 218.
[4.80] Ames, J.: IBM J. Res. Develop. **24** (1980) 2, 188.
[4.81] Bowden, J. M.: Solid State Technol. Juni (1981) 73.
[4.82] Moran, J. M., Maydan, D.: Bell System Techn. J. **58** (1979) 5, 1027.
[4.83] Tai, K. L., et al.: J. Vac. Sci., Technol. **16** (1979) 6, 1977.
[4.84] Chang, M. S., Chen, J. T.: Appl. Phys. Lett. **33** (1978) 10, 892.
[4.85] Pöschel, C., Jablonski, J.: Feingerätetechnik **5** (1981) 214.
[4.86] Ward, R.: J. Vac. Sci. Technol. **16** (1979) 1830.
[4.87] Heritage, M. B.: J. Vac. Sci. Technol. **12** (1975) 1135.
[4.88] Seliger, R. L., Sullivan, P. A.: Electronics **53** (1980) 7, 142.
[4.89] Stengel, G., et al.: J. Vac. Technol. **16** (1979) 1883.
[4.90] Speidel, R., Behringer, U.: Proc. Microcircuit Engineering, Aachen 1979, p. 163.
[4.91] Waller, L.: Electronics **53** (1980) 7, 46.
[4.92] Данилин, Б. С., Киреев, В. Ю.: Ионное травление микроструктур, Советское радио, Москва 1979.
[4.93] Lehmann, H. W., Widmer, R.: Appl. Phys. Lett. **32** (1978) 3, 163.
[4.94] Stark, J. P.: Solid State Diffusion, Wiley, New York 1976.
[4.95] Абдуллаев, Г. Б., Джафаров, Т. Д.: Атомная диффузия в полупроводниковых структурах, Атомиздат, Москва 1980.
[4.96] Mayer, J. W., Ericksson, L., Davies, J. A.: Ion Implantation in Semiconductors, Academic Press, 1970.
[4.97] Garter, G., Grant, W. A.: Ion Implantation of Semiconductors, Arnold Ltd., London 1976.
[4.98] Буренков, А. Ф., и др.: Таблицы параметров пространственного распределения ионно-имплантированных примесей, изд-во БГУ, Минск 1980.
[4.99] Vossen, J. L.: J. Vac. Sci. Technol. **18** (1981), 91.

[4.100] GAT, A., et al.: Appl. Phys. Lett. **33** (1978) 8, 775.
[4.101] VON DER SCHMITT, B. V.: Elektronik **18** (1979) 43.
[4.102] Anonym: Electronics **52** (1979) 7, 48.
[4.103] POSA, I. G.: Electronics **53** (1980) 7, 83.
[4.104] CAPELE, R. P.: Electronics **52** (1979) 7, 48.
[4.105] BARRERA, J. S., ARCHER, R. J.: IEEE Trans. ED **22** (1975) 1023.
[4.106] ENGELMANN, F. W., LIECHTI, C.: IEEE Trans. ED **24** (1977) 1288.
[4.107] TSCHULENA, G.: Nachrichten — Elektronik **2** (1978) 45.
[4.108] LAUGHLIN, D. H., WILMSEN, C. W.: Appl. Phys. Lett. **37** (1980) 10, 915.

[5.1] STÜRZ, H., CIMANDER, W.: Automaten, VEB Verl. Technik, Berlin 1972.
[5.2] ECKHARDT, D., KONRAD, E., LEUPOLD, W.: Entwurf komplexer digitaler Schaltungen, VEB Verl. Technik, Berlin 1976, RA 175.
[5.3] GRASS, W.: Steuerwerke — Entwurf von Schaltwerken und Festwertspeichern, Springer-Verlag, Berlin (W) 1978.
[5.4] BREUER, M. A.: Digital system design automation, Comp. Science Press, Woodland Hills California 1975.
[5.5] RUSSO, R. L.: On the tradeoff between logic performance and circuit-to pin ratio for LSI, IEEE Tr. C-21 (1972) 147—153.
[5.6] CHIBA, T.: Impact of the LSI on high-speed computer packaging, IEEE Tr. C-22 (1978) 319—325.
[5.7] SOUCEK, B.: Microprocessors and microcomputers, John Wiley and Sons, New York 1976.
[5.8] MC CLYNN, D. R.: Microprocessors, John Wiley and Sons, New York 1976.
[5.9] DIRKS, CH., KRINN, H.: Microcomputer, Berliner Union, Stuttgart 1976.
[5.10] KELLER, D., WEISE, K. D.: Mikroprozessoren, VEB Robotron ZFT, Berlin 1977, Wiss. Ber.
[5.11] N. N.: Microcomputers. D. A. T. A. Inc., halbjährig, New York.
[5.12] HILBERG, W., PILOTY, R.: Mikroprozessoren und ihre Anwendung, Oldenbourg-Verlag, München, Wien 1977.
[5.13] BURGHARDT, K.: Der Mikroprozessor, vom Bauteil zur Anwendung, 4. Aufl., Neye, Hamburg 1977.
[5.14] BENDER, K.: Mikrorechner, Struktur und Programmierung, VDI-Verlag, Düsseldorf 1977.
[5.15] MEILING, W.: Mikrorechner, VEB Verl. Technik, Berlin 1978.
[5.16] ECKHARDT, D., KONRAD, E., LEUPOLD, W.: Hochintegrierte digitale Schaltungen und ihre Anwendung, VEB Verlag Technik, Berlin 1978, RA 184.
[5.17] KANTON, D.: Mikroprozessorsysteme, VEB Verl. Technik, Berlin 1978, RA 183.
[5.18] FRIEBEL, W., ROLOFF, H., SCHILLER, H., VOGT, H.: Programmierung von Mikroprozessoren, VEB Verl. Technik, Berlin 1978, RA 182.
[5.19] ROTH, M.: Mikroprozessoren, KDT/Wiss. Ber. TH, Ilmenau 1978.
[5.20] JUGEL: Mikroprozessoren, Aufbau und Anwendung, VEB Verl. Technik, Berlin 1978.
[5.21] SCHWARZ, W., MEYER, G., ECKHARDT, D.: Mikrorechner — Wirkungsweise, Programmierung, Anwendung, VEB Verlag Technik, Berlin 1980.
[5.22] N. N.: Techn. Dokumentation führender Hersteller von a) Halbleiterbauelementen (IS, MR-ISS, SC-MR, MP-ISS), b) MR-Modulen, Baugruppen, c) KR, EDVA, Nachrichten- und Meßgeräten.

Sachverzeichnis

Manfred Hütter, Eberhard Jobst, Ehrenfried Lohr †, Michael Nier

Mikroelektronik und Gesellschaft

Herausgegeben von Helmut Günter Schneider

1983. 118 Seiten — 14,5 × 21,5 cm — 16.— M
Bestell-Nr. 763 188 9
Bestellwort: Mikroelektronik 6743

Die Mikroelektronik ist für die Gestaltung entscheidender Prozesse der materiell-technischen Basis unserer entwickelten sozialistischen Gesellschaft von grundsätzlicher Bedeutung. Sie greift tief verändernd in den grundlegenden Bereich menschlicher Existenz, in die Produktion, ein. Wie alles einschneidend Neue im gesellschaftlichen Entwicklungsprozeß wirft auch die Mikroelektronik und ganz besonders ihre stürmisch voranschreitende Anwendung Probleme auf, die sozial gemeistert und weltanschaulich gelöst sein wollen. Und das um so mehr, als die diametral entgegengesetzten gesellschaftlichen Verhältnisse im Sozialismus und Kapitalismus auch kontroverse weltanschauliche und ideologische Positionen zur sozialen und geistigen Bewältigung der Mikroelektronik bedingen. Die Autoren versuchen, aus der Sicht der marxistisch-leninistischen Weltanschauung auf einige dieser Fragen Antwort zu geben.

Bitte richten Sie Ihre Bestellungen an eine Buchhandlung

AKADEMIE-VERLAG

1086 Berlin, Leipziger Straße 3—4

Folgende Titel aus dem komplexen Wissenschaftsgebiet Mikroelektronik sind bereits erschienen bzw. in Vorbereitung:

Heinrich Arnold

Chemische Dampfablagerung

1982. 164 Seiten — 26 Abbildungen — 22,— M
Bestell-Nr. 7630173 (6656)

Hans-Dieter Langer

Festkörperelektrolytkondensatoren

1982. 199 Seiten — 57 Abbildungen — 18 Tabellen — 25,— M
Bestell-Nr. 7630384 (6669)

Peter Rudolph

Profilzüchtung von Einkristallen

1982. 202 Seiten — 62 Abbildungen — 9 Tabellen — 24,— M
Bestell-Nr. 7629797 (6631)

Heinz Fritzsch

Sensoren

In Vorbereitung

M. Hütter / E. Jobst / E. Lohr

Mikroelektronik und Gesellschaft

In Vorbereitung

Lothar Michalowsky

Physikalische und technische Grundlagen der Ferritstoffentwicklung

In Vorbereitung

Akademie-Verlag · Berlin

Die Autoren

- geben einen Überblick über den aktuellen internationalen Stand und die zu erwartende Entwicklung der Mikroelektronik, was wegen deren komplexen Charakters nur auf interdisziplinärer Basis möglich ist

- behandeln mit Schaltungstechnik, Werkstoffen, Technologie und Applikation die vier wesentlichsten Aspekte der Mikroelektronik

- vermitteln damit nicht nur Fachleuten eine Orientierungshilfe, sondern auch Wissenschaftlern, die angrenzende Gebiete bearbeiten, notwendige Information.

FSC
www.fsc.org
MIX
Papier | Fördert gute Waldnutzung
FSC® C083411

Zeitfracht Medien GmbH
Ferdinand-Jühlke-Straße 7
99095 Erfurt, Deutschland
produktsicherheit@kolibri360.de